optimized design and control techniques for drilling & completion of complex-structure wells

复杂结构井优化设计
与
钻完井控制技术

■ 高德利 等著

中国石油大学出版社

内 容 摘 要

　　本书以国家科技重大专项课题"复杂结构井优化设计与控制关键技术"阶段研究成果为基本素材编写而成，系统反映了复杂结构井优化设计与钻完井控制技术的最新研究进展，主要内容包括复杂结构井目标段油藏设计与完井优化、钻井设计与控制一体化、井下管柱摩阻磨损预测、储层保护、水力压裂设计与控制、邻井距离随钻探测等关键技术，可供石油与天然气工程领域的科研人员及高等院校相关专业师生参考。

前　言

复杂结构井（Complex-structure Wells），是以水平井为基本特征的系列井型，包括水平井、双水平井、大位移井、多分支井、U形井、连通井及多功能组合井等。复杂结构井在油气开发中具有广泛的重要用途，如应用复杂结构井可以有效扩大储层泄油气面积、连通断块构造及实现储层应力卸载等，最大限度地疏通油气"管道"及改善储层渗透率等，从而大幅度提高油气田的单井产能及最终采收率。然而，复杂结构井优化设计与钻完井控制(目标优化、导向钻井、储层保护、安全作业等)具有较大难度，一旦发生失控，将会造成巨大损失。因此，采用复杂结构井实现对油气储层的最佳钻遇与保护，提高油气田单井产量及最终采收率，客观上要求多学科专业协同工作，加强复杂结构井优化设计与钻完井控制等关键技术研究。

为了便于理解和记忆，可将复杂结构油气井关键技术及其意义和特征以"顺口溜"的形式简要表达为：井眼稳定保安全，轨迹控制中靶眼，高效破岩提钻速，储层保护效益见；复杂井型设计难，完井环节不简单，高端技术涉及多，智能控制当为先。

在"十一五"期间，以中国石油大学为主体组成的课题组，承担了国家科技重大专项"大型油气田及煤层气开发"下属的研究课题"复杂结构井优化设计与控制关键技术(2009ZX05009-005)"。经过最近三年的有效实施，课题组在复杂结构井优化设计与钻完井控制技术方面取得了以下主要研究成果：

（1）建立了复杂结构井产能预测新模型，形成了一整套复杂结构井目标设计与产能预测技术。同时，分别设计和改造了复杂结构井的电模拟、可视化物理模拟和填砂物理模拟等实验装置。

（2）综合考虑裸眼、管柱及水力等影响，创建了大位移钻井延伸极限预测模型及综合评估方法，揭示了裸眼延伸极限的各向异性特性，为大位移钻井的风险设计与控制提供了安全极限准则。

（3）完成了邻井距离随钻电磁探测系统的样机设计与制造，开发出相应的软件系统,并进行了多次室内模拟实验,表明可以满足双水平井和连通井的邻井距离随钻测量要求。

（4）设计制造出随钻地层界面声波探测方法验证样机。经模拟实验证实该样机能够向井旁任意方位方向定向辐射声波并探测到钻铤外 5.5 m 范围以内的模拟地层界面,同时证实该样机的声学测量系统具有良好的方位分辨率和反射波探测特性。

（5）研制了多功能变质量流动模拟实验装置等,建立了水平井目标井段油水两相变质量流动压降模型和非均质油藏完井表皮系数模型,形成了不同完井方式条件下非均质油藏水平井目标井段完井参数分段优化设计技术。

（6）建立了储层损害定量诊断新方法,研发了第二代钻井液成膜剂等储层保护新材料,创建了隔离膜钻井液与理想充填"协同增效"的储层保护方法。

（7）建立了以远离井筒压裂储层的实际地应力和断裂力学参数预测为基础的水平井增产改造科学评价方法,形成了非平面控制压裂设计理论和方法。

（8）研发出不动管柱投球滑套水力喷射压裂一体化技术,形成了相应的水力参数及施工设计方法。

（9）基于光纤光栅传感探头和高温高压环境中特种光缆,研制了一套智能型温度、压力、流量等井下动态参数实时监测系统。

本书主要基于上述研究成果进行编撰,共分 10 章,分别由课题组的骨干成员负责编写,全书由高德利教授负责设计与统稿。

由于编者水平有限,再加上时间仓促,书中错误和不妥之处在所难免,恭请广大读者批评指正。

高德利
2011 年 8 月于北京

目 录

复杂结构井定向钻井设计与控制一体化技术

高德利 等

摘 要

采用复杂结构井实现对油气藏的最佳钻遇和保护,可望经济有效地提高油气田单井产量及最终采收率,达到高效开发的目标。本章重点讨论水平井、多分支水平井及大位移井等复杂结构井的定向钻井设计与控制一体化技术问题,简要介绍复杂结构井管柱摩阻磨损预测方法及钻井工程综合风险评估方法,并给出一些具有实用价值的钻井设计与控制计算模型。通过算例或实例分析,在一定程度上阐明复杂结构井定向钻井设计与控制一体化的技术原理,对今后的深入研究与实践具有参考意义。

主题词

复杂结构井;水平井;多分支井;大位移井;设计与控制

引 言

复杂结构井以水平井为基本特征,包括水平井、多分支井(图 1-1)、大位移井、双水平井(图 1-2)、U 形井(图 1-3)、连通井及多功能组合井等系列井型。对于油气井而言,复杂结构井与油气储层的接触井段较长,甚至超过非储层井段,因而使储层目标井段的钻完井设计与控制问题备受关注。

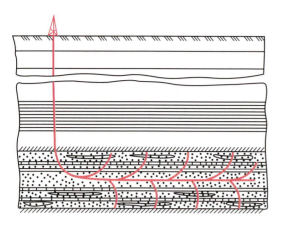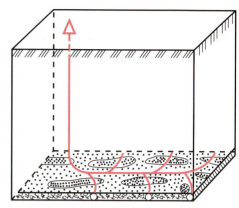

图 1-1 鱼骨形多分支井示意图

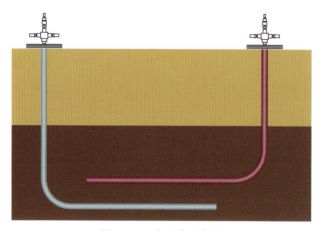

图 1-2 双水平井示意图

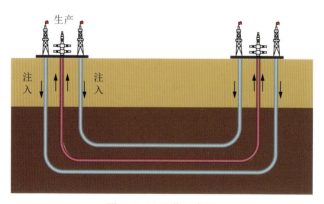

图 1-3 U形井示意图

　　应用复杂结构井可以有效地扩大储层泄油气面积、连通断块构造并实现储层应力卸载，可以最大限度地疏通油气"管道"并改善储层渗透率，从而大幅度提高低渗透、非常规等复杂油气田的单井产量及最终采收率；在海洋、滩海、湖泊及地表条件复杂的地区，可以发挥大位移井的独特作用，达到扩大开发控制储量、降低综合成本及利于环保等目的；在边水、底水及注入水等复杂油藏的开发工程中，应用复杂结构井能够有效减缓水流突进并改善油藏渗流剖面等，达到控水增油的目的；采用双水平井、U形井等复杂结构井可以高效开发稠油、天然气水合物等非常规油气资源，使地下固态能源资源转变为液态或气态采出地面。另外，采用复杂结构井还可以实现井下流体分离、救援井压井、陆-海管线连接及地下管线穿越等目标。

总之，采用复杂结构井实现对油气储层的最佳钻遇与保护，并与各种相适应的储层改造和高效驱替方法协调增效，可望经济有效地提高油气田单井产量及最终采收率[1-5]。然而，复杂结构井优化设计与钻完井控制（如目标优化、导向钻井、储层保护、安全作业等）具有较大难度，一旦发生偏差或失控，将会造成巨大损失。因此，能否在工程设计时就充分考虑关键控制因素并提出相适应的优化方案，在一定程度上关系到一项复杂结构油气井钻井工程的成败。本章以复杂结构井目标段的定向钻井控制为主要研究对象，重点讨论水平井、多分支水平井、大位移井等复杂结构井的定向钻井设计与控制一体化问题，并通过算例或实例分析，阐明其技术原理和实际意义。

1.1　水平井钻井轨迹设计与控制一体化

水平井目标段的井眼轨迹控制是水平井钻井成败的关键所在。然而，在实际的水平井钻井中，造斜工具的造斜率往往具有不确定性，再加上油气储层几何产状及其厚度的影响，给水平井目标段的定向钻井控制造成困难，甚至导致实钻井眼轨迹脱离目标靶区的风险情况的发生。为了规避这种作业风险，可在水平井轨迹设计时考虑轨迹控制的影响因素。在水平井设计方面，国内外应用比较普遍的一种水平井剖面类型是"双增剖面"水平井（图 1-4），其主要特征是在两个增斜段之间设置了一个可供调节的"切线段"。在钻井设计时，可以通过优化设计"切线段"的井斜角来确保水平钻井打中目标靶区，同时结合随钻地质测量数据，以期实现水平井对油气储层的最佳钻遇。"双增剖面"水平井的"切线段"井斜角可用下式进行优化计算[1]，即：

$$I_{\text{tan}} = \arcsin\left[\sin I_{\text{f}} - \frac{K_{\max}K_{\min}(T_{\text{b}} - T_{\text{t}})}{c_1(K_{\max} - K_{\min})}\right] \qquad (1\text{-}1)$$

式中　I_{tan}——"切线段"的最优井斜角，(°)；

I_{f}——水平井目标段的井斜角，可根据目标储层的几何产状确定，(°)；

$K_{\max}$，$K_{\min}$——特定条件下造斜工具的最大、最小造斜率统计值或预测计算值，(°)/30 m；

T_{t}，T_{b}——水平井窗口处目标储层的顶界和底界垂深，m；

c_1——单位换算系数，$c_1 = 1\ 719$。

在式（1-1）的基础上，可得水平井窗口"靶心"垂深的计算公式如下：

$$T_{\text{tgt}} = T_{\text{t}} + c_1\left(\frac{1}{K_{\text{exp}}} - \frac{1}{K_{\max}}\right)(\sin I_{\text{f}} - \sin I_{\text{tan}}) \qquad (1\text{-}2)$$

式中　T_{tgt}——"靶心"垂深，m；

K_{exp}——水平井第二增斜段的设计造斜率，(°)/30 m；

其他符号意义同前。

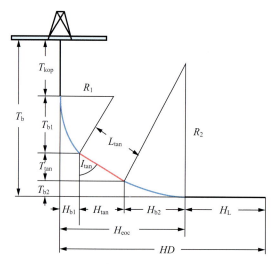

图 1-4 "双增剖面"水平井设计示意图

已知：$T_t = 3\ 000$ m，$T_b = 3\ 005$ m，$I_f = 90°$；水平井增斜点位置 $T_{kop} = 2\ 800$ m，目标段长度 $H_L = 1\ 000$ m，第一增斜段的设计造斜率 $K_1 = 15°/30$ m，第二增斜段的设计造斜率 $K_2 = 11°/30$ m；造斜工具的最大造斜率 $K_{max} = 12°/30$ m 和最小造斜率 $K_{min} = 10°/30$ m。试设计一口水平井。

根据上述已知条件，可得这口水平井的优化设计结果：切线段的井斜角、长度及水平位移分别是 $I_{tan} = 55.64°$，$L_{tan} = 142.42$ m，$H_{tan} = 117.57$ m；水平井窗口靶心的垂深和水平位移分别是 $T_{tgt} = 3\ 002.28$ m 和 $H_{eoc} = 255.67$ m；水平井的总长度和垂深分别是 $MD = 4\ 205.32$ m 和 $TVD = 3\ 002.28$ m。

1.2 多分支水平井设计与控制一体化

以煤层气多分支水平井为例，将分支水平井眼的水平投影简化成并联管路，钻进煤层的主水平井眼可简化成主管路，分支段管路为部分主管路和并联管路串联，因此可利用并联管路的水力计算模型来计算水平井眼的摩阻（压降）。在此基础上，按等流动摩阻（或等压降）原则设计各水平分支井眼的直径和长度，则可得到如下重要关系式[5,6]：

$$\lambda_i \frac{l_i}{d_i} v_i^2 = \lambda_{i-1} \frac{l_{i-1}}{d_{i-1}} v_{i-1}^2 + \eta_{(i-1),i} \frac{L_{(i-1),i}}{D_o} v_{(i-1),i}^2 \tag{1-3}$$

式中 λ_i——第 i 个分支井眼的摩阻系数；

l_i, d_i——第 i 个分支井眼的长度和直径；

$L_{(i-1),i}$——主井眼节点 $(i-1)$ 到节点 i 的长度；

D_o——主井眼的直径；

$\eta_{(i-1),i}$——主井眼第 $(i-1)$ 个节点到第 i 节点的摩阻系数；

v_i——第 i 个分支井眼流体的平均流速；

$v_{(i-1),i}$——流体在主井眼第 $(i-1)$ 节点到第 i 节点的平均流速；

下标 i——分支井眼与主井眼连接处的节点号，$i = 1, 2, \cdots, n$。

典型多分支水平井类型如图1-5所示,其中的水平多分支井眼可利用式(1-3)进行设计,同时设计一口洞穴直井以辅助多分支水平井的钻采控制。一方面,可利用先期完井的洞穴直井实施磁场矢量引导[7,8],使水平主井眼能够准确地与洞穴(水平井窗口)矢量交接进入储层;另一方面,在钻进储层中的水平多分支井眼时,可通过洞穴直井注入空气以满足欠平衡钻井的压力控制要求。另外,当多分支井完井后,洞穴完井的直井还可以转化为生产井继续发挥作用。

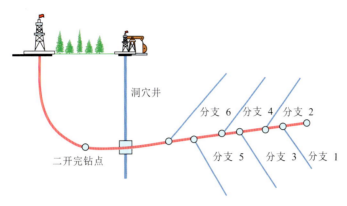

图 1-5 多分支水平井设计示意图

1.3 大位移井钻井设计与控制一体化

对于一口大斜度井或水平井而言,当井底水平位移大于3 000 m且水平位移与垂深之比(简称"水垂比")λ或测量深度(井深)与垂深之比(简称"测垂比")k大于等于2.0时,称之为大位移井(图1-6);当大位移井的水垂比(或测垂比)超过3.0时,则称之为高水垂比大位移井[2,9]。大位移钻井(Extended Reach Drilling,简称ERD),特别是高水垂比大位移水平井钻井,是挑战钻井极限的前沿技术[9,10]。在海上,基于同一平台钻大位移井,可以高效开发卫星型边际油气田,使原来无法动用的边际油气资源得到有效开发利用;在滩海、湖泊等地区,可以实现"海(湖)油气陆采",既经济又环保。在中国南海东部海域,应用大位移钻井技术使西江24-1、流花11-1等油田得以高效开发,并创造了大位移钻井领域的国际高新技术经济指标[11,12]。

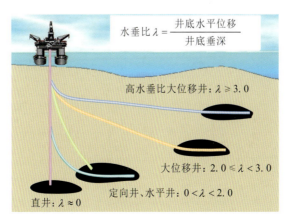

图 1-6 大位移井等油气井型示意图

1.3.1　大位移钻井延伸极限的概念

在特定的主观和客观约束条件下,任何一口大位移井的钻井作业井深(亦称"测深")都存在一个极限值,称之为大位移钻井延伸极限。在实际的大位移钻井工程中需要考虑三种极限状态,即大位移钻井作业的裸眼延伸极限、机械延伸极限及水力延伸极限。其中,裸眼延伸极限是指裸眼井底被压破时的大位移钻井深度,主要取决于实钻地层的安全钻井液密度窗口及钻井环空流体压耗的控制水平;机械延伸极限包括大位移钻柱作业极限和下套管作业极限,主要取决于大位移钻井的导向控制模式(滑动导向或旋转导向)、管材强度、管柱载荷以及钻机驱动能力等;水力延伸极限是指在能够保持钻井液正常循环及井眼清洁的前提下钻井水力允许的大位移钻井深度,主要取决于钻井机泵条件、钻柱和地面管汇条件、水力参数和机械钻速等。在大位移钻井优化设计与风险控制中,应根据具体的主观和客观约束条件(如实钻地层特性和技术装备条件等)定量评估大位移钻井的裸眼、机械及水力等延伸极限值,并取其最小值作为大位移钻井延伸极限的可允许值。

1.3.2　大位移钻井裸眼延伸极限的各向异性

从井眼压力平衡的角度出发,将大位移钻井延伸到裸眼井底被压破时的井深定义为大位移钻井裸眼延伸极限,便可建立起大位移钻井裸眼延伸极限与地层破裂压力梯度、地层坍塌压力或孔隙压力梯度(取其最大者)和钻井环空流体压耗当量密度之间的关系式。对于特定的目标地层,如果大位移钻井环空流体压耗当量密度一定,则大位移钻井裸眼延伸极限 D_M^L (极限井深值)可采用如下模型进行计算[10]:

$$D_M^L = \frac{\Delta\rho_{fm}}{\rho_{dp}} D_v \qquad (1-4)$$

式中　$\Delta\rho_{fm}$——地层的安全钻井密度窗口,g/cm³;

ρ_{dp}——钻井环空流体循环压耗当量密度,g/cm³;

D_v——地层发生破裂位置的垂深,m。

式(1-4)表明,钻井环空流体循环压耗是控制大位移钻井裸眼延伸极限的一个关键可控因素,即在其他因素确定后,只有降低钻井环空流体循环压耗,才能增加大位移钻井的裸眼延伸极限及套管柱的对应下入深度。同理,降低钻井环空流体循环压耗也是减少套管层次(简化井身结构)的关键所在。因此,在钻进高水垂比大位移井的大斜度(或水平)延伸井段时,采取综合技术措施(如随钻扩眼等)降低钻井环空流体循环压耗,便可有效地增加大位移钻井的裸眼延伸极限值,避免大位移井套管层次的被动增加,同时也可降低钻遇地层发生井漏等事故的风险概率。

研究结果表明[12],南海流花 11-1 油田的地应力分布满足不等式关系:

上覆应力 σ_v > 水平最大地应力 σ_H > 水平最小地应力 σ_h

其中,水平最大地应力方位为 N140°～150° E。由于水平地应力较低,在该油田钻进高水垂比大位移井段时容易发生井漏。取大位移钻井水平段(井斜角为90°)的垂深为 1 208 m,根据流花 11-1 油田泥页岩地层的破裂压力和坍塌压力评估结果,则可利用式(1-4)绘制出南海流花 1-1 油田泥页岩地层大位移钻井裸眼延伸极限的预测图版,如图 1-7 所示。由图可见,大位移钻井裸眼延伸极限值具有明显的各向异性,据此可以优化设计井斜方位角,从而可有效地减小大位移钻井的作业风险。

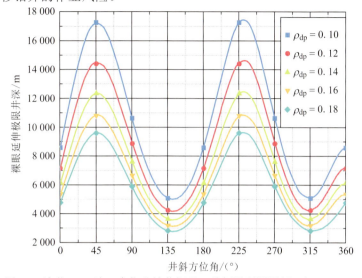

图1-7 流花11-1油田大位移钻井裸眼延伸极限预测图版(垂深1 208 m)
(ρ_{dp} 单位为 g/cm³)

通过井底当量循环密度实时监测及钻井环空多相流数值分析,可产生对大位移钻井岩屑床的定量预警,有利于现场实钻井眼的安全控制。通过随钻扩眼降压、钻井液不间断循环控制(如使用不间断循环装置等)及屏蔽暂堵等技术措施,保持井眼的清洁和光滑,强化井壁岩石的强度,可有效提高大位移钻井裸眼延伸作业的安全性。

1.3.3 大位移钻井导向控制模式优选

由于轴向摩阻力的影响,在大位移钻井中钻柱的滑动井深具有极限值。例如在流花11-1油田C1ERW5大位移钻井中,若钻柱摩阻系数取为0.30,则钻柱的滑动极限井深为3 000 m左右[12],如图1-8所示。当超过这个井深时,就必须采用旋转导向控制模式实施大

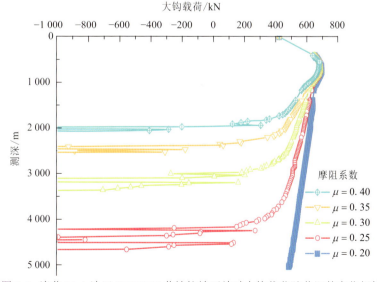

图1-8 流花11-1油田C1ERW5井钻柱被下放时大钩载荷随井深的变化规律

位移钻井作业。通过理论与实践相结合,可形成一套大位移钻井导向控制模式,即小位移井段的"导向马达滑动或旋转导向钻井控制模式"及大位移延伸井段的"旋转导向钻井控制模式"。例如,在流花 11-1 油田大位移钻井中侧钻 $\phi444.5$ mm 造斜段时采用了导向马达滑动导向控制模式,在钻进 $\phi311.2$ mm 大位移长稳斜段和 $\phi216$ mm 水平目标段时则宜采用旋转导向钻井控制模式[12]。

1.4 复杂结构井管柱摩阻扭矩数值模拟方法

管柱在复杂结构井眼内的受力较为复杂,但主要的受力形式为重力、浮力、接触力、摩擦力、机械阻力和钻井液黏滞力。在考虑管柱刚度、管杆接触位置和管柱屈曲的基础上,从下向上对管柱的主要受力进行计算,从而建立了井下管柱摩阻扭矩计算模型。该模型针对不同钻井工况和降磨减扭措施,在计算过程中考虑了钻井液及其流动、减阻降扭工具、机械阻力、堵口管下钻灌浆、漂浮、掏空等因素的影响,提高了摩阻扭矩计算精度。

在摩阻扭矩计算过程中,主要的输入参数为:测斜数据(测深、井斜角、井斜方位角),钻井液参数(管内流体密度、管外流体密度、稠度系数、流性指数、塑性黏度、屈服值),管柱参数(管径、接头直径、内径、线密度、段长、管柱材料),钻井参数(钻压、钻头扭矩、大钩载荷、转盘扭矩、机械钻速、转盘转速、机械阻力、堵口管下钻灌浆深度),摩阻系数(包括轴向摩阻系数、周向摩阻系数),井眼直径及减阻降扭工具参数(安放位置、管径、内径、摩阻系数)。主要的输出参数为:不同工况下管柱的轴向力、侧向力、扭矩分布、屈曲临界载荷、大钩载荷和转盘扭矩计算值、摩阻系数反演值和管杆接触位置等。

基于上述考虑建立了一套复杂结构井管柱摩阻扭矩数值模拟方法和软件系统(软件著作权登记号:2010SR065326),提高了计算精度。如大位移井套管下入时的钩载计算,常规计算方法只考虑套管摩阻和漂浮接箍位置,其计算结果与实测值有较大出入;而复杂结构中管柱摩阻扭矩数值模拟方法可以考虑套管摩阻、漂浮接箍位置、灌浆深度及扶正器机械阻力等因素的影响,其计算值与实测值吻合良好。

1.5 复杂结构井套管磨损预测技术

在复杂结构井钻井过程中,井下套管磨损是造成钻井事故的另一个重要原因。除使用目前常用的磨损效率模型外,还开发了非线性套管磨损模型,该模型考虑表面接触压力对套管磨损的影响,套管磨损系数随着磨损深度的增加而减小,当磨损深度超过 40% 时磨损系数才会基本保持不变,这与实验规律相符合。由于复杂结构井主要使用复合钻柱,在套管磨损预测中还考虑了钻柱接头变化对套管磨损深度的影响,提高了套管磨损预测精度。决定套管磨损的主要因素是磨损系数、接触力、接触宽度和运动路程,因此套管磨损深度计算的核心是摩阻扭矩的计算与套管磨损系数的确定,其中套管磨损系数主要由实验数据和实测套管磨损数据反演确定。套管磨损后强度会降低,针对月牙形磨损形状,采用有限元软件对不同壁厚、磨损深度和钢级的套管进行剩余抗内压强度和抗挤强度计算,然后进行数据拟合,使用拟合公式对磨损套管进行强度计算。输入参数为:摩阻扭矩计算参数、套管磨损系数、套管内径和钢级;输出参数为:套管磨损深度、剩余抗内压强度、剩余抗挤强度。

在钻井过程中,影响井下套管磨损的诸多因素包括:套管/钻杆(摩擦副)材料性质、介质(钻井流体)性质、摩擦系数、钻杆接头和套管之间的接触力以及相对运动的累积路程等。因此,提高套管硬度、增加钻井流体润滑性(降低摩阻系数)、减小接触力和累积路程等,都有利于减轻套管磨损。根据井眼轨迹设计数据定量预测套管磨损,以便在易磨损井段优选套管钢级和壁厚;依据摩擦副转换原理(轴承原理),在复杂结构井弯曲井段套管内使用防磨减扭短节,既可减轻套管磨损,又可使钻柱摩擦扭矩值有所降低。应当指出,使用防磨减扭短节虽然可以减缓套管磨损并降低钻井扭矩载荷,但同时也会带来一些负面效应,特别是会导致井底当量循环密度(Equivalent Circulating Density,简称 ECD)有所升高。因此,在工程设计时应特别注意协调复杂结构井钻井过程中防磨减扭与 ECD 控制之间的相互矛盾。

通过大量的数值分析和模拟实验等工作,建立了三维井眼非线性套管磨损预测的新方法[14],编制了相应的计算软件(软件著作权登记号:2010SR065324),并在大位移钻井中获得应用实效。

1.6 复杂结构井工程风险评估方法

对复杂结构井工程多因素风险进行综合评估,建立复杂结构井工程风险综合评估模型,对于加深人们对钻井事故与风险的认识并积极采取防范措施,对于保护油气储层及提高钻井速度和效益,都具有重要的实际意义。

1.6.1 复杂结构井工程风险评估模型

复杂结构井工程关键技术包括:井身剖面设计、定向控制技术、井壁稳定控制、摩阻/扭矩控制、钻柱及钻头优化设计、井眼净化控制、下套管技术、钻井液性能设计和完井优化等。

在对复杂结构井钻井技术进行广泛调研的基础上建立的复杂结构井综合风险评估模型如图1-9所示。

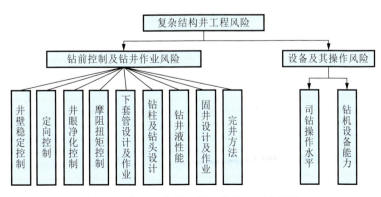

图 1-9 复杂结构井工程风险综合评估模型

对某口复杂结构井工程风险进行综合评估的关键是取得两类数据：一类是上述风险评估模型的评估指标数据，另一类是评估指标的权重。本研究应用特尔斐法采集这两类数据。

1.6.2 风险评估指标权重的采集

不同评估指标在风险评估中的地位不同，衡量其重要性大小的量称为权重。指标的权重是指标在评估中相对重要程度的一种主观评估和客观反映的综合度量。合理确定权重对复杂结构井钻井技术综合风险评估工作具有重要意义。目前，确定权重的方法有数十种之多。本研究应用权值因子判断法进行权重确定，下面着重介绍该方法。

权值因子判断法是确定指标权重的一种方法。与层次分析法（AHP）相比，该方法不需要构造判断矩阵，不需要进行一致性检验，具有计算简单、实用的优点。该方法是特尔斐法的延伸，具体步骤如下：

（1）专家填写权值因子得分表。

权值因子得分表的样式如表1-1所示。填表规则为：将行因子与列因子作相互对比，采用4分制进行评分，非常重要的指标为4分，比较重要的指标为3分，同样重要的指标为2分，不太重要的指标为1分，很不重要的指标为0分；同一指标相比无意义，不打分；每行累加即是每一个指标的得分值。

表1-1　权值因子得分表

评估指标	指标1	指标2	…	指标 n	分　值
指标1					
指标2					
⋮					
指标 n					

（2）汇总专家答卷。

汇总各专家所填写的权值因子得分表，得到权值统计计算表，如表1-2所示。

表1-2　权值统计计算表

专家名称	指标1	指标2	…	指标 n
专家1	C_{11}	C_{12}	…	C_{1n}
专家2	C_{21}	C_{22}	…	C_{2n}
⋮	⋮	⋮	⋮	⋮
专家 m	C_{m1}	C_{m2}	…	C_{mn}

（3）计算各指标权重 λ。

根据下式计算权重 λ：

$$\lambda_j = \frac{\frac{1}{m}\sum_{i=1}^{m} C_{ij}}{\sum_{j=1}^{n}\left(\frac{1}{m}\sum_{i=1}^{m} C_{ij}\right)} \tag{1-5}$$

式中 λ_j——第 j 项指标的权重;

C_{ij}—— i 专家对 j 项指标的评分值;

m——参与评分的专家人数;

n——评估指标的总个数。

1.6.3 风险评估指标数据的采集

根据上述复杂结构井工程风险综合评估模型所设计的综合风险调查表如表 1-3 所示。该调查表用来获取不同专家就各风险评估指标对某口复杂结构井钻井可能产生风险大小的评估值。该调查表包括风险评估指标和不同程度的风险等级。风险评估指标包括井壁稳定控制、定向控制、井眼净化控制、摩阻扭矩控制、下套管设计及作业、钻柱及钻头设计、钻井液性能、固井设计及作业、完井方法、司钻操作水平、钻机设备能力等 11 项。各风险评估指标的风险等级分为五级,即轻微风险(指钻井过程中不存在风险)、中等风险(指钻井过程中存在较小风险,设备损害很小,人员不会伤亡)、较大风险(指复杂结构井钻井过程中存在较大风险,风险一旦发生,就会给设备造成一定程度的损害,也可能对人员造成伤害)、致命风险(指钻井过程中存在致命风险,风险一旦发生,将导致设备严重损害并造成人员的生命危险,必须立即采取补救措施,以挽救人员生命和保护设备)、灾难风险(钻井过程中存在灾难性风险,风险一旦发生,将导致设备严重损害与人员死亡或多人受伤,钻井无法继续进行,井报废)。专家可以根据风险评估指标和风险评估等级对某口复杂结构井钻井技术综合风险进行评定。

表 1-3　综合风险调查表

风险等级 评价指标	轻微风险	中等风险	较大风险	致命风险	灾难风险
井壁稳定					
定向控制					
井眼净化控制					
摩阻扭矩控制					
下套管设计及作业					
钻柱及钻头设计					
钻井液性能					
固井设计及作业					
完井方法					
司钻操作水平					
钻机设备能力					

1.6.4 风险评估方法

各风险评估指标的数据、权重确定后,可应用模糊综合评判法对复杂结构井工程风险进行综合评估。

所谓模糊综合评判，是指在模糊环境下，考虑多种因素的影响，为了某种目的而对一事物作出综合决策的方法。模糊数学中隶属度和隶属函数是两个十分重要的概念。隶属度表示一个个体元素属于一个模糊集合的程度，它位于区间[0,1]上；隶属函数是用来计算一个元素对于某种模糊集合隶属度关系的表达式。

社会经济活动中，客观事物、现象的差异通常并不都是以"非此即彼"的对立形式出现的，而往往是以一种"亦此亦彼"的形式出现，从而形成社会现象的模糊性。由于很多客观事物经常处于"亦此亦彼"状态，使人难以确定一个事物是否属于这个概念。因此，在评估这类客观事物时，可以以一个在[0,1]范围内的数值来评估、描述客观事物属于某种状态的程度，称之为隶属度。

模糊综合评估法的基本思想是：在确定评估因素因子的评估等级标准和权重的基础上，运用模糊集合变换原理，用隶属度描述各因素及因子的模糊界线，构造模糊评估矩阵，通过多层复合运算，最终确定评估对象所属等级。模糊综合评判法有以下几个步骤：

（1）以所研究的所有待评估对象作为评判对象集。

（2）确定评判对象的因素集 $X = [x_1, x_2, \cdots, x_m]$。

（3）确定评判对象的评语集 $U = [u_1, u_2, \cdots, u_n]$。

U 是一个全序集，即 U 中任意两个评语之间总存在等级差别。典型的评语集有：$U = [$很好，好，一般，较差，很差$]$，$U = [$优，良，中等，合格，不合格$]$，$U = [1, 2, 3, 4, 5（分）]$，$U = [A, B, C, D, E]$，$U = [1, 2, 3, 4, 5, 6, 7, 8, 9, 10]$。

（4）进行单因素评判，得到各因素评判向量，确定评判矩阵。

以前，人们评估事物只有两个等级：好和坏。这是二元论、机械论。这样的描述过于单调，不足以准确地评估事物。国内外学者创立的模糊集合理论和灰色系统理论改变了这种局面，在模糊综合评判中对单因素的评估采用打分或分等级的方法，是一种模糊评估。这种模糊评估事实上是一种更清晰的评估方法，给人一种立体感。

对每一个因素进行评判，得出每一因素属于各种评语的程度。即对序偶 (x_i, u_j) 赋以指标 r_{ij}，$r_{ij} \in [0, 1]$，其大小是衡量因素 x_i 属于评语 u_j 的程度，其计算公式为：

$$r_{ij} = \frac{d_{ij}}{d}$$

式中　d_{ij}——对第 i 个评估因素作出第 j 等级评估的人数；

　　　d——全部专家组人数。

对第 i 个因素 x_i，专家的合成评估向量 $R_i = (r_{i1}, r_{i2}, \cdots, r_{in})(i = 1, 2, \cdots, m)$，这些单因素评估向量合成评判矩阵 R：

$$R = \begin{bmatrix} R_1 \\ R_2 \\ \vdots \\ R_m \end{bmatrix} = \begin{bmatrix} r_{11} & r_{12} & \cdots & r_{1n} \\ r_{21} & r_{22} & \cdots & r_{2n} \\ \vdots & \vdots & & \vdots \\ r_{m1} & r_{m2} & \cdots & r_{mn} \end{bmatrix}$$

（5）确定单因素权重向量矩阵。

应用权值因子判断法确定权重向量矩阵 $A = \begin{bmatrix} W_1 & W_2 & \cdots & W_m \end{bmatrix}$。

（6）计算综合评判值。

根据单因素评判矩阵和单因素权重向量矩阵，得到模糊综合评判结果矩阵：$\boldsymbol{B}=\boldsymbol{AR}$；若 $\boldsymbol{U}$ 量化，则模糊综合评判值为：$\boldsymbol{P}=\boldsymbol{UB}^{\mathrm{T}}$。根据模糊综合评判值的大小，就可确定各评判对象的优劣。

（7）多层次模糊综合评判。

由最低层开始对所包含的因素进行单层次综合评判，所得评判结果作为上一层模糊评判矩阵的一个行向量。根据本层的权重向量及由下层评判结果构成的本层次的评判矩阵，又可得本层的综合评判结果，并作为更上一层评判矩阵的一个行向量。重复进行，直到最高一层，从而获得综合评判结果。

1.6.5　实例分析

以南海流花 11-1 油田某待钻 8 000 m 大位移井为例[15]，聘请了 20 名现场专家进行技术咨询与数据采集，并将风险等级分为轻微风险、中等风险、较大风险、致命风险、灾难风险五个级别，通过计算求出最终的综合评判隶属度向量：$\boldsymbol{B}=(0.074\,6, 0.249\,6, 0.431\,9, 0.164\,0, 0.079\,9)$。由最大隶属度原则可以判断该井的钻井综合风险属于较大风险。对评语转换向量赋值，即 $\boldsymbol{C}=(0, 0.25, 0.5, 0.75, 1)$，可求得该大位移井最终的钻井技术综合风险值：$\boldsymbol{P}=\boldsymbol{CB}^{\mathrm{T}}=48.1\%$，亦即该大位移井的钻井综合成功概率 $=1-P=51.9\%$。

基于上述方法建立了一套复杂结构井工程综合风险评估系统（软件著作权登记号：2010SR065298）。

1.7　结束语

（1）采用复杂结构井可实现对油气储层的最佳钻遇与保护，并与各种相适应的储层精细改造和高效驱替方法协调增效，可望经济有效地提高油气田单井产能和最终采收率。复杂结构井目标段的钻完井控制（导向钻井、储层保护、入流剖面控制、安全作业等）具有较大难度，在设计时应留有余地，力求实现设计与控制一体化。

（2）水平井井身剖面设计，可定量考虑目标储层的几何产状、厚度及钻井工具造斜率不确定性等复杂因素的影响。与一般的水平井相比，多分支水平井的钻井控制难度更大，应在设计时考虑更多的控制因素。

（3）大位移水平井钻井是挑战钻井极限的前沿技术，在钻井设计时除了一般的水平井钻井设计考虑之外，还应特别注意工程风险评估与控制问题。根据大位移钻井延伸极限概念及井下摩阻扭矩控制原理，可以优化设计井身剖面、井身结构、钻柱与底部钻具组合等，优选定向钻井导向控制模式。同时，在底部钻具组合设计时，应注意钻头与导向控制工具的各向异性匹配性。

（4）将定量计算与定性分析相结合，采用特尔菲法、权值因子判断法及模糊综合评判法等多种方法对复杂结构井钻井工程进行综合风险评估，其结果有助于从整体上提高对复杂结构井钻井工程技术风险性的认识，并可为优化工程风险控制方案提供科学依据。

参考文献

[1] Aguilera R，Artindale J S，Cordell G M，et al. Horizontal Wells. Houston：Gulf Publishing Company，1991：19-126.

[2] Harald Blikra，Drevdal K E，Aarrestad T V. Extended Reach，Horizontal，and Complex Design Wells：Challenges，Achievements and Cost-benefits. SPE 28005，1994.

[3] Gerard Renard，Eric Delamaide，Rob Morgan，et al. Complex Well Architecture：IOR and Heavy Oils. Topic 8. The 15th World Petroleum Congress，Beijing，China，1997.

[4] Patrick V Deis，Hal W Knox，Ron MacDonald，et al. Emerging Technologies Provide Continued Prosperity in the Western Canadian Sedimentary Basin. Topic 2. The 15th World Petroleum Congress，Beijing，China，1997.

[5] 杨陆武，孙茂远，胡爱梅，等．适合中国煤层气藏特点的开发技术．石油学报，2002，23(4)：46-50.

[6] 高德利，鲜保安．煤层气多分支井身结构设计模型研究．石油学报，2007，28(6)：113-117.

[7] 王德贵，高德利．管柱形磁源空间磁场矢量引导系统研究．石油学报，2008，29(4)：608-611.

[8] 闫永维，高德利，吴志永．煤层气连通井引导技术研究．石油钻采工艺，2010，32(2)：23-25，29.

[9] Payne M L，Cocking D A，Hatch A J. Critical Technologies for Success in Extended Reach Drilling. SPE 28293. The SPE 69th Annual Technical Conference and Exhibition，New Orleans，LA，USA，1994.

[10] Gao Deli，Tan Chengjin，Tang Haixiong. Limit Analysis on Extended Reach Drilling in South China Sea. Petroleum Science，2009，6(2)：105-110.

[11] 高德利，张武辇，李文勇．南海西江大位移井钻完井工艺分析研究．石油钻采工艺，2004，26(3)：1-6.

[12] 高德利，唐海雄．海洋石油大位移钻井关键技术研究．世界石油工业，2010：61-67.

[13] 高德利．油气井管柱力学与工程．东营：中国石油大学出版社，2006.

[14] Gao Deli，Sun Lianzhong，Lian Jihong. Prediction of Casing Wear in Extended-Reach Drilling. Petroleum Science，2010，7(4)：494-501.

[15] Zhang Hui，Gao Deli，Hao Zhiwei. Risk Analysis of Extended Reach Wells in the Liuhua Oilfield，South China Sea，based on Comprehensive Fuzzy Evaluation Method. Petroleum Science，2009，6(2)：172-175.

大位移钻井管柱摩阻磨损预测技术

高德利 孙连忠 等

摘 要

井下管柱摩阻磨损的定量分析,在大位移钻井优化设计与安全控制中具有重要的实际意义。在分析中,应认真考虑井下各种影响因素,以便较为准确地预测井下管柱摩阻扭矩的真实分布,进而及早发现问题并采取对策。钻柱与套管之间较大的接触力和较长的相对运动时间,会造成技术套管的严重磨损并引发一系列的井下事故。井下摩阻扭矩分析与套管磨损预测紧密相连,定量预测井下管柱摩阻磨损状态,有利于保障大位移钻井作业的安全和效率。本章综合考虑了管柱刚度、管杆接触位置、摩阻力、机械阻力、减阻降扭工具、钻井液及其流动和管柱屈曲等影响因素,建立了先进的井下管柱摩阻扭矩计算模型。同时,根据接触压力对套管磨损的影响特征建立了非线性套管磨损模型,其套管磨损系数不是固定值,而是随磨损的增加而减小。考虑大位移钻井作业中钻柱尺寸的变化,建立了钻柱尺寸变化影响套管磨损的几何模型。通过管柱屈曲模拟实验和套管磨损全尺寸模拟实验,结合南海流花11-1油田侧钻大位移井的实测数据,对井下管柱摩阻磨损计算方法进行了验证分析。

主题词

大位移钻井;管柱力学;摩阻扭矩;套管磨损

2.1 大位移钻井管柱摩阻扭矩预测技术

2.1.1 引 言

井下管柱摩阻扭矩的定量分析,在大位移钻井优化设计与安全控制中具有重要的实际意义。

目前通用的管柱摩阻扭矩模型还是由 Johancsik 等人[1] 提出的软杆模型。Sheppard 等人[2] 将它发展为微分形式;Maidla 和 Wojtanowicz[3] 建立了受三维井眼约束的软杆模型,同时还考虑了钻井液动力粘滞阻力对大钩载荷的影响,但高估了环空黏滞阻力;He 等人[4] 在 Johancsik 模型[1] 的基础上考虑了轴向与周向运动速度对井下管柱摩阻分布的影响。

为了提高不规则井眼中管柱摩阻的计算精度,Ho[5] 以大变形理论为基础提出了硬杆模型。在 Ho 模型的基础上,Mitchell 和 Samuel[6] 考虑了井下管柱与井眼接触位置的影响,建立了目前较为完善的硬杆模型。软杆模型与以上两种硬杆模型都没有考虑径向间隙对摩阻的影响。Menand 等人[7] 使用一种新的数值方法来确定管柱与井壁之间的未知接触,该方法克服了有限元分析耗时大的缺陷,同时考虑了管柱旋转、管柱接头、流体剪切力、温度等因素的影响,开发出可视化的井下管柱摩阻扭矩计算软件。

屈曲是管柱摩阻扭矩计算中不可缺少的重要部分。2004 年 Cunha[8] 详细地介绍了自 1950 年 Lubinski[9] 开始理论研究管柱正弦屈曲直至 2002 年这 50 多年来管柱屈曲研究在理论分析和实验研究方面取得的重要成果与进展。最近 10 年来研究人员将研究重心转移到了钻杆接头、井眼狗腿、摩阻、管柱旋转、边界条件、流体流动等因素对屈曲的影响上,并逐步开展了全尺寸屈曲实验。

Duman 等人[10] 开展了钻杆接头对管柱屈曲影响的模拟实验,实验结果表明接头对正弦屈曲临界载荷影响较小,但可以使螺旋屈曲的临界载荷提高约 20%,轴向力的传递效率提高达 40%。Mitchell 与 Miska[11] 则通过理论分析建立了包含接头与扭矩影响的屈曲模型。Menand 等人[12] 在实验中发现井眼狗腿对螺旋屈曲临界载荷具有较大影响,与理想水平井段相比,在含有狗腿的水平井段中螺旋屈曲临界载荷会大幅下降。Menand 等人还通过理论分析认为管柱旋转时螺旋屈曲临界载荷约为滑动时的 50%,旋转过程中即使发生了螺旋屈曲,管柱的轴向力依然可以很好地传递至钻头;而 Mitchell[13] 的分析认为旋转可以使螺旋屈曲的临界载荷降低约 22%。Gao 和 Miska[14] 在理论分析与实验中发现旋转速度不会改变正弦屈曲的临界载荷,而摩擦力对屈曲的影响很大,可增加正弦与螺旋屈曲的临界载荷。Barakat 等人[15] 在实验中发现流体浮力可以减小屈曲临界载荷,流体有规律的振动也可以减小屈曲临界载荷,但会增加轴向力的传递效率。Weltzin 等人[16,17] 在一口实钻定向井(测深 2 020 m,稳斜角 60°)中进行全尺寸钻柱屈曲实验,在钻柱发生螺旋屈曲之前就引发了自锁,且正弦屈曲的波长变化不大,主要与接头间距相关;通过与目前的屈曲模型对比,发现目前的屈曲模型还不完善。Mitchell 等人[18] 以 ϕ177.8 mm 尾管为约束,使用 ϕ73.0,ϕ88.9 和 ϕ101.6 mm 钻杆开展全尺寸屈曲室内实验。滑动与旋转实验都表明钻杆临界屈曲载荷远远低于目前各种屈曲模型的计算值,钻杆保护器可以使钻杆的临界屈曲载荷提高 20%～30%。在实验的基础上,他们提出一种半经验模型来计算屈曲产生的附加摩阻与扭矩。

2.1.2 管柱摩阻扭矩模型

取任一钻柱微元,忽略剪切变形和振动阻尼及钻柱的动力效应,则钻柱微元的平衡方程为:

$$\begin{cases} \dfrac{\mathrm{d}\boldsymbol{F}}{\mathrm{d}s} + \boldsymbol{w} = 0 \\ \dfrac{\mathrm{d}\boldsymbol{M}}{\mathrm{d}s} + \boldsymbol{t} \times \boldsymbol{F} + \boldsymbol{m} = 0 \end{cases} \tag{2-1}$$

式中 $\boldsymbol{F}$——钻柱的合内力；

$\boldsymbol{M}$——钻柱的合内力矩；

$\boldsymbol{w}$——钻柱单位长度分布的外力；

s——钻柱微元的长度；

$\boldsymbol{t}$——钻柱微元的单位切向量；

$\boldsymbol{m}$——钻柱单位长度分布的外力矩。

钻柱单位长度分布的外力 $\boldsymbol{w}$ 为：

$$\boldsymbol{w} = \boldsymbol{w}_{bp} + \boldsymbol{w}_c + \boldsymbol{w}_d \tag{2-2}$$

$$\boldsymbol{w}_{bp} = f_b \boldsymbol{w}_p \tag{2-3}$$

式中 w_{bp}——钻柱单位长度的浮重，N/m；

w_c——钻柱单位长度的接触力，N/m；

w_d——钻柱单位长度的摩阻力，N/m；

w_p——钻柱单位长度的重量，N/m；

f_b——浮力系数。

假设在 $\boldsymbol{n}$-$\boldsymbol{b}$ 平面内钻柱与井壁的接触方向线与向量 $\boldsymbol{n}$ 之间的夹角为 θ，则钻柱单位长度的接触力 $\boldsymbol{w}_c$ 和摩阻力 $\boldsymbol{w}_d$ 及外力矩 $\boldsymbol{m}$ 为：

$$\boldsymbol{w}_c = -w_c(\cos\theta \boldsymbol{n} + \sin\theta \boldsymbol{b}) \tag{2-4}$$

$$\boldsymbol{w}_d = \mu_t w_c(\sin\theta \boldsymbol{n} - \cos\theta \boldsymbol{b}) - \mu_d w_c \boldsymbol{t} - w_v \boldsymbol{t} \tag{2-5}$$

$$\boldsymbol{m} = -\mu_d r_o w_c(\sin\theta \boldsymbol{n} - \cos\theta \boldsymbol{b}) - \mu_t w_c r_o \boldsymbol{t} - m_v \boldsymbol{t} \tag{2-6}$$

$$\mu_d = \pm v\mu \Big/ \sqrt{\left(\frac{\pi r_o n}{30}\right)^2 + v^2}, \quad \mu_t = \frac{1}{30}\mu\pi r_o n \Big/ \sqrt{\left(\frac{\pi r_o n}{30}\right)^2 + v^2} \tag{2-7}$$

式中 μ——摩阻系数；

μ_d——轴向摩阻系数，下放时为正，上提时为负；

μ_t——周向摩阻系数；

v——钻柱轴向速度，m/s；

n——钻柱旋转速度，r/min；

r_o——钻柱的外径，m；

w_v——钻井液动力黏滞阻力，N/m；

m_v——钻井液黏性扭矩，N·m；

$\boldsymbol{n}$，$\boldsymbol{b}$——钻柱微元的正法向量、副法向量。

钻柱为弹性体,其合内力 $\boldsymbol{F}$ 与合内力矩 $\boldsymbol{M}$ 可表示如下:

$$\boldsymbol{F} = F_{\mathrm{e}}\boldsymbol{t} + F_{\mathrm{n}}\boldsymbol{n} + F_{\mathrm{b}}\boldsymbol{b} \tag{2-8}$$

$$F_{\mathrm{e}} = F_{\mathrm{a}} + F_{\mathrm{st}} = F_{\mathrm{a}} + (p_{\mathrm{o}} + \rho_{\mathrm{o}}v_{\mathrm{o}}^2)A_{\mathrm{o}} - (p_{\mathrm{i}} + \rho_{\mathrm{i}}v_{\mathrm{i}}^2)A_{\mathrm{i}} \tag{2-9}$$

$$\boldsymbol{M} = EIk\boldsymbol{b} + M_{\mathrm{t}}\boldsymbol{t} \tag{2-10}$$

式中　F_{e}——有效轴向力,N;

$\quad\quad F_{\mathrm{n}}$, F_{b}——剪切力,N;

$\quad\quad F_{\mathrm{a}}$——轴向力,N;

$\quad\quad F_{\mathrm{st}}$——流体对钻柱的反推力,N;

$\quad\quad p_{\mathrm{o}}$——环空中钻井液压力,Pa;

$\quad\quad p_{\mathrm{i}}$——钻柱内钻井液压力,Pa;

$\quad\quad \rho_{\mathrm{o}}$——环空中钻井液密度,kg/m³;

$\quad\quad \rho_{\mathrm{i}}$——钻柱中钻井液密度,kg/m³;

$\quad\quad v_{\mathrm{o}}$——环空中钻井液流速,m/s;

$\quad\quad v_{\mathrm{i}}$——钻柱内钻井液流速,m/s;

$\quad\quad A_{\mathrm{o}}$——钻柱外截面面积,m²;

$\quad\quad A_{\mathrm{i}}$——钻柱内截面面积,m²;

$\quad\quad E$——弹性模量,N/m²;

$\quad\quad I$——惯性矩,m⁴;

$\quad\quad k$——井眼曲率,m⁻¹;

$\quad\quad M_{\mathrm{t}}$——扭矩,N·m。

将式(2-2)~式(2-10)代入式(2-1),可得钻柱受力平衡方程:

$$\begin{cases} \dfrac{\mathrm{d}F_{\mathrm{e}}}{\mathrm{d}s} - kF_{\mathrm{n}} + w_{\mathrm{bp}}t_z - \mu_{\mathrm{d}}w_{\mathrm{c}} - w_{\mathrm{v}} = 0 \\[2mm] \dfrac{\mathrm{d}F_{\mathrm{n}}}{\mathrm{d}s} + F_{\mathrm{e}}k - F_{\mathrm{b}}\tau + w_{\mathrm{bp}}n_z - w_{\mathrm{c}}\cos\theta + \mu_{\mathrm{t}}w_{\mathrm{c}}\sin\theta = 0 \\[2mm] \dfrac{\mathrm{d}F_{\mathrm{b}}}{\mathrm{d}s} + F_{\mathrm{n}}\tau + w_{\mathrm{bp}}b_z - w_{\mathrm{c}}\sin\theta - \mu_{\mathrm{t}}w_{\mathrm{c}}\cos\theta = 0 \\[2mm] \dfrac{\mathrm{d}M_{\mathrm{t}}}{\mathrm{d}s} - \mu_{\mathrm{t}}r_{\mathrm{o}}w_{\mathrm{c}} - m_{\mathrm{v}} = 0 \\[2mm] EI\dfrac{\mathrm{d}k}{\mathrm{d}s} + F_{\mathrm{n}} + \mu_{\mathrm{d}}r_{\mathrm{o}}w_{\mathrm{c}}\cos\theta = 0 \\[2mm] -EIk\tau + M_{\mathrm{t}}k - F_{\mathrm{b}} - \mu_{\mathrm{d}}r_{\mathrm{o}}w_{\mathrm{c}}\sin\theta = 0 \end{cases} \tag{2-11}$$

整理可得[19]:

$$\begin{cases} \dfrac{\mathrm{d}F_{\mathrm{e}}}{\mathrm{d}s} + EIk\dfrac{\mathrm{d}k}{\mathrm{d}s} + w_{\mathrm{bp}}t_z - \mu_{\mathrm{d}}w_{\mathrm{c}}(1 - kr_{\mathrm{o}}\cos\theta) = 0 \\[2mm] \dfrac{\mathrm{d}M_{\mathrm{t}}}{\mathrm{d}s} - \mu_{\mathrm{t}}r_{\mathrm{o}}w_{\mathrm{c}} = 0 \end{cases} \tag{2-12}$$

$$w_c = \frac{\sqrt{\left(F_e k + \tau^2 EIk + w_{bp} n_z - \tau k M_t\right)^2 + \left[w_{bp} b_z - (2\tau EI - M_t)\dfrac{dk}{ds}\right]^2}}{\sqrt{1 + \mu_t^2 + \tau^2 \mu_d^2 r_o^2 + 2\mu_t \mu_d r_o \tau}} \qquad (2\text{-}13)$$

$$\sin\theta = \frac{w_{bp} b_z - (2\tau EI - M_t)\dfrac{dk}{ds} + w_c \mu_t r_o k}{w_c \left[1 + (\mu_t + \mu_d r_o \tau)^2\right]} - \frac{(\mu_t - \mu_d r_o \tau)(F_e k + \tau^2 EIk + w_{bp} n_z - \tau k M_t)}{w_c \left[1 + (\mu_t + \mu_d r_o \tau)^2\right]} \qquad (2\text{-}14)$$

$$\cos\theta = (F_e k + \tau^2 EIk + w_{bp} n_z - \tau k M_t + \mu_t w_c \sin\theta - \tau \mu_d w_c r_o \sin\theta)/w_c \qquad (2\text{-}15)$$

$$\begin{cases} F_e(0) = W_{ob} \\ M_t(0) = T_{ob} \end{cases} \qquad (2\text{-}16)$$

式中　t_z，n_z，b_z——钻柱微元的单位切向量、正法向量、副法向量在铅垂方向的分量；

　　　τ——井眼挠率，m^{-1}；

　　　θ——钻柱接触方向线与向量 **n** 之间的夹角，($°$)；

　　　W_{ob}——钻压，N；

　　　T_{ob}——钻头扭矩，N·m。

钻柱微元的单位切向量可以由井斜角与井斜方位角来计算：

$$\boldsymbol{t} = \left(\sin\alpha \cos\varphi,\ \sin\alpha \sin\varphi,\ \cos\alpha\right) \qquad (2\text{-}17)$$

式中　α——井斜角，($°$)；

　　　φ——井斜方位角，($°$)。

由于样条插值函数具有良好的数学性质，可以使井眼更加平滑，因此样条插值方法被应用在井眼轨迹计算中。把井斜角和井斜方位角看为井深的样条函数，由微分几何中 Frenet 公式可得：

$$\begin{cases} t_z = \cos\alpha \\ n_z = \dfrac{d\alpha}{ds}\dfrac{\sin\alpha}{k} \\ b_z = -\dfrac{d\varphi}{ds}\dfrac{\sin^2\alpha}{k} \end{cases} \qquad (2\text{-}18)$$

$$k = \sqrt{\left(\frac{d\alpha}{ds}\right)^2 + \sin^2\alpha \left(\frac{d\varphi}{ds}\right)^2} \qquad (2\text{-}19)$$

$$\frac{dk}{ds} = \frac{\dfrac{d\alpha}{ds}\dfrac{d^2\varphi}{ds^2} + \dfrac{d\varphi}{ds}\left(\dfrac{d\alpha}{ds}\dfrac{d\varphi}{ds}\cos\alpha + \dfrac{d^2\varphi}{ds^2}\sin\alpha\right)\sin\alpha}{k} \qquad (2\text{-}20)$$

$$\tau = \frac{\sin\alpha\left(\dfrac{d\alpha}{ds}\dfrac{d^2\varphi}{ds^2} - \dfrac{d\varphi}{ds}\dfrac{d^2\alpha}{ds^2}\right) + \dfrac{d\varphi}{ds}\left[\left(\dfrac{d\alpha}{ds}\right)^2 + k^2\right]\cos\alpha}{k^2} \qquad (2\text{-}21)$$

应用数值方法求解常微分方程就可以获得钻柱的有效轴向力、侧向力、扭矩、接触位置角等参数。由于该摩阻扭矩模型包含了轴向与周向的摩阻,因此可以适用于各种钻井工况下的管柱受力分析。

（1）钻井液浮力的影响。

当管柱内外充满同一密度的流体时,浮力系数的计算公式为:

$$f_{\mathrm{b}} = 1 - \frac{\rho_{\mathrm{m}}}{\rho_{\mathrm{s}}} \qquad (2\text{-}22)$$

式中 f_{b}——浮力系数;

ρ_{s}——管柱密度,$\mathrm{kg/m^3}$;

ρ_{m}——钻井液密度,$\mathrm{kg/m^3}$。

当管柱内外的流体密度不同时,大多数文献[20-22]中浮力系数的计算公式为:

$$f_{\mathrm{b1}} = 1 - \frac{\rho_{\mathrm{o}} A_{\mathrm{o}} - \rho_{\mathrm{i}} A_{\mathrm{i}}}{\rho_{\mathrm{s}} (A_{\mathrm{o}} - A_{\mathrm{i}})} \qquad (2\text{-}23)$$

式中 ρ_{o}——管柱外流体密度,$\mathrm{kg/m^3}$;

ρ_{i}——管柱内流体密度,$\mathrm{kg/m^3}$;

A_{o}——管柱的外截面面积,$\mathrm{m^2}$;

A_{i}——管柱的内截面面积,$\mathrm{m^2}$。

由于管柱本体、加厚端和管柱接头的尺寸不同,在石油工业中管柱的线重为平均线重,因此,推荐浮力系数计算公式[23]如下:

$$f_{\mathrm{b2}} = 1 - \frac{\rho_{\mathrm{o}} g A_{\mathrm{o}} - \rho_{\mathrm{i}} g A_{\mathrm{i}}}{w_{\mathrm{p}}} \qquad (2\text{-}24)$$

式中 w_{p}——管柱单位长度的重量,$\mathrm{N/m}$;

g——重力加速度,$\mathrm{m/s^2}$。

（2）减阻工具的影响。

根据摩阻系数(FF)随井深的变化关系,将摩阻系数分为两种:与井眼状况相关的摩阻系数以及与井下工具相关的摩阻系数。目前广泛使用的摩阻系数为前者。而在大位移井中常采用井下工具来降低摩阻扭矩和套管磨损,因此安放工具井段的摩阻系数为后一种摩阻系数,其对应的井深会随进尺的增加而增加,但其与钻头的距离却是固定值。目前在计算安放有减阻工具管柱的摩阻扭矩时依然采用固定井深的摩阻系数,这会降低摩阻扭矩计算的精度,甚至失去摩阻扭矩计算的意义。

目前常用的工具安放模型是由 Juvkam-Wold 和 Wu[24]提出的,该模型试图通过避免管柱本体与井壁的接触来降低摩阻扭矩和减小套管磨损。由于该方法推荐的安放间距不是钻杆长度的倍数,因此其推荐的安放间距无法在钻井过程中实现;而且该方法也不能给出最优的减阻器安放位置,第一个减阻器的安放位置往往要靠经验来决定。钻井的实际操作通常限定了减阻器的安放间距,为了达到最优的减阻效果和套管防磨作用,就需要优化第一个减阻器的安放位置及减阻器的安放个数。通过摩阻扭矩优化的方法就可以推荐最优的减阻器安放位置。先给定一个安放个数,根据不同的钻井需要,不断改变减阻器的安放位置直至上提下放摩阻或钻进转盘扭矩达到最小值。由于在大位移井中很少采用滑动的方式来活动管柱,因此钻进转盘扭矩最小是首选的准则。然后改变安放个数重复以上步骤,就可以获得转盘扭矩与安放个数的变化关系以及不同安放个数时第一个减阻器的最优安放位置。根据减扭要求选择最优安放个数即可获得减阻器的安放个数和安放位置。

（3）机械阻力的影响。

摩阻扭矩计算中使用的摩阻系数是一个复杂的参数,它不仅包含摩擦力还包含岩屑床、稳定器、扶正器、井眼局部弯曲等产生的机械阻力[25]。当机械阻力的变化趋势与摩擦力相同时,使用一个较大的摩阻系数就可以较为准确地计算出大钩载荷与转盘扭矩,但是当它们的变化趋势不同时,摩阻扭矩计算就会产生较大误差。

由于扶正器的尺寸较大,在裸眼段扶正器会吃入井壁,造成额外的机械阻力。本书将计算值与实测值之差看为扶正器的机械阻力,不断改变裸眼段摩阻系数和扶正器机械阻力,直至大钩载荷的计算值与实测值吻合良好。利用反算出的裸眼段摩阻系数和扶正器的机械阻力对后续井段的大钩载荷进行预测分析。

通常,在同一口井中套管下入时的摩阻系数要比钻柱下放时的摩阻系数大。造成这种现象的原因有多种,除了目前的摩阻扭矩模型不能合理考虑井眼尺寸、径向间隙和刚度对摩阻扭矩的影响外[25],没有考虑机械阻力也是一个很重要的原因。建议在进行套管下入摩阻预测时,除使用较大摩阻系数的方法外,新增一种计算方法,即在使用正常摩阻系数或稍大摩阻系数的前提下考虑裸眼段中较大尺寸部件的机械阻力。对两者之中较危险的状况进行分析,以便采取相应措施,确保套管可以顺利下放至预定井深。

（4）管柱屈曲的影响。

管柱屈曲后会增大管柱与井壁之间的接触力,这将影响管柱轴向力的有效传递,甚至使轴向力无法传递至钻头。准确计算管柱屈曲对摩阻扭矩的影响至关重要,这在很大程度上决定了管柱摩阻扭矩的计算精度。

目前大部分学者将管柱螺旋屈曲作为研究重点,认为发生正弦屈曲时管柱与井壁之间的附加接触力可以忽略。但实验与理论研究[16-18, 26, 27]表明,管柱正弦屈曲可以产生足够大的附加接触力,甚至会引起钻柱的自锁。

本章作者利用表 2-1 所示的管杆组合,针对旋转、摩阻、接头和边界条件进行了水平井段管柱屈曲实验研究。除由于实验设备等原因没有获得旋转情况下的屈曲有效数据外,实验共获得 65 组有效数据。根据实验结果(图 2-1 和图 2-2)评估了管柱屈曲条件下的附加侧向力模型。

管柱正弦屈曲临界载荷为[28]：

$$F_{cs} = 2\sqrt{\frac{EIw_c}{r_c}} \tag{2-25}$$

管柱有效外直径为[18]：

$$d_e = \frac{d_{dp}(l - l_{tj})}{l} + \frac{d_{tj}l_{tj}}{l} \qquad (2\text{-}26)$$

式中 d_e——管柱的有效外径，m；

$\quad\quad d_{dp}$——管柱的外径，m；

$\quad\quad d_{tj}$——接头的外径，m；

$\quad\quad l$——管柱的总长度，m；

$\quad\quad l_{tj}$——接头长度，m。

管柱的有效环空间隙为：

$$r_c = \frac{d_c - d_e}{2} \qquad (2\text{-}27)$$

式中 d_c——井眼直径，m；

$\quad\quad r_c$——管柱的有效环空间隙，m。

以往研究人员认为正弦屈曲与螺旋屈曲的附加侧向力公式不同，但本章作者通过实验认为两者相同。屈曲后管柱的附加侧向力为：

$$w_b = \frac{r_c F_e^2}{8EI} \qquad (2\text{-}28)$$

屈曲后管柱受力平衡方程为：

$$\begin{cases} \dfrac{\mathrm{d}F_e}{\mathrm{d}s} + EIk\dfrac{\mathrm{d}k}{\mathrm{d}s} + w_{bp}t_z - \mu_d(w_c + w_b)(1 - kr_o\cos\theta) - w_v = 0 \\[3mm] \dfrac{\mathrm{d}M_t}{\mathrm{d}s} - \mu_t r_o(w_c + w_b) - m_v = 0 \end{cases} \qquad (2\text{-}29)$$

表 2-1 实验所用的管杆数据

模拟钻杆序号	本体				接头				钻杆组合		井眼
	外径/mm	内径/mm	长度/mm	摩擦系数	外径/mm	内径/mm	长度/mm	摩擦系数	线重度/(N·m⁻¹)	长度/m	内径/mm
1	12.7	11.5	90.0	0.44	—	—	—	—	1.47	6.3	50.0
2	12.7	11.5	90.0	0.33	—	—	—	—	1.47	6.3	50.0
3	12.7	11.5	87.5	0.33	25.0	13.0	2.5	0.29	2.21	6.3	50.0
4	12.7	11.5	87.5	0.33	19.0	13.0	2.5	0.29	1.76	6.3	50.0
5	12.0	10.0	87.5	0.33	—	—	—	—	3.27	6.3	50.0
6	12.0	10.0	87.5	0.33	25.0	13.0	2.5	0.29	3.96	6.3	50.0

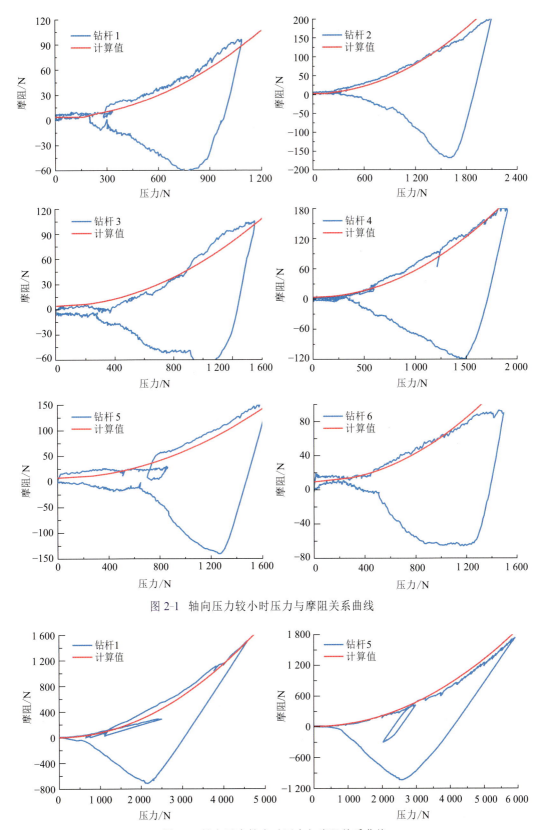

图 2-1　轴向压力较小时压力与摩阻关系曲线

图 2-2　轴向压力较大时压力与摩阻关系曲线

2.1.3 现场应用

LH11-1-A02ERW1 井为流花 11-1 油田的第一口大位移井,该井于 2002 年 11 月 6 日开钻并于 2003 年 1 月 15 日完钻,完钻深度为 5 491.89 m。2010 年 5 月临时弃井,2011 年 2 月 21 日在 882.36 m 重新侧钻,侧钻后将其命名为 LH11-1-A02H3 井(图 2-3),该井先钻 ϕ311.2 mm 井眼并随钻扩眼到 ϕ330.2 mm 井眼。3 月 3 日钻至 2 524.54 m,因钻进过程中阻挂频繁,怀疑 ϕ339.7 mm 套管有磨穿的可能,决定提前下入 ϕ244.5 mm 套管,漂浮下 ϕ244.5 mm 套管至 2 518 m。然后钻 ϕ215.9 mm 井眼并扩眼到 ϕ235.0 mm 井眼至 4 436.66 m 测深,全掏空下 ϕ177.8 mm 尾管至 4 436 m。最后使用海水替换水基钻井液钻 ϕ152.4 mm 井眼,钻进产层段直至完钻深度 5 262 m,2011 年 4 月 8 日裸眼完钻。

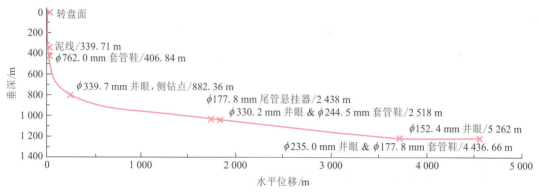

图 2-3　LH11-1-A02H3 井身结构

(1) 下 ϕ244.5 mm 套管。

图 2-4 为 ϕ244.5 mm 套管漂浮下入过程中大钩载荷实测值与计算值的对比曲线。尽管考虑了漂浮接箍以下井段掏空和漂浮接箍以上井段灌浆的影响,计算值与实测值仍相差甚远。考虑了弹性扶正器承受的机械阻力后,计算结果与实测值吻合良好。

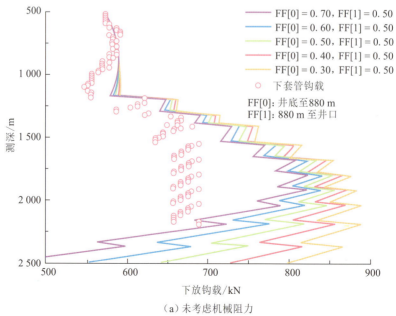

(a)未考虑机械阻力

图 2-4　ϕ244.5 mm 套管的下放钩载

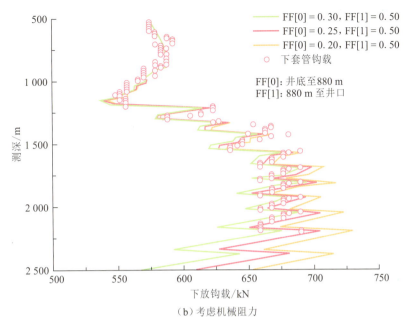

图 2-4 ϕ244.5 mm 套管的下放钩载（续）

（2）ϕ235.0 mm 井眼。

当 LH11-1-A02H03 井 ϕ235.0 mm 井眼钻进至 3 411 m 时，决定起钻将减阻器的数量由 16 个增加至 46 个，根据扭矩最小原则推荐安放位置为：下钻至 1 920 m 时开始每柱安放 1 个减阻器（图 2-5）。

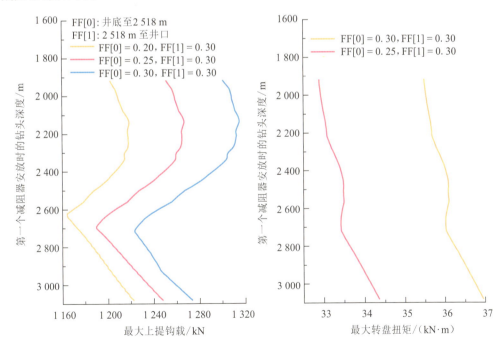

图 2-5 减阻器安放位置推荐

（减阻器 46 个，每柱安放 1 个，轴向摩阻系数 0.05，周向摩阻系数 0.20）

图 2-6（b）在计算中考虑了减阻器的影响。从图中可以看出，考虑减阻器对摩阻的影响后，钩载计算值与实测值吻合良好。由于管柱含有单向阀，同时扩眼器有一小水眼可供钻井液流通，灌浆和钻井液从小水眼流入管柱造成了钩载实测值的波动。由于上部 ϕ244.5 mm 套管在 ϕ339.7 mm 套管内部，井眼弯曲有所下降，摩阻系数较小（0.25），下部 ϕ244.5 mm 套管的摩阻系数为 0.35，裸眼段摩阻系数在 0.25 附近波动。采用常规方法（图 2-6 a）计算时，减阻器的存在使得计算值难以与实测值相吻合，这既无法获得可信的井眼摩阻系数，也不利于待钻井眼的摩阻预测和井下问题的及时发现。图 2-7 为 ϕ235.0 mm 井段提离井底扭矩。从图中可以看出，裸眼井段的周向摩阻系数基本介于 0.20～0.25。

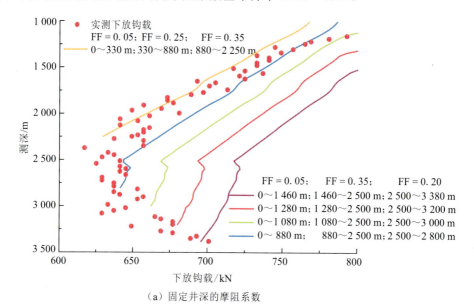

（a）固定井深的摩阻系数

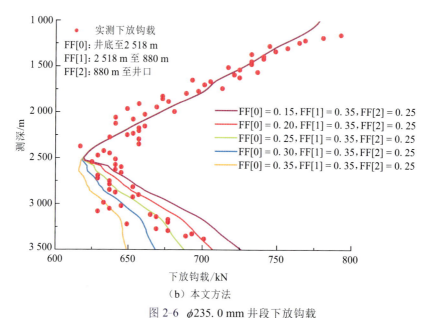

（b）本文方法

图 2-6　ϕ235.0 mm 井段下放钩载
（减阻器 46 个，每柱安放 1 个，轴向摩阻系数为 0.05，
第 1 个减阻器安放时的钻头深度为 1 920 m）

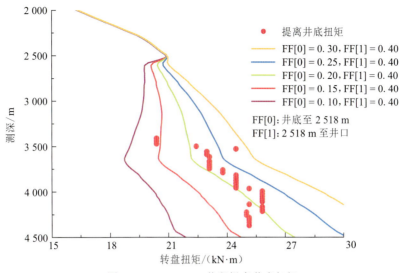

图 2-7 φ235.0 mm 井段提离井底扭矩
（减阻器周向摩阻系数 0.20）

（3）下 φ177.8 mm 尾管。

图 2-8 计算中考虑了全掏空和减阻器的影响，在钻井液中加入了润滑剂，上部套管段的摩阻系数下降至 0.10～0.15。裸眼段摩阻系数较大，达到 0.90 左右，从曲线变化来看，裸眼段尾管还受到额外的机械阻力的影响，该机械阻力的变化趋势与摩擦力基本相同。

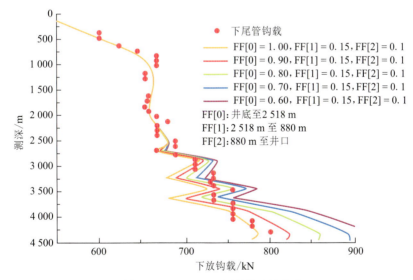

图 2-8 φ177.8 mm 尾管的下放钩载
（减阻器摩阻系数 0.05，从 2 023 m 开始每柱安放 1 个，安放 50 个）

（4）φ152.4 mm 井眼。

在 φ152.4 mm 井眼下放钩载的计算过程中考虑灌浆与减阻器的影响。由图 2-9 可以看出，在钻柱下入过程中，上部 φ244.5 mm 的摩阻系数约为 0.40，下部 φ177.8 mm 尾管的摩阻系数约为 0.30。WWT 非旋转钻杆保护器的减阻效果较弱，安装 WWT 非旋转钻杆保护器的钻柱摩阻系数约为 0.30；LOTAD 减阻器为滚动摩擦，减阻效果较好，安装 LOTAD 减阻器的钻柱摩阻系数约为 0.05。

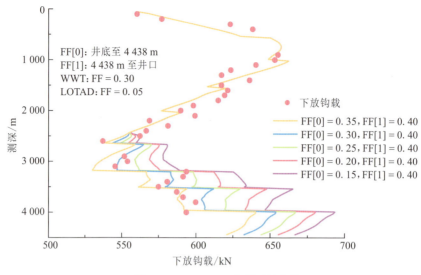

图 2-9 ϕ152.4 mm 井眼下钻钩载

2.2 大位移钻井套管磨损预测技术

2.2.1 引言

在大位移钻井中,由于较大的钻头进尺和管柱接触力以及频繁的旋转作业,套管磨损问题比较严重。Shell 公司开展了一系列套管磨损实验[29]。套管磨损实验表明,套管磨损速率随实验时间的增加而减小;在各种类型的磨损中,接触力对磨损速率的影响是非线性的。Williamson[30] 在分析了大量实验数据后认为决定套管磨损速率的主要因素是表面接触压力而不是接触力,并由此得出了在更多接触点的情况下使用相同外径的钻杆接头可以减轻套管磨损的结论。White 和 Dawson[31] 将套管磨损量和磨损耗能联系起来,建立了套管磨损效率模型,该模型认为被磨掉的套管体积与钻杆传递给套管内壁的摩擦能量成正比。Hall 等人[32] 简化了套管磨损效率模型,认为决定套管磨损的主要因素是磨损系数、接触力和运动路程,这是目前应用最为广泛的套管磨损预测模型。Hall 和 Malloy[33] 对大量实验数据进行了拟合分析,证实套管磨损体积与摩擦能量的非线性变化规律,即套管磨损系数随套管磨损是非线性变化的。高德利与孙连忠[34] 在磨损效率模型的基础上考虑表面接触压力对套管磨损的影响,建立了非线性套管磨损模型,该模型认为在钻杆接头长度已知的前提下,表面接触压力由接触力和接触宽度决定。

目前绝大部分的套管磨损实验是针对单尺寸钻柱设计的,没有考虑钻柱接头的变化。在单尺寸钻柱的磨损深度预测中,非线性套管磨损模型具有较大优势,其预测结果与实验值吻合较好:在某一给定的条件下,套管磨损系数不是一个常数,而是随着磨损深度的增加而减小,当磨损深度超过 40% 时磨损系数才会基本保持不变。由于磨损效率模型使用恒定的磨损系数,只有最终的磨损深度可以吻合,其余的计算值都低于实验数据,实验时间的长短影响着磨损系数的确定[34]。

Schoenmakers[35] 在现场实践和室内实验中发现不同尺寸的钻柱组合（ϕ127 mm + ϕ88.9 mm）会造成多个磨合阶段，从而加剧套管的磨损。姜伟[36] 在中国渤海地区深井钻井过程中发现使用 ϕ127 mm 和 ϕ89 mm 的复合钻柱时套管磨损量会进一步加快，套管磨穿时的累计转数要比采用 ϕ127 mm 钻柱时减少 30%～60%。高德利、孙连忠等人[37] 通过理论分析获得了钻柱尺寸变化对套管磨损的影响规律，他们根据参与磨损的接头数量与尺寸将套管磨损分为单尺寸磨损、复合锐进型磨损和复合钝进型磨损。钻杆尺寸变化后，套管磨损效率模型与非线性套管磨损模型的理论分析都表明复合锐进型磨损具有多个磨合阶段，会加剧套管的磨损，而复合钝进型磨损会出现一个磨损深度不随进尺变化的阶段，可在一定程度上减轻套管的磨损[37,38]。孙连忠、高德利等人[38] 通过全尺寸套管磨损实验验证了非线性套管磨损预测模型，而且证实了非线性套管磨损模型的磨损状况系数不受磨损时间长短和接头尺寸变化等因素的影响。

2.2.2　套管磨损模型

White 和 Dawson[31] 建立了线性的套管磨损效率模型。套管磨损面积的数学表达式为[32]：

$$S = W_{\mathrm{f}} NL = W_{\mathrm{f}} \psi \qquad (2\text{-}30)$$

$$\psi = NL = 60\pi n D_{\mathrm{tj}} N \frac{L_{\mathrm{m}}}{R_{\mathrm{op}}} \qquad (2\text{-}31)$$

式中　S——套管磨损面积，m^2；

　　　W_{f}——磨损效率模型的磨损系数，Pa^{-1}；

　　　N——钻杆接头和套管内表面之间的接触力，N/m；

　　　L——管杆相对运动路程，m；

　　　ψ——功函数，N；

　　　n——转盘转速，r/min；

　　　D_{tj}——钻杆接头外径，m；

　　　L_{m}——钻进井段的长度，m；

　　　R_{op}——机械钻速，m/h。

高德利与孙连忠[34] 在磨损效率模型的基础上建立了非线性套管磨损模型。钻柱与套管之间的表面接触压力与相对运动路程是影响套管磨损的主要因素，在钻杆接头长度已知的前提下，表面接触压力由接触力和接触宽度决定，因此套管磨损面积的数学表达式为：

$$S = \frac{f_{\mathrm{w}}}{W} NL = W_{\mathrm{nf}} NL = W_{\mathrm{nf}} \psi \qquad (2\text{-}32)$$

$$W_{\mathrm{nf}} = \frac{f_{\mathrm{w}}}{W} \qquad (2\text{-}33)$$

式中　f_{w}——磨损状况系数，m/Pa；

　　　W——管杆接触宽度的一半，m；

　　　W_{nf}——非线性套管磨损模型的磨损系数，Pa^{-1}。

与套管磨损效率模型不同，非线性套管磨损模型的套管磨损系数随磨损深度的增加而降低，这就要求每钻进一定进尺后就要计算相应的套管磨损宽度和套管磨损系数，而且需要迭代计算。

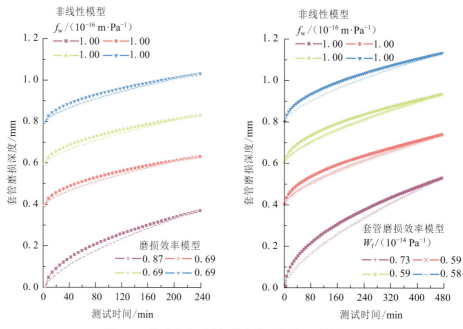

图 2-16 接头变小后磨损效率模型的磨损系数变化

由于非线性套管磨损模型的磨损状况系数不受磨损时间长短和接头尺寸变化等因素的影响,在进行现场套管磨损预测,尤其是复合钻柱的套管磨损预测,以及通过全尺寸套管磨损实验或套管磨损实测数据反演磨损参数时都具有较高精度,因此,非线性套管磨损模型在复杂结构井的套管磨损预测中具有较高的实用价值。

2.2.4 现场应用

LH11-1-A02H3 井钻进至 3 024 m 时发生卡钻事故,在 1 147.3 m 处爆炸松扣,起出以上钻具,随后多次打捞失败,打弃井水泥塞重新侧钻,侧钻前使用超声波测井对该井的 ϕ339.7 mm 套管进行磨损测量。

LH11-1-A02ERW1 井在钻进 ϕ311.2 mm 井眼(1 096～4 587.24 m)时旋转钻进共用时 87.9 h,平均机械钻速为 39.6 m/h,每钻 1 个立柱倒划眼 1 次,在 3 560 m 以上井段钻杆的转速为 130 r/min,以下井段的钻杆转速为 160 r/min。LH11-1-A02H3 井在钻进 ϕ311.2 mm 井眼(1 096～3 024 m,扩眼至 330.2 mm)时旋转钻进共用时 106.2 h,平均机械钻速为 18.2 m/h,每钻 1 个立柱倒划眼 2 次,钻杆转速为 100 r/min。从卡钻至爆炸松扣期间的旋转时间为 150.25 h,钻杆转速为 50～120 r/min,多数时间钻杆转速为 60 r/min。爆炸松扣后旋转时间为 92.75 h,钻杆转速为 20 r/min。两口井使用相同的 21.9 ppf ϕ139.7 mm 钻杆。

考虑 LH11-1-A02ERW1 和 LH11-1-A02H3 两次钻 ϕ311.2 mm 井眼对 ϕ339.7 mm 套管磨损的影响,根据实测钻井参数与 ϕ339.7 mm 套管磨损测量数据,分别采用非线性套管磨损模型与套管磨损效率模型对 ϕ339.7 mm 套管磨损深度进行钻后分析,计算和实测结果如图 2-17 所示。从图中可以看出,当使用单一钻杆时两种模型的计算结果都能反映套管磨损状况,但非线性套管磨损模型的计算结果与套管磨损实测数据吻合更好。

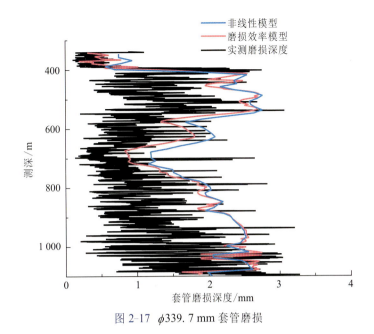

图 2-17 φ339.7 mm 套管磨损

对于整个套管而言，套管磨损系数不仅随时间变化，而且还因磨损位置的不同而有所不同。套管磨损浅的区域要比磨损严重区域的磨损系数大些，换言之，采用套管磨损效率模型进行计算时会低估部分区域的套管磨损深度。

套管磨损至少包含磨合磨损和稳定磨损两个阶段，套管磨合阶段时间虽短但磨损系数较高。由于室内模拟实验时间较短，基于套管磨损效率模型使用总磨损量和磨损路程计算的套管磨损系数会使套管磨损预测结果产生较大误差。由于钻井周期长，通过实钻数据反演套管磨损系数可以大大减小套管磨合磨损的影响，同时也会大大降低钻柱侧向力计算精度的影响，且更加符合井下套管磨损的实际状况。因此，对于目前常用的套管磨损效率模型，若通过实钻数据反演套管磨损系数等重要参数，然后对类似工况下具有相同井身结构的待钻井进行套管磨损预测，也会取得令人满意的结果。

2.3 结论与建议

（1）井下管柱摩阻扭矩计算模型考虑了管柱刚度、管杆接触位置、摩阻力、机械阻力、减阻降扭工具及管柱屈曲等诸多因素的综合影响，提高了计算精度，在现场应用中取得了良好效果。

（2）考虑表面接触压力对套管磨损的影响，建立了非线性套管磨损模型。在该模型中套管磨损系数随套管磨损的增加而减小。根据参与磨损的钻杆接头的数量与尺寸，可将套管磨损类型分为单尺寸磨损、复合锐进型磨损、复合钝进型磨损。钻柱尺寸变化对套管磨损有较大影响，它会改变套管磨损的变化趋势。

（3）本研究所形成的大位移钻井摩阻磨损预测技术，已在南海流花 11-1 油田的一口侧钻大位移井设计与施工中获得良好应用。

参考文献

［1］ Johancsik C A, Friesen D B, Dawson R. Torque and Drag in Directional Wells-Prediction and Measurement. SPE Journal of Petroleum Technology, 1984, 36(6): 987-992.

［2］ Sheppard M C, Wick C, Burgess T. Designing Well Paths to Reduce Drag and Torque. SPE Drilling Engineering, 1987, 2(4): 344-350.

［3］ Maidla E E, Wojtanowicz A K. Field Comparison of 2-D and 3-D Methods for the Borehole Friction Evaluation in Directional Wells. SPE Annual Technical Conference and Exhibition, Dallas, Texas, 1987.

［4］ He X, Sangesland S, Halsey G W. An Integrated Three-Dimensional Wellstring Analysis Program. Petroleum Computer Conference, Dallas, Texas, 1991.

［5］ Ho H S. An Improved Modeling Program for Computing the Torque and Drag in Directional and Deep Wells. SPE Annual Technical Conference and Exhibition, Houston, Texas, 1988.

［6］ Mitchell R F, Samuel R. How Good Is the Torque/Drag Model? SPE Drilling & Completion, 2009, 24(1): 62-71.

［7］ Menand S, et al. Advancements in 3D Drillstring Mechanics: From the Bit to the Topdrive. IADC/SPE Drilling Conference, Miami, Florida, USA, 2006.

［8］ Cunha J C. Buckling of Tubulars Inside Wellbores: A Review on Recent Theoretical and Experimental Works. SPE Drilling & Completion, 2004, 19(1): 13-19.

［9］ Lubinski A. A Study of the Buckling of Rotary Drilling Strings. Drilling and Production Practice, 1950.

［10］ Duman O B, Miska S, Kuru E. Effect of Tool Joints on Contact Force and Axial-Force Transfer in Horizontal Wellbores. SPE Drilling & Completion, 2003, 18(3): 267-274.

［11］ Mitchell R F, Miska S Z. Helical Buckling of Pipe with Connectors and Torque. SPE Drilling & Completion, 2006, 21(2): 108-115.

［12］ Menand S, Sellami H, Tijani M, et al. Buckling of Tubulars in Simulated Field Conditions. SPE Drilling & Completion, 2009, 24(2): 276-285.

［13］ Mitchell R F. The Effect of Friction on Initial Buckling of Tubing and Flowlines. SPE Drilling & Completion, 2007, 22(2): 112-118.

［14］ Gao G, Miska S. Dynamic Buckling and Snaking Motion of Rotating Drilling Pipe in a Horizontal Well. SPE Journal, 2010, 15(3): 867-877.

［15］ Barakat E R, Miska S Z, Yu M, et al. The Effect of Hydraulic Vibrations on Initiation of Buckling and Axial Force Transfer for Helically Buckled Pipes at Simulated Horizontal Wellbore Conditions. SPE/IADC Drilling Conference, Amsterdam, the Netherlands, 2007.

［16］ Weltzin T, Aas B, Andreassen E, et al. Measuring Drillpipe Buckling Using Continuous Gyro Challenges Existing Theories. SPE Drilling & Completion, 2009, 24(4): 464-472.

［17］ Mitchell R, Weltzin T. Lateral Buckling-The Key to Lockup. SPE/IADC Drilling Conference and Exhibition, Amsterdam, The Netherlands, 2011.

［18］ Mitchell S B, Moore N B, Franks J D, et al. Comparing the Results of a Full-Scale Buckling Test Program to Actual Well Data: A New Semi-Emprical Buckling Model and Methods of Reducing Buckling Effects. SPE Western North American Region Meeting, Alaska, USA, 2011.

［19］ Sun L，Gao D. A Numerical Method for Determining the Stuck Point in Extended Reach Drilling. Petroleum Science，2011，8(3)：345–352.

［20］ Aadnoy B S，Kaarstad E. Theory and Application of Buoyancy in Wells. IADC/SPE Asia Pacific Drilling Technology Conference and Exhibition，Bangkok，Thailand，2006.

［21］ 韩志勇. 垂直井眼内钻柱的轴向力计算及强度校核. 石油钻探技术，1995，23(suppl.)：8–13.

［22］ Juvkam-Wold H，Baxter R. Discussion of Optimal Spacing for Casing Centralizers. SPE Drilling Engineering，1988，3(4)：419.

［23］ He X，Kyllingstad A. Helical Buckling and Lock-up Conditions for Coiled Tubing in Curved Wells. SPE Drilling & Completion，1995，10(1)：10–15.

［24］ Juvkam-Wold H C，Wu J. Casing Deflection and Centralizer Spacing Calculations. SPE Drilling Engineering，1992，7(4)：268–274.

［25］ Mason C，Chen D C-K. Step Changes needed to Modernise T & D Software. SPE/IADC Drilling Conference，Amsterdam，The Netherlands，2007.

［26］ Wu J. Slack-off Load Transmission in Horizontal and Inclined Wells. SPE Production Operations Symposium，Oklahoma，1995.

［27］ Payne M L，Abbassian F. Advanced Torque and Drag Considerations in Extended-Reach Wells. SPE Drilling & Completion，1997，12(1)：55–62.

［28］ Dawson R，Paslay P R. Drill Pipe Buckling in Inclined Holes. SPE Journal of Petroleum Technology，1984，36(10)：1734–1738.

［29］ Bradley W B，Fontenot J E. The Prediction and Control of Casing Wear. SPE Journal of Petroleum Technology，1975，27(2)：233–245.

［30］ Williamson J S. Casing Wear：the Effect of Contact Pressure. SPE Journal of Petroleum Technology，1981，33(12)：2 382–2 388.

［31］ White J P，Dawson R. Casing Wear：Laboratory Measurements and Field Predictions. SPE Drilling Engineering，1987，2(1)：56–62.

［32］ Hall R W Jr，Garkasi A，Deskins G，et al. Recent Advances in Casing Wear Technology. SPE/IADC Drilling Conference，Dallas，Texas，1994.

［33］ Hall R W，Malloy K P. Contact Pressure Threshold：an Important New Aspect of Casing Wear. SPE Production Operations Symposium，Oklahoma，2005.

［34］ Gao D，Sun L. New Method for Predicting Casing Wear in Horizontal Drilling. Petroleum Science and Technology，2012.

［35］ Schoenmakers J M. Prediction of Casing Wear Due to Drillstring Rotation：Field Validation of Laboratory Simulations. SPE Drilling Engineering，1987，2(4)：375–381.

［36］ 姜伟. 渤海地区套管磨损问题的研究. 中国海上油气(工程)，2002，14(1)：31–34.

［37］ Gao D，Sun L，Lian J. Prediction of Casing Wear in Extended-reach Drilling. Petroleum Science，2010，7(4)：494–501.

［38］ Sun L，Gao D，Zhu K. Models & Tests of Casing Wear in Oil & Gas Drilling. Journal of Natural Gas Science and Engineering，2011，4(1)：44–47.

复杂结构井邻井距离随钻探测技术

高德利 刁斌斌 吴志永 等

摘 要

在复杂结构井钻井工程中,邻井距离随钻探测技术发挥着越来越重要的作用。为了满足我国油气勘探开发的实际需求和打破国外技术垄断,亟须自主研发邻井距离随钻探测技术。在深入研究国外邻井距离随钻探测技术的基础上,自主研制了"邻井距离随钻电磁探测系统"试验用样机软硬件。该系统不仅适用于双水平井和连通井,而且采用了自主研发的三轴交变磁场传感器,使系统的有效探测距离可以达到 50 m 以上。同时,在国内外首先提出了"邻井平行间距随钻电磁探测系统"、"螺线管组随钻测距导向系统"和"双螺线管组随钻测距导向系统"。这些系统具有测量时间更短、测距范围更广和信号干扰更小的优点,它们的提出为我国研发完全自主知识产权的邻井距离探测系统和实现邻井距离随钻探测技术的跨越式发展奠定了基础。同时,研究了目标井探测工具的工作原理,为"十二五"期间进行该工具软硬件的研制奠定了理论基础。随着目标井探测工具的不断改进与完善,该工具不仅可用于救援井与事故井的连通,而且在复杂结构井邻井距离的精细控制中也将发挥重要作用。

主题词

邻井距离;随钻探测;复杂结构井;测距导向

引 言

我国剩余的石油和天然气储量大多属于低品位或难动用资源,其开发难度越来越大,还有煤层气开发问题,都对复杂结构井技术提出了越来越高的迫切需求。为了提高采收率,双水平井、连通井、U 形井及多功能组合井等复杂结构井在我国正大力推广。这些现代钻采技术都要求精确探测邻井距离,以使相邻两口井连通或按设计间距精确控制钻进,但仅依靠传统的随钻测量工具和井眼轨迹误差分析理论难以达到理想的井眼轨迹控制效果。随着复杂结构井的发展,近 30 年来国外利用矢量磁场技术,研发了一系列用于随钻精确监控两井间矢量距离的工具,可以实时修正井眼轨迹,但它仍属于随钻测量的技术范畴。为了满足现场需求,目前国外主要研制了单电缆引导工具(Single Wireline Guidance,简称 SWG)[1]、电磁引导工具(Magnetic Guidance Tool,简称 MGT)[2-4]、旋转磁场测距导向系统(Rotating Magnet Ranging System,简称 RMRS)[3-6] 和目标井探测工具(Wellspot Tool)[7-9] 等邻井距离探测系统,基本可以解决丛式井防碰、SAGD 双水平井间距控制、水平井与直井连通及救援井与事故井连通等定向钻井工程问题,但其核心技术都被保密和垄断。国内还只是几家代理公司和国外的 CDX,ORION,Halliburton 等少数几家公司使用该类技术进行钻井服务,相关的文献资料介绍较少。目前,国内主要租用了 RMRS 和 MGT,完成了多口 SAGD 双水平井和连通井的施工,效果良好[10-16]。为了满足我国的实际需求,国内少数文献[17-18] 也对该技术进行了初步分析,但主要是针对旋转磁场测距导向系统在连通井中的应用。

在国家科技重大专项的支持下,我们就"邻井距离随钻电磁探测系统"的工作原理、测距导向算法、软硬件研制开展了大量的研究工作[19-23]。同时,在对比国外各种邻井距离探测系统技术优缺点的基础上,提出了"邻井平行间距随钻电磁探测系统"[24,25]、"螺线管组随钻测距导向系统"[26,27] 和"双螺线管组随钻测距导向系统"[28],并对这三种新型邻井距离探测系统的硬件组成及其测距导向算法进行了初步探讨。最后,初步研究了用于救援井与事故井连通的目标井探测工具的工作原理,为"十二五"期间该探测工具的软硬件研发奠定了理论基础。

3.1 邻井距离随钻电磁探测系统

3.1.1 邻井距离随钻电磁探测系统的组成

邻井距离随钻电磁探测系统主要由磁短节、探管及测距导向计算方法等组成,可以随钻探测邻井距离,精确实现复杂结构井导向钻井控制目标。邻井距离随钻电磁探测系统用于 SAGD 双水平井中的工作示意图如图 3-1 所示。磁短节是由横向排列的多个永磁体安装在两端带有 API 标准口型的无磁钻铤中组成,紧跟在正钻井钻头后,其与钻具一同旋转产生的交变磁场是邻井距离随钻电磁探测系统的信号源。电磁探测仪主要由井下探管和地面系统两部分组成,其主要作用是检测与钻头串联在一起的磁短节产生的磁信号,并将检测到的磁信号数据通过电缆传输到地面系统。井下探管主要包括三轴磁通门传感器、三轴加速度传感器和三轴交变磁场传感器,其主要作用是探测井下探管在已钻井中的自身摆放姿态和由旋转磁短节产生的交变磁场。由地面接收到的磁信号数据,利用测距导向计算方法可以精确计算双水平井水平段的空间相对位置;然后结合正钻井和已钻井的测斜计算结果,钻井工程师可以不断调整正钻井的井眼轨迹,使之沿着与已钻井平行的轨迹钻进。

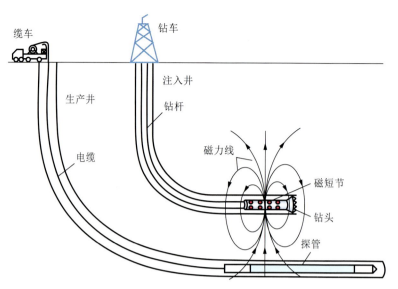

图 3-1　邻井距离随钻电磁探测系统在 SAGD 双水平井中的工作示意图

3.1.2　旋转磁短节远场磁场分布规津

由于探管到磁短节的距离远大于磁短节的尺寸,因此可以把旋转磁短节看成一个旋转的磁偶极子。以正钻井的井眼延伸方向为 Z 轴,以磁短节到已钻井的径向为 R 轴,Q 轴同时正交于 Z 轴和 R 轴,建立如图 3-2 所示 RQZ 坐标系,单位矢量 $\hat{r},\hat{q}$ 和 $\hat{z}$ 分别代表 R,Q 和 Z 轴的方向矢量。设磁短节的磁矩为 $\boldsymbol{m}$,等效磁矩到 $\hat{r}$ 的夹角为 A_{mr},等效磁矩为 $\boldsymbol{M}$,则有:

$$\boldsymbol{M} = \mu\boldsymbol{m} \tag{3-1}$$

式中　μ——井下地层的磁导率。

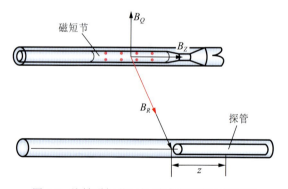

图 3-2　旋转磁短节远场磁感应强度计算模型

在 RQZ 坐标系中,等效磁矩 $\boldsymbol{M}$ 可表示为:

$$\boldsymbol{M} = M\cos(A_{mr})\hat{r} - M\sin(A_{mr})\hat{q} \tag{3-2}$$

式中　M——等效磁矩 $\boldsymbol{M}$ 的大小。

磁短节到探管的位移矢量可表示为:

$$\boldsymbol{r}' = r\hat{r} + q\hat{q} + z\hat{z} \tag{3-3}$$

式中 r, q, z ——位移矢量 $\boldsymbol{r}'$ 在 R 轴、Q 轴和 Z 轴上分量的大小。

由于磁偶极子远场的磁感应强度可表示为[29]：

$$\boldsymbol{B} = \frac{1}{4\pi}\left[\frac{3(\boldsymbol{M}\cdot\boldsymbol{r}')\boldsymbol{r}'}{r'^5} - \frac{\boldsymbol{M}}{r'^3}\right] \tag{3-4}$$

式中 r' ——位移矢量 $\boldsymbol{r}'$ 的大小。

则将式(3-1)～(3-3)代入式(3-4)可得探管处磁感应强度的三轴分量：

$$B_R = \frac{M}{4\pi}\left[\frac{3r\left(r\cos A_{mr} - q\sin A_{mr}\right)}{r'^5} - \frac{\cos A_{mr}}{r'^3}\right] \tag{3-5}$$

$$B_Q = \frac{M}{4\pi}\left[\frac{3q\left(r\cos A_{mr} - q\sin A_{mr}\right)}{r'^5} + \frac{\sin A_{mr}}{r'^3}\right] \tag{3-6}$$

$$B_Z = \frac{M}{4\pi}\frac{3z\left(r\cos A_{mr} - q\sin A_{mr}\right)}{r'^5} \tag{3-7}$$

3.1.3 旋转磁短节等效磁矩的测量

磁短节不仅是旋转磁场测距导向系统的重要组成部分，其在钻井现场地表的等效磁矩也是判断系统测量结果可信度的重要依据之一。因此，磁短节等效磁矩的测量是旋转磁场测距导向系统施工的必要环节之一。

测量时，为避免其他电器与铁磁质对磁信号的干扰，应尽量选在平坦空旷的地方。由于系统探管量程的限制，磁短节与探管的间距至少为 3 m。如果磁短节与探管正对、平行放置，则应相距 3 m 以上，并且磁短节和探管的中心轴放在相同高度。此时，在图 3-2 所示的坐标系中有：

$$\begin{cases} q = 0 \\ z = 0 \end{cases} \tag{3-8}$$

将式(3-8)代入式(3-5)～式(3-7)可得：

$$\begin{cases} B_R = \dfrac{M\cos A_{mr}}{2\pi r^3} \\[2mm] B_Q = \dfrac{M\sin A_{mr}}{4\pi r^3} \\[2mm] B_Z = 0 \end{cases} \tag{3-9}$$

由式(3-9)可得：

$$\frac{1}{2}\left(B_{R\max} - B_{R\min}\right) = \frac{M}{2\pi r^3} \tag{3-10}$$

$$\frac{1}{2}\left(B_{Q\max} - B_{Q\min}\right) = \frac{M}{4\pi r^3} \tag{3-11}$$

式中　$B_{R\max}$，$B_{R\min}$——探管探测旋转磁短节周围 R 轴磁感应强度的最大值和最小值；

　　　$B_{Q\max}$，$B_{Q\min}$——探管探测旋转磁短节周围 Q 轴磁感应强度的最大值和最小值。

由式(3-10)～式(3-11)可得：

$$M = \pi r^3 \left(B_{R\max} - B_{R\min} \right) \tag{3-12}$$

$$M = 2\pi r^3 \left(B_{Q\max} - B_{Q\min} \right) \tag{3-13}$$

式(3-12)和式(3-13)均可作为磁短节等效磁矩的测量公式，而且也消除了地磁场及其他恒定磁场的干扰。

3.1.4　邻井距离随钻电磁探测系统在双水平井中的工作原理

对于双水平井，两口水平井的水平段近似平行。因此，在双水平井中，磁短节到探管的位移矢量可表示为：

$$\boldsymbol{r'} = r\hat{r} + z\hat{z} \tag{3-14}$$

探管处磁感应强度的三轴分量由式(3-5)～(3-7)可简化为：

$$B_R = \frac{M}{4\pi} \frac{(2r^2 - z^2)\cos A_{mr}}{(r^2 + z^2)^{5/2}} \tag{3-15}$$

$$B_Q = \frac{M}{4\pi} \frac{\sin A_{mr}}{(r^2 + z^2)^{3/2}} \tag{3-16}$$

$$B_Z = \frac{M}{4\pi} \frac{3rz\cos A_{mr}}{(r^2 + z^2)^{5/2}} \tag{3-17}$$

由式(3-17)对 z 求导可得：

$$\frac{\partial B_Z}{\partial z} = \frac{3Mr\cos A_{mr}}{4\pi} \frac{r^2 - 4z^2}{(r^2 + z^2)^{7/2}} \tag{3-18}$$

令式(3-18)等于0，可得：

$$z = \pm\frac{1}{2}r \tag{3-19}$$

即：当 $z = \pm r/2$ 时，磁感应强度 Z 轴分量的振幅达到最大值，如图 3-3 所示。因此，B_Z 幅值达到两个最大值时，z 的变化量即为两口水平井水平段的间距。

如图 3-4 所示，单位矢量 $\hat{x}$，$\hat{y}$ 和 $\hat{z}$ 分别代表三轴交变磁场传感器 X，Y 和 Z 轴的方向矢量；单位矢量 $\hat{m}$ 代表 t 时刻磁短节等效磁矩的方向；Hs 代表已钻井井眼高边方向；A_{mr} 代表单位矢量 $\hat{m}$ 到单位矢量 $\hat{r}$ 的夹角；A_{hr} 代表已钻井井眼高边 Hs 到单位矢量 $\hat{r}$ 的夹角；A_{hx} 代表已钻井井眼高边 Hs 到单位矢量 $\hat{x}$ 的夹角；A_{xr} 代表单位矢量 $\hat{x}$ 到单位矢量 $\hat{r}$ 的夹角。双水平井水平段的相对方位可由角 A_{hr} 的大小确定，而角 A_{hr} 的大小等于角 A_{hx} 和角 A_{xr} 的和。

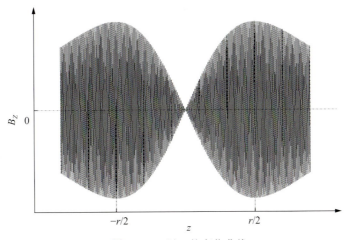

图 3-3 B_Z 随 z 的变化曲线

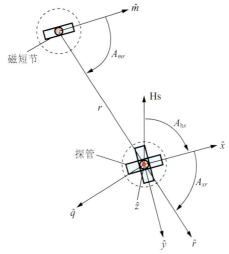

图 3-4 已钻井与正钻井相对方位计算模型

当 $z = 0$ 时,旋转磁短节远场磁感应强度的 R 轴和 Q 轴的分量可表示为:

$$B_R = \frac{m}{2\pi} \frac{\cos A_{mr}}{r^3} \tag{3-20}$$

$$B_Q = \frac{m}{4\pi} \frac{\sin A_{mr}}{r^3} \tag{3-21}$$

如图 3-4 所示,双磁传感器探管三轴交变磁场传感器 X 和 Y 轴检测到的磁场感应强度分量为:

$$B_X = B_R \cos A_{xr} - B_Q \sin A_{xr} \tag{3-22}$$

$$B_Y = B_R \sin A_{xr} + B_Q \cos A_{xr} \tag{3-23}$$

将式(3-20)和(3-21)代入式(3-22)和(3-23)可得:

$$B_X = \frac{m}{4\pi r^3} \sqrt{4\cos^2 A_{xr} + \sin^2 A_{xr}} \cos(A_{mr} - P_x) \tag{3-24}$$

$$\cos P_x = \frac{2\cos A_{xr}}{\sqrt{4\cos^2 A_{xr} + \sin^2 A_{xr}}} \tag{3-25}$$

$$\sin P_x = \frac{-\sin A_{xr}}{\sqrt{4\cos^2 A_{xr} + \sin^2 A_{xr}}} \tag{3-26}$$

$$B_Y = \frac{m}{4\pi r^3}\sqrt{4\sin^2 A_{xr} + \cos^2 A_{xr}}\,\cos(A_{mr} - P_y) \tag{3-27}$$

$$\cos P_y = \frac{2\sin A_{xr}}{\sqrt{4\sin^2 A_{xr} + \cos^2 A_{xr}}} \tag{3-28}$$

$$\sin P_y = \frac{\cos A_{xr}}{\sqrt{4\sin^2 A_{xr} + \cos^2 A_{xr}}} \tag{3-29}$$

式中　P_x，P_y——中间变量，由式(3-25)、(3-26)、(3-28)和(3-29)计算可得。

由式(3-24)和式(3-27)可得：

$$\cos(2A_{xr}) = \frac{5}{3}\frac{|B_X|^2 - |B_Y|^2}{|B_X|^2 + |B_Y|^2} \tag{3-30}$$

式中　$|B_X|$，$|B_Y|$——交变磁场传感器 X 和 Y 轴检测到的磁感应强度波形的振幅。

又因为角 A_{xr} 的取值范围为 $[0, 2\pi)$，所以角 A_{xr} 的大小可由下式求得：

$$A_{xr} = \frac{1}{2}\arccos\frac{5(|B_X|^2 - |B_Y|^2)}{3(|B_X|^2 + |B_Y|^2)} \tag{3-31}$$

或

$$A_{xr} = \pi - \frac{1}{2}\arccos\frac{5(|B_X|^2 - |B_Y|^2)}{3(|B_X|^2 + |B_Y|^2)} \tag{3-32}$$

角 A_{xr} 的大小是由式(3-31)还是由式(3-32)来计算，最后可由角 A_{hr} 的取值范围来确定。再由三轴加速度传感器测得角 A_{hx} 的大小，就可以确定角 A_{hr} 的大小。

由以上方法求得角 A_{hr} 的大小和双水平井水平段的间距，然后结合传统的井眼轨迹测斜计算结果就可以最终确定双水平井水平段的空间相对位置。如图 3-3 所示，钻头经过探管前后磁感应强度 Z 轴分量振幅的两个最大值也是双水平井水平段会聚或发散的指示器：当前一个最大值大于后一个最大值时，表示两口水平井沿钻进方向发散；反之，当后一个最大值大于前一个最大值时，表示两口水平井沿钻进方向会聚。邻井距离随钻电磁探测地面分析软件的双水平井计算分析模块界面如图 3-5 所示。

图 3-5　双水平井计算分析模块界面

3.1.5　邻井距离随钻电磁探测系统在连通井中的工作原理

如图 3-6 所示,如果磁短节和探管的 Z 向间距和 R 向间距满足 $|Z/R| < 0.707$,则 $|Z/R|$ 的值计算如下:

$$\frac{Z}{R} = \frac{3}{4(B_R/B_Z)}\left[1 - \sqrt{1 + \frac{8}{9}\left(\frac{B_R}{B_Z}\right)^2}\right] \equiv \alpha \qquad (3\text{--}33)$$

式中　B_R, B_Z——磁感应强度的 Z 向和 R 向分量。

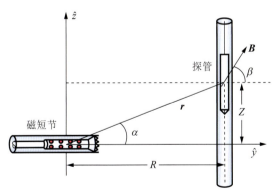

图 3-6　邻井距离随钻电磁探测系统在连通井中的工作示意图

假设在水平井两井深 L_1 和 L_2 处 α 的值为 α_1 和 α_2,则当水平井钻至井深 L_2 处时,磁短节与探管的 R 向间距可由下式求得:

$$Z \cdot \Delta L = (\alpha_2 - \alpha_1)(R + \Delta L)R \qquad (3\text{--}34)$$

式中，$\Delta L = L_2 - L_1$。磁短节到探管的方位可由角 α 确定，角 α 的大小可由下式求得：

$$\beta = \arctan \frac{1 - 3\cos(2\alpha)}{3\sin(2\alpha)} \tag{3-35}$$

式中，角 β 可由探管探测的三轴磁信号计算得到。

根据上述邻井距离随钻电磁探测系统在连通井中的工作原理，研发了邻井距离随钻电磁探测地面分析软件的连通井计算分析模块，其界面如图3-7所示。

图3-7　连通井计算分析界面

3.1.6　邻井距离随钻电磁探测系统硬件的研制

1）邻井距离随钻电磁探测系统磁短节的设计

磁短节既是钻柱的一部分，同时也是电磁引导系统的信号源。在工作中，磁短节通常安装在钻头的后面，磁短节的中心点到钻头中心的距离不超过 0.5 m。在钻进过程中，只要检测到磁短节的位置，就可以精确地计算出钻头的位置。井下探管用有线电缆通过绞车下到已钻井中。

如图3-8和图3-9所示，磁短节由无磁钻铤、永久性磁铁和孔用卡圈组成。

无磁钻铤是用无磁不锈钢加工而成的一段圆柱形钻铤，其两端都是 API 标准螺纹。通过 API 标准螺纹，无磁钻铤一端和钻柱连接，另一端和钻头连接。无磁钻铤的中心是空的，钻井液可以从中通过。在无磁钻铤上有若干与轴线垂直的孔，这些孔沿无磁钻铤平行分布在钻铤的两侧。

永久磁铁是用磁性材料加工成的圆柱体，其磁性非常大，圆柱体断面的最大剩磁可达到 1.4 T（特斯拉）。永久性磁铁是磁短节的关键零件，其磁性能关系到磁短节的磁性能。永久性磁铁的表面剩磁越大，磁短节的磁场分布的距离就越远。

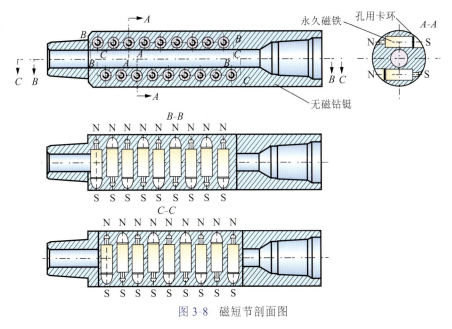

图 3-8 磁短节剖面图

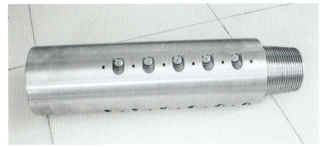

图 3-9 加工的 ϕ225 mm 磁短节实物图

孔用卡环是标准件,它的作用是将永久性磁铁牢固地固定在无磁钻铤的孔中,以使永久磁铁在钻井过程中不能从孔中出来。

2)邻井距离随钻电磁探测系统探管的设计

邻井距离随钻电磁探测系统的探管通过铠装电缆下入已经完钻的井中,与现有的完井后的测井设备的井下环境相似。目前设计探管的工作环境限于井深小于 3 000 m 的井,用于深井的探管将在系统成熟后再进行设计。探管工作环境暂定如下:

(1)温度:所有井下电子设备和传感器的温度要求设在 85 ℃;

(2)压力:测量设备的整个测量短节外部处于静态液压下,根据现有的测井设备的压力承受范围确定本测量短节的井下压强承受范围为 0～100 MPa;

(3)传导的电缆线长度:下入井中的仪器通过铠装电缆与地面处理系统进行连接,所需要的电缆线的长度受到井深的限制,在此暂定为 3 000 m。

测量设备在下入到已完钻的井中某一位置后,必须连续测量磁场强度的三个分量值,且在连续测量的同时通过电缆实时传送信息到井上,而井上实时分析测量设备的井深、方位参数与磁场强度分量的关系,从而确定矢量距离。所以测量系统应该具备以下基本功能:

（1）实时得到探管自身的井斜角、方位角，通过该部分的参数来确定测量设备自身的位置；

（2）实时得到磁短节在测量点的磁场强度矢量，该磁场强度矢量采取三个相互垂直方向的磁场分量来表示；

（3）通过实时测量系统硬件所在位置的温度修正由于温度产生的设备测量误差；

（4）信息能及时通过电缆传到地面，地面的采集处理系统能实时分析数据信息，为操作者作出判断提供依据。

根据以上功能，需要测量的参数主要有井斜角、方位角、温度及磁短节的磁场分量。在探管中，用三轴加速度传感器来测量井斜角，用三轴磁通门传感器来测量方位角，用温度传感器来测量温度，用三轴交变磁场传感器来测量磁短节的磁场分量。这涉及三轴加速度传感器、三轴磁通门传感器、温度传感器和三轴交变磁场传感器共四个传感器，因此探管中需要包含这四个传感器。

通过调研，美国 Applied Physics 公司生产的 Model 544 微型角定位传感器将三轴加速度传感器、三轴磁通门传感器和温度传感器集成为一体，其体积仅为 0.75 in × 0.80 in × 4.60 in（1 in = 2.54 cm），非常适合安装在探管中。因此探管中只需要 Model 544 和三轴交变磁场传感器即可，减小了探管的体积。

探管的结构图如图 3-10 所示。其中，电缆接口信号处理板，用于将探管内各个传感器的输出信号格式转换为电缆中传输的数据格式，将数据传送到地面，并从电缆中取得探管的工作电源，为各个传感器和电路板供电；三轴交变磁场传感器信号处理板，用于处理三轴交变磁场传感器的输出信号，将其放大、滤波，并进行 AD 转换，得到磁短节的磁场分量数据；三轴交变磁场传感器，用于采集磁短节的磁场分量；Model 544，用于采集探管自身的井斜角、方位角和温度数据。加工的探管整体效果图如图 3-11 所示。

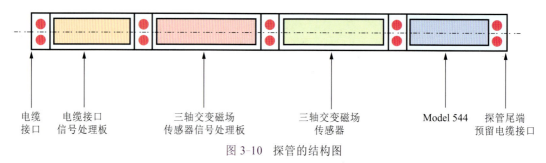

电缆　电缆接口　　　三轴交变磁场　　　三轴交变磁场　　　Model 544　探管尾端
接口　信号处理板　　传感器信号处理板　　传感器　　　　　　　　　　　预留电缆接口

图 3-10　探管的结构图

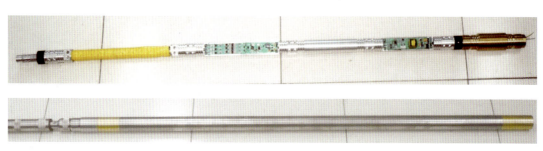

图 3-11　探管整体效果图

（1）三轴交变磁场传感器信号处理板。

三轴交变磁场传感器输出的信号是三个频率为 1～3 Hz 的正弦交流信号，信号幅度很小，约为 1 μV～100 mV，信号输出范围很大，因此需要后续电路具有大范围增益可调的特性，以满足系统的要求，另外要求电路具有很低的噪声，以免信号被噪声淹没。

通常 AD 转换器输入电压范围是 0～5 V 或 ±5 V。传感器输出的信号远远达不到 AD 转换器的输入要求，需要对信号进行多级放大、滤波处理。

三轴交变磁场传感器信号处理电路主要结构如图 3-12 所示。

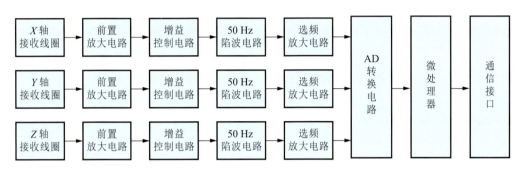

图 3-12　三轴交变磁场传感器信号处理电路主要结构

三轴交变磁场传感器输出的信号极其微弱，且传感器的内阻也较大，不适于提取有用信号，因此需要做放大处理，这就是前置放大电路。X 轴前置放大电路图如图 3-13 所示。

前置放大电路主要由仪表放大器 AD620 组成。AD620 最高可以对信号放大 1 000 倍，但放大倍数越高，其共模抑制比越低，因此在前置放大级只对信号做 50 倍的信号放大，其输出信号幅值约为 0.1～0.5 V。前端的电容 C21～C25 用于与传感器线圈组成谐振电路，其共振频率为 2 Hz，这样可以保证最大的信号幅度和最小的传感器输出噪声。前置放大电路输出信号波形如图 3-14 所示。

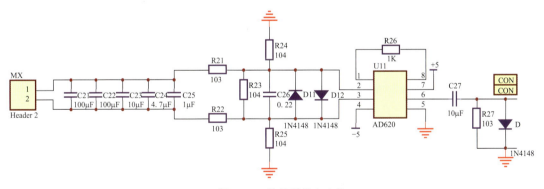

图 3-13　信号预放大电路

由图 3-14 可见，前置放大电路输出的信号中夹杂着大量的市电 50 Hz 干扰信号，在发射线圈和接收线圈距离比较近时，有用的信号比噪声高些，但距离远些时，有用信号比噪声信号小得多，因此前置放大电路输出的信号无法直接使用，需要从中滤掉 50 Hz 的干扰信号，将有用的信号进行放大。

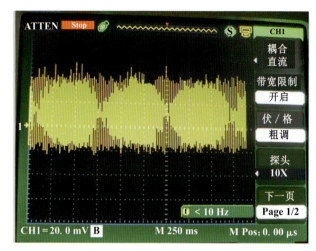

图 3-14　前置放大输出波形图

与前置放大电路相连的是一级增益控制电路,增益控制电路主要由 AD603 芯片构成,其电路如图 3-15 所示。

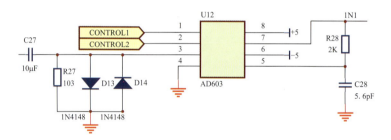

图 3-15　增益控制电路

图 3-15 中 C27 输出端输出的信号经 D13 和 D14 限幅后进入 AD603 的 3 脚,由 7 脚输出,R28 和 C28 用于设置放大器的带宽,在此设为 0 ～ 40 dB,30 MHz 带宽。通过在 AD603 的 1 脚和 2 脚施加一个 ±1 V 的电压来控制放大器的增益。这个电压由微处理器的 DA 转换器产生,在地面上通过软件控制放大器的增益,当信号过强时减小放大器增益,信号较弱时增大放大器增益,实现不同距离下的测量。

为了过滤掉 50 Hz 的干扰信号,在增益控制电路后设置一级 50 Hz 陷波电路,电路如图 3-16 所示。

50 Hz 陷波电路采用双 T 电路来完成,双 T 电路的幅频特性如图 3-17 所示,F 代表输出与输入信号强度的比值,ω 代表信号角频率,ω_0 表示共振角频率。

由图 3-17 可知,将双 T 电路的谐振频率设置在 50 Hz 时,50 Hz 的信号通过此双 T 电路后衰减很大,而有用的信号则衰减较小,因此双 T 电路具有很好的过滤 50 Hz 干扰信号的能力。实际电路中,信号经过双 T 电路后再加一级放大,以补偿双 T 电路带来的信号衰减,降低输出信号的内阻。

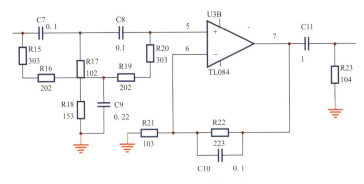

图 3-16　50 Hz 陷波电路

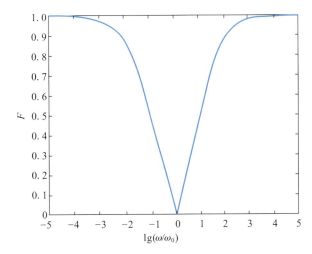

图 3-17　双 T 电路幅频特性曲线

经过 50 Hz 陷波电路后的信号波形如图 3-18 所示。

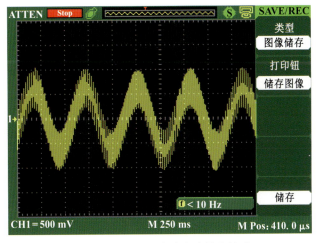

图 3-18　50 Hz 陷波电路输出波形

由图 3-18 可见,经过 50 Hz 陷波以后,信号的信噪比明显提高,但噪声仍然较大,还是不理想,因此在后面设置 2 Hz 选频放大电路。选频放大电路原理如图 3-19 所示。

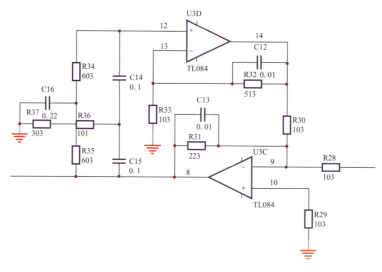

图 3-19　2 Hz 选频放大电路

　　2 Hz 选频放大电路由两个运放组成,其中一个运放 U3C 采用反相放大,其输出信号经过谐振频率为 2 Hz 的双 T 电路选频后,由另一运放 U3D 进行同相放大,然后将输出反馈到 U3C 的反相输入端,与输入信号相加。当输入信号频率不是 2 Hz 时,U3C 的输出信号大部分通过双 T 电路,经 U3D 放大后与输入信号相加,由于 U3C 是反相放大器,其相位与输入信号相反,U3D 的输出信号与输入信号相位相反,互相抵消,输出信号很小;当输入信号频率是 2 Hz 时,U3C 的输出信号不能通过双 T 电路,因此信号被放大,实现选频功能。仿真发现,在一定范围内,U3D 的放大倍数越高,其选频特性越好,但对磁短节信号的频率准确性要求越高,而由于磁短节的转速并不是固定不变,一般情况下是在 1～3 Hz 之间变化,因此不能有太高的放大倍数。通过实验,本电路中取 6.1 倍。

　　2 Hz 选频放大电路输出波形如图 3-20 所示。

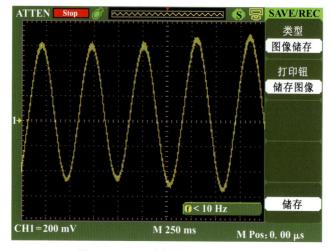

图 3-20　2 Hz 选频放大电路输出波形

　　由图 3-20 可见,2 Hz 选频放大电路输出波形已达到很好的信噪比,从中可以清楚地看到想要的信号,且信号幅度较大,可以直接进行 AD 转换。

AD 转换电路主要由微处理器芯片内部的 AD 转换器构成,其电路如图 3-21 所示。

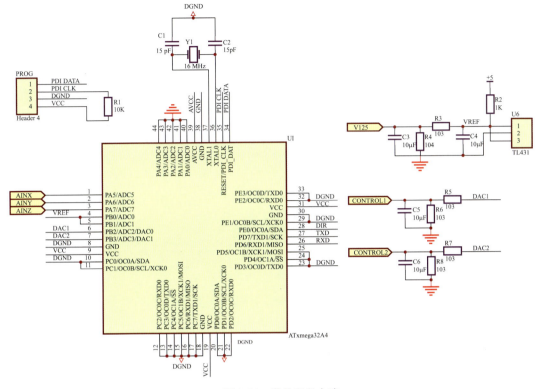

图 3-21　微处理器电路

微处理器选用 Atmel 公司最新推出的新一代高性能、低功耗的单片机 ATxmega32A4,与之前的 mega 系列相比,xmega 新增 12 位 ADC 和 DAC,串口多至八个,SPI 多至四个,并有 AES 和 DES 加密引擎,采用第二代 picopower 节能技术,功耗更低,速度更快。本系统主要使用三个通道的 AD 转换、两个通道的 DA 转换和串口,其他不用的引脚接地处理,以减少干扰。微处理器内部的 AD 转换具有一个增益可调的放大器,增益可在 1～64 倍之间调整,配合前面的增益控制单元,整个放大电路的增益可以在 0～75 dB 之间随意调整,因此具有极大的响应范围,在 1～50 m 范围内的任意距离处的信号都能放大到合适的幅度。

放大后的信号在处理器内部进行高速 AD 转换,三个通道的总体转换频率为 6.4 kHz,转换后取连续的 64 个数据做平均值处理,最终得到的信号频率为 100 Hz,得到的信号比较平滑,失真较小,满足系统的设计要求。

微处理器通过串口与电缆接口信号处理板通信,电缆接口信号处理板将解码后的控制数据发送给微处理器,微处理器根据此数据控制放大电路的增益,同时每隔 10 ms 把三轴交变磁场传感器的数据传给电缆接口信号处理板 1 次,由电缆接口信号处理板将数据与 Model 544 的数据混合后一起传送到地面,由地面软件进行处理。

（2）电缆接口信号处理板。

电缆接口信号处理板主要由电源模块、电缆数据收发电路和微处理器构成。

电源模块用于产生探管中各个传感器和电路板所需的工作电源。电缆输出的电压为交流 48 V,经变压器降压后,输出三路 9 V 电压。其中,两路输出经整流电路和稳压电路后,输

出 ±5 V 给三轴交变磁场传感器信号处理板;另一路 9 V 输出经整流电路和稳压电路后,输出一路 9 V 电压给 Model 544 提供电源,另外还输出一路 5 V 电压给电缆接口信号处理板的微处理器及其电路。电源模块的电路如图 3-22 所示。

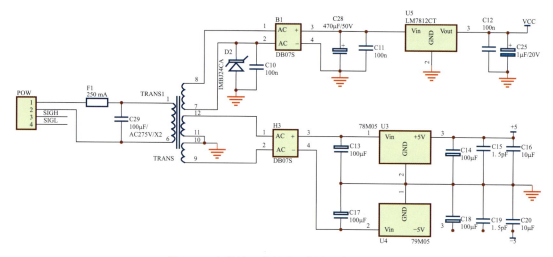

图 3-22　电缆接口信号处理板电源模块电路图

电缆数据收发电路由一个隔离变压器和变压器驱动电路组成,由地面下传的信号经隔离变压器隔离后,由运放进行电压比较,识别数据串中的 0 和 1,并将数据传给微处理器解码;由探管上传的数据经微处理器编码处理后输出控制两个 MOS 管交替导通,在隔离变压器的次级产生感应电压,此电压通过电缆传到地面系统进行解码,再传输到计算机上由软件进行处理。电缆数据收发电路如图 3-23 所示。

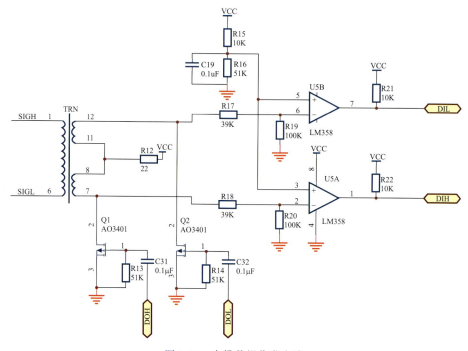

图 3-23　电缆数据收发电路

微处理器主要负责与 Model 544 和三轴交变磁场传感器信号处理板通信，读取传感器的数据，并对电缆信号进行编码和解码处理，在此选用 ST 公司最新的 ARM 处理器 STM32F103C6T6，工作频率 48 MHz，具有非常强的处理能力，足够满足信号的快速编码解码要求。电缆通信选用常用的曼彻斯特码进行数据编码，技术成熟，工作稳定。曼彻斯特码是一种常见的编码方式，很多场合都有应用，在测井数据传输中应用更加广泛，因其不是本系统的关键技术，在此不再多述。微处理器电路如图 3-24 所示。

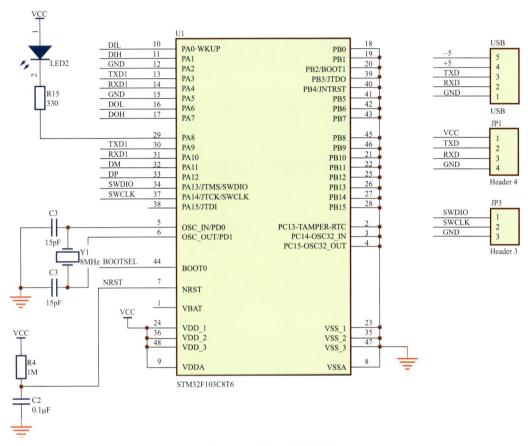

图 3-24　微处理器电路图

3）地面数据采集系统的设计

地面数据采集系统主要由电缆接口信号处理板和电源模块构成。电缆接口信号处理板将电缆中传输的信号取出并解码，通过 USB 接口发送到计算机，计算机上的数据采集软件将数据保存并显示出来，保存的数据将交给后续处理软件进行处理，得到两口井的相对距离和方位信息。地面接口箱整体效果如图 3-25 所示，地面数据采集软件界面如图 3-26 所示。

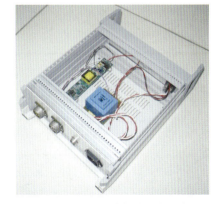

图 3-25　地面数据采集系统整体效果图

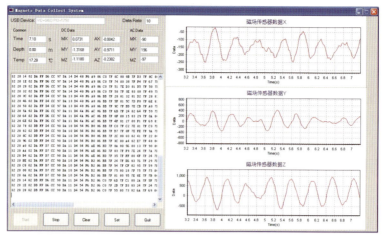

图 3-26　地面数据采集软件界面

3.2 新型邻井距离随钻电磁探测系统

3.2.1 邻井平行间距随钻电磁探测系统

　　邻井平行间距随钻电磁探测系统在探测计算邻井平行段的相对空间位置时无需钻头有一定的进尺,因此可以在很短的时间内完成测量计算。同时,这种算法可以固化到邻井平行间距随钻电磁探测系统的井下双磁传感器探管内,只需将计算结果发送到地面,节省了数据发送时间。

　　邻井平行间距随钻电磁探测系统主要由磁短节、井下双磁传感器测量仪、邻井平行间距计算系统及地面显示系统组成,如图 3-27 所示。井下双磁传感器测量仪主要由井下双磁传感器探管及地面接口箱组成。井下双磁传感器探管主要包括两个交变磁场传感器、一个磁通门传感器、一个加速度传感器、一个温度传感器及固化有邻井平行间距计算系统的单片机,其主要作用是检测磁短节的磁矢量信号,并将两组磁信号数据传到单片机中,经邻井平行间距计算系统,得到邻井平行段的相对空间位置数据,然后将计算数据发送到地面显示系统。

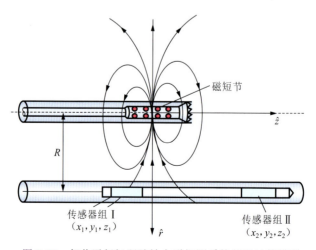

图 3-27　邻井平行间距随钻电磁探测系统测距计算模型

在利用井下双磁传感器探管接收磁短节产生的两组磁信号,确定邻井平行段的相对空间位置时,将两个交变磁场传感器检测到的三轴磁场感应强度波形的振幅代入下列公式:

$$u = \frac{3\left(\left|B_{1R}\right|/\left|B_{1Z}\right|\right) - \sqrt{9\left(\left|B_{1R}\right|/\left|B_{1Z}\right|\right)^2 + 8}}{4}$$ (3-36)

$$v = \frac{3\left(\left|B_{2R}\right|/\left|B_{2Z}\right|\right) - \sqrt{9\left(\left|B_{2R}\right|/\left|B_{2Z}\right|\right)^2 + 8}}{4}$$ (3-37)

$$R = \frac{uvd}{u-v}$$ (3-38)

$$z_1 = \frac{vd}{u-v}$$ (3-39)

$$z_2 = \frac{ud}{u-v}$$ (3-40)

式中 u, v——中间变量;

B_{1R}, B_{1Z}——磁短节在传感器组 I 处产生的磁感应强度在 $\hat{r}, \hat{z}$ 方向上的投影;

B_{2R}, B_{2Z}——磁短节在传感器组 II 处产生的磁感应强度在 $\hat{r}, \hat{z}$ 方向上的投影。

根据以上各式可求得邻井平行间距 R, z_1 和 z_2。将 R, z_1 和 z_2 代入下式:

$$\cos(2A_{xr}) = \frac{(2R^2-z^2)^2 + (R^2+z^2)^2}{(2R^2-z^2)^2 - (R^2+z^2)^2}\frac{\left|B_X\right|^2 - \left|B_Y\right|^2}{\left|B_X\right|^2 + \left|B_Y\right|^2}$$ (3-41)

式中 $\left|B_X\right|, \left|B_Y\right|$——交变磁场传感器 X, Y 轴检测到的磁场感应强度波形的振幅。

由式(3-41)可得在两交变磁场传感器处单位矢量 $\hat{x}$ 到单位矢量 $\hat{r}$ 夹角的值 A_{xr1} 和 A_{xr2},因此可得 A_{xr}:

$$A_{xr} = \frac{1}{2}(A_{xr1} + A_{xr2})$$ (3-42)

A_{hx} 代表井眼高边 Hs 到单位矢量 $\hat{x}$ 的夹角,夹角 A_{hx} 的大小可由三轴加速度传感器测得,因此,邻井平行段的相对方位,即磁短节到已钻井井眼高边的夹角为:

$$A_{hr} = \pi - A_{hx} - A_{xr}$$ (3-43)

3.2.2 螺线管组随钻测距导向系统

MGT 采用螺线管作为磁信号发射源,可以通过提高螺线管线圈的电流强度等方法增加 MGT 的测距范围,但其测量精度有限,一般多用于双水平井中;RMRS 结构简单,使用方便,同时也是目前随钻引导系统中测量精度最高的系统,但由于采用永磁体组短节作为磁信号发射源,因此信号源强度有限,不易增加 RMRS 的测距范围。我们设计了一种"螺线管组随钻电磁测距导向系统",该系统采用两组正交的螺线管组作为磁信号发射源,将其放到已钻井中,可以像 RMRS 的旋转磁短节一样产生旋转磁场,与 RMRS 具有相当的功能和测量精度;同时,可以通过提高螺线管线圈的电流强度等方法提高磁信号发射源的强度,易于增加该系统的测距范围。

如图 3-28 所示,螺线管组随钻电磁测距导向系统的硬件主要由螺线管组短节、改装的 MWD、地面设备等组成。改装的 MWD 置于正钻井中,在钻头后约 10 m 远处,用以探测邻井(已钻井)中螺线管组短节产生的旋转磁场,检测到的磁矢量信号由 MWD 传输到地面计算系统,从而求得 MWD 与螺线管组短节的相对位置。结合 MWD 和钻头的位置关系,可以计算钻头与螺线管组短节的相对位置。地面邻井间距计算系统将钻头与螺线管组短节的位置关系以数字、文字和图形的形式显示给钻井工程师。钻井工程师再结合测斜数据,就可以精确控制钻头的运动轨迹。

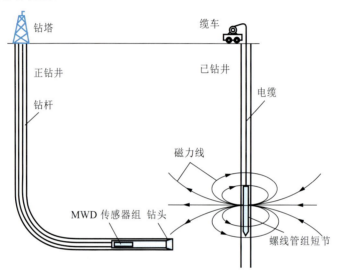

图 3-28　螺线管组随钻测距导向系统在连通井中的工作示意图

如图 3-29 所示,螺线管组短节主要由两组相互正交的螺线管组组成,螺线管的个数可以随探测距离的远近进行调整,螺线管组短节长 1 m 左右,直径为 60 mm。地面设备主要是为螺线管组短节提供两个同步交流电并接收螺线管组短节内传感器探测的信号。如图 3-30 所示,这两个同步电流的波形在时间上相差 1/4 个周期,一个电流为同一方向安装的螺线管提供电流,另一电流为与这一方向正交的另一列螺线管提供电流。

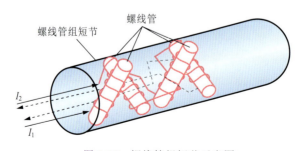

图 3-29　螺线管组短节示意图

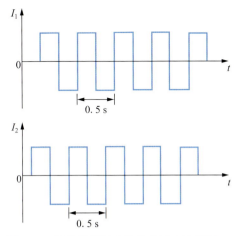

图 3-30 螺线管组短节激励交流电波形图

在螺线管组随钻电磁测距导向系统中要测的磁场范围在距螺线管组短节 4 m 以外的地方，满足磁偶极子法适应于计算远场的要求。因此，如图 3-29 所示，计算螺线管组短节周围空间远场磁感应强度时，可把螺线管组短节看成两个相互正交、磁矩方向未知、磁矩大小随时间按正余弦函数周期性变化的振荡磁偶极子。两磁偶极子的磁矩分别为 $\boldsymbol{m}_1$ 和 $\boldsymbol{m}_2$，而且满足下式：

$$\boldsymbol{m}_1 = \boldsymbol{M}_e \sin \omega t \tag{3-44}$$

$$\boldsymbol{m}_2 = \boldsymbol{M}_e \cos \omega t \tag{3-45}$$

式中　M_e——交流电达最大幅值时，任一列螺线管组产生的磁矩；

　　　ω——两交流电周期性变化的角速度。

由于两磁偶极子相互正交，所以螺线管组短节的磁矩为 $\boldsymbol{M}_e$。

以螺线管的轴向（直井井眼的延伸方向）为 Z 轴，以一列螺线管的磁矩 $\boldsymbol{m}_1$ 方向为 X 轴，以另一列螺线管组的磁矩 $\boldsymbol{m}_2$ 方向为 Y 轴，建立 XYZ 直角坐标系，则螺线管组短节周围空间远场磁感应强度 $\boldsymbol{B}$ 的三轴分量计算如下：

$$B_X = \frac{\mu M_e}{4\pi} \left[\frac{3(x \sin \omega t + y \cos \omega t)x}{(x^2 + y^2 + z^2)^{5/2}} - \frac{\sin \omega t}{(x^2 + y^2 + z^2)^{3/2}} \right] \tag{3-46}$$

$$B_Y = \frac{\mu M_e}{4\pi} \left[\frac{3(x \sin \omega t + y \cos \omega t)y}{(x^2 + y^2 + z^2)^{5/2}} - \frac{\cos \omega t}{(x^2 + y^2 + z^2)^{3/2}} \right] \tag{3-47}$$

$$B_Z = \frac{\mu M_e}{4\pi} \frac{3(x \sin \omega t + y \cos \omega t)z}{(x^2 + y^2 + z^2)^{5/2}} \tag{3-48}$$

式中　M_e——螺线管组短节的磁矩；

　　　μ——介质的磁导率。

由式（3-46）～式（3-48）和式（3-5）～式（3-7）对比可知，通电螺线管组短节与旋转磁短节可以产生类似的交变磁场，因此螺线管组随钻测距导向系统应用于双水平井和连通井中的测距导向算法也类似，在此不再赘述。

3.2.3 双螺线管组随钻测距导向系统

上面提出的"螺线管组随钻电磁测距导向系统"及相关测距导向算法,虽然具有较大的测距范围,但是测量和数据传输时间较长,浪费总体钻井时间。为节省探测系统的测量和数据传输时间,提高钻井效率,我们又提出了一种"双螺线管组随钻电磁测距导向系统"。双螺线管组随钻电磁测距导向系统采用双螺线管组短节作为磁信号发射源,放到已钻井中,可以产生两个不同频率的旋转磁场,同样与 RMRS 具有相当的功能和测量精度。该系统不仅具有较大的测距范围,而且测量计算时,无需拖动双螺线管组短节就可以精确探测计算邻井间距和相对方位,因此可以在较短的时间内完成测量。同时,数据分析和邻井间距计算程序可以放到井下,只将计算后少量的必要数据发送到地面,节约了数据发送时间。

如图 3-31 所示,双螺线管组随钻电磁测距导向系统的硬件主要由双螺线管组短节、改装的 MWD、地面设备等组成。改装的 MWD 放在正钻井中,跟在钻头后传统 MWD 安装位置,探测邻井(已钻井)中双螺线管组短节产生的两组不同频率的旋转磁场。检测到的磁矢量信号由 MWD 井下处理器中的数据分析与测距计算程序计算双螺线管组短节到改装的 MWD 的相对位置,并将计算结果传输到地面显示系统。结合 MWD 和钻头的位置关系,可进而计算钻头到螺线管组短节的相对位置。地面显示系统将钻头与双螺线管组短节的位置关系以数字、文字和图形等形式显示给钻井工程师。最后,钻井工程师参考测斜数据,就可以精确控制钻头的运动轨迹。

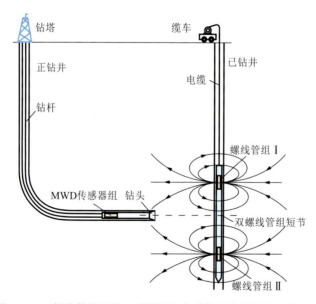

图 3-31　双螺线管组随钻电磁测距导向系统在连通井中工作示意图

如图 3-32 所示,双螺线管组短节主要由两段螺线管组组成,每段螺线管组的个数可以随探测距离的远近进行调整,每段螺线管组长 1 m 左右,直径为 60 mm,其中每个螺线管的线圈绕在层叠的软磁铁芯上。双螺线管组短节由钻柱或爬行器下入已钻井中,并可以在已钻井中移动。在双水平井中,双螺线管组短节近似置于改装的 MWD 的正下方;在连通井中,双螺线管组短节的中点近似置于连通点处。

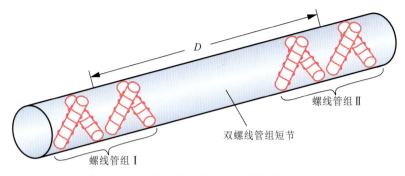

图 3-32　双螺线管组短节内部螺线管排列示意图

　　地面设备主要是为双螺线管组短节提供两组同步交流电并接收双螺线管组短节内传感器探测的信号。如图 3-32 所示，每组交流电包括两个同步交流电，两个同步电流的波形在时间上相差 1/4 个周期，一个电流为同一方向安装的螺线管提供的电流，另一电流为与这一方向正交的另一列螺线管提供的电流。两组交流电的变化周期分别为 0.4 s 和 0.6 s。

　　如图 3-33 所示，建立直角坐标系，改装的 MWD 到双螺线管组短节的径向间距为 R；改装的 MWD 到双螺线管组短节上部螺线管组 II 的距离为 r_2，到双螺线管组短节下部螺线管组的距离为 r_1；改装的 MWD 到双螺线管组短节上部螺线管组的轴向间距为 z_2，到双螺线管组短节下部螺线管组的轴向间距为 z_1；两段螺线管的间距为 D（已知）。如图 3-34 所示，以直井井眼的延伸方向为 W 轴，直井井眼高边方向为 U 轴，V 轴正交于 W 轴和 U 轴，建立 UVW 直角坐标系。

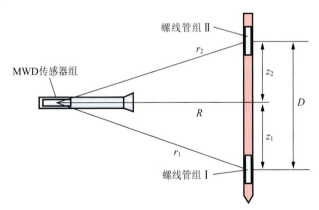

图 3-33　双螺线管组随钻电磁测距导向系统测距计算模型

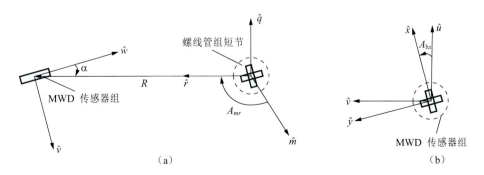

（a）　　　　　　　　　　　　　　　　（b）

图 3-34　分析双螺线管组短节与改装的 MWD 相对方位示意图

将改装的 MWD 检测到的两组不同频率的三轴磁场感应强度的振幅代入以下几式：

$$|B_V| = |B_X|\sin A_{hx} + |B_Y|\cos A_{hx} \qquad (3\text{-}49)$$

$$|B_W| = |B_Z| \qquad (3\text{-}50)$$

$$|B_Z| = -(|B_X|\cos A_{hx} + |B_Y|\sin A_{hx}) \qquad (3\text{-}51)$$

$$|B_R| = \sqrt{|B_W|^2 + |B_V|^2} \qquad (3\text{-}52)$$

$$C_1 \equiv \frac{|B_{1R}|}{|B_{1Z}|} \qquad (3\text{-}53)$$

$$C_2 \equiv \frac{|B_{2R}|}{|B_{2Z}|} \qquad (3\text{-}54)$$

$$u = \frac{3C_1 - \sqrt{9C_1^2 + 8}}{4} \qquad (3\text{-}55)$$

$$v = \frac{3C_2 - \sqrt{9C_2^2 + 8}}{4} \qquad (3\text{-}56)$$

$$R = \frac{uvd}{u - v} \qquad (3\text{-}57)$$

$$z_1 = \frac{vd}{u - v} \qquad (3\text{-}58)$$

$$z_2 = \frac{ud}{u - v} \qquad (3\text{-}59)$$

式中 $|B_X|, |B_Y|, |B_Z|$——交变磁场传感器 X, Y 和 Z 轴检测到的磁场感应强度波形的振幅。

从而可求得邻井平行间距 R, z_1 和 z_2。将 R, z_1 和 R, z_2 分别代入下式：

$$\cos(2\alpha) = \frac{(2R^2 - z^2)^2 + (R^2 + z^2)^2}{(2R^2 - z^2)^2 - (R^2 + z^2)^2} \frac{|B_W|^2 - |B_V|^2}{|B_W|^2 + |B_V|^2} \qquad (3\text{-}60)$$

可得在两段螺线管处单位矢量 $\hat{w}$ 到单位矢量 $\hat{r}$ 的夹角 α_1 和 α_2，因此可得 α：

$$\alpha = \frac{1}{2}(\alpha_1 + \alpha_2) \qquad (3\text{-}61)$$

由以上公式求得 R, z_1, z_2 和 α 后就可确定改装的 MWD 与双螺线管组短节的相对位置关系；然后，结合改装的 MWD 与钻头和双螺线管组短节与连通点的空间位置关系，即可计算钻头到连通点的相对位置。

双螺线管组随钻电磁测距导向系统也可用于双水平井的井眼轨迹精细控制中。双螺线管组随钻电磁测距导向系统用于双水平井的测距导向算法与"邻井平行间距随钻电磁探测系统"的测距导向算法类似，不同的是双螺线管组随钻电磁测距导向系统的磁源置于已钻井中，探测磁信号的传感器置于正钻井中。因此，双螺线管组随钻电磁测距导向系统用于双水平井的测距导向算法不再赘述。

3.3 目标井探测工具

目标井探测工具可以精确快速地探测目标井的位置,因此该工具可以引导一口救援井与一口事故井在设计的井深处相交,并且一般事故井的井口遭到破坏,不便下入其他设备,而目标井探测工具的所有设备均位于正钻井中,因此该工具适用于引导救援井定向钻进。目标井探测工具的工作原理如图 3-35 所示。目标井探测工具是用电极把低频交变电流注入地层,注入地层的电流在事故井中的套管和钻杆处聚集,使套管和钻杆内形成向上和向下传输的低频交变电流,根据安培定律,在套管和钻杆的周围将产生如图 3-35 所示的电磁场。把目标井探测工具的探管放入救援井选定位置,由探管内的传感器检测套管和钻杆内电流产生磁场的磁场强度;同时,探管也会检测到地磁场和重力场,因此可以确定探管的自身方位。地面的计算机收集探管的检测数据,并利用这些数据计算井下探管到事故井的相对距离和方位,从而确定救援井与事故井的相对位置关系。在救援井的钻进过程中,可以在预定井深处周期性探测救援井到事故井的相对位置,这些探测信息可为救援井的下一步钻进提供控制依据,直至救援井与事故井相交。因此,目标井探测工具是一种控制救援井与事故井相交的高效工具。

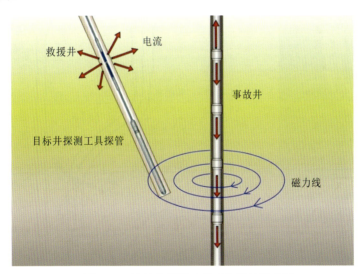

图 3-35　目标井探测工具工作原理示意图

当连通点到井口有足够的空间时,救援井可以设计成如图 3-36 所示的井型,使救援井与事故井近似平行连通。这时目标井探测工具的工作原理如图 3-37 所示。目标井探测工具主要包括地面供电设备、电极、探管和计算软件。地面供电设备为电极提供低频交变电流,电极和探管由测井电缆相连,并且电缆下入救援井中。电极向地层注入电流,当电极附近没有套管或钻杆等金属材质时,电极周围的电流对称分布,这时电极下的探管基本上没有信号输出;当电极附近存在套管或钻杆等金属材质时,由于套管等金属相比地层具有更高的导电率,因此电极注入的电流大部分在套管或钻杆处聚集,套管内产生如图 3-37 所示的向上和向下传输的电流。根据安培定律,套管周围将产生变化的磁场,这个变化的磁场可由电极下方的探管测得。图 3-37 所示向上传输的电流产生的磁场方向与向下传输的电流产生的磁

向系统"和"双螺线管组随钻测距导向系统"。这些系统具有测量时间更短、测距范围更广和信号干扰更小的优点,为我国研发完全自主知识产权的邻井距离探测系统及实现邻井距离探测技术跨越式发展奠定了基础。

（3）分析了目标井探测工具的工作原理,为"十二五"的软硬件产品研发奠定了理论基础。随着目标井探测工具的不断改进与完善,不仅可以形成救援井与事故井的连通技术,而且有利于复杂结构井邻井距离的精细控制。

参考文献

[1] Mallary C R, Williamson H S, Pitzer R, et al. Collision Avoidance Using a Single Wire Magnetic Ranging Technique at Milne Point, Alaska[R]. SPE 39389, 1998: 813–818.

[2] Kuckes A F, Hay R T, Mcmahon J, et al. New Electromagnetic Surveying/Ranging Method for Drilling Parallel Horizontal Twin Wells[R]. SPE 27466, 1996: 323–333.

[3] Grills T L. Magnetic Ranging Technologies for Drilling Steam Assisted Gravity Drainage Well Pairs and Unique Well Geometries—A Comparison of Technologies[R]. SPE 79005, 2002: 1–8.

[4] Vandal B, Grills T, Wilson G. A Comprehensive Comparison Between the Magnetic Guidence Tool and the Rotating Magnet Ranging Service. Canadian International Pretroleum Conference, Calgary, 2004.

[5] Al-khodhori S, Al-riyami H, Holweg P, et al. Connector Conductor Wells Technology in Brunei Shell Petroleum Achieve High Profitability Through Multiwell Bores and Downhole Connections[R]. SPE 111441, 2008, 1–5.

[6] Oskarsen R T, Wright J W, et al. Rotating Magnetic Ranging Service and Single Wire Guidance Tool Facilitates in Efficient Downhole Well Connections[R]. SPE 119420, 2009: 1–7.

[7] Kuckes A F, Lautzenhiser T, Nekut A G, et al. An Electromagnetic Survey Method for Directionally Drilling a Relief Well into a Blown out Oil or Gas Well[R]. SPE 10946, 1983.

[8] Grace R D, Kuckes A F, Branton J. Operations at a Deep Relief Well: the TXO Marshall[R]. SPE18059, 1988.

[9] Leraand F, Wright J W, Zachary M B, et al. Relief-well Planning and Drilling for a North Sea Underground Blowout[R]. SPE 20420, 1990.

[10] 乔磊,申瑞臣,黄洪春,等. 煤层气多分支水平井钻井工艺研究[J]. 石油学报,2007,28(3),112–115.
Qiao Lei, Shen Ruichen, Huang Hongchun, et al. Drilling Technology of Multi-Branch Horizontal Well [J]. Acta Petrolei Sinica, 2007, 28(3): 112–115.

[11] 龚志敏,段乃中. 岚 M1-1 煤层气多分支水平井充气钻井技术[J]. 石油钻采工艺,2006,28(1): 15–18.
Gong Zhimin, Duan Naizhong. Technology of Drilling Mixed with Gas for Lan M1-1 Coalbed Gas Multi-branch Horizontal Well[J]. Oil Drilling & Production Technology, 2006, 28(1): 15–18.

[12] 乔磊,申瑞臣,黄洪春,等. 武 M1-1 煤层气多分支水平井钻井工艺初探[J]. 煤田地质与勘探,2007, 35(1): 34–36.
Qiao Lei, Shen Ruichen, Huang Hongchun, et al. A Preliminary Study on Drilling Technique of Wu M1-1

CBM Multi-branched Horizontal Well[J]. Coal Geology & Exploration, 2007, 35(1): 34-36.

[13] 胡汉月, 陈庆寿. RMRS 在水平井钻进中靶作业中的应用[J]. 地质与勘探, 2008, 44(6): 89-92.

Hu Hanyue, Chen Qingshou. RMRS Application on Target-Hitting of Horizontal Drilling[J]. Geology and Prospecting, 2008, 44(6): 89-92.

[14] 董建辉, 王先国, 乔磊, 等. 煤层气多分支水平井钻井技术在樊庄区块的应用[J]. 煤田地质与勘探, 2008, 36(4): 21-24.

Dong Jianhui, Wang Xianguo, Qiao Lei, et al. Application of CBM Multi-branch Horizontal Well for Drilling Technology in Fanzhuang Block[J]. Coal Geology & Exploration, 2008, 36(4): 21-24.

[15] 杨明合, 夏宏南, 屈胜元, 等. 磁导向技术在 SAGD 双水平井轨迹精细控制中的应用[J]. 钻采工艺, 2010, 33(3): 12-14.

Yang Minghe, Xia Hongnan, Qu Shengyuan, et al. MGT System Applied to Accuracy Well Tracks Controlling in SAGD Horizontal Twin Wells[J]. Drilling & Production Technology, 2010, 33(3): 12-14.

[16] 易铭. 水平连通井技术在内蒙古乌兰察布气化采煤工程中的应用[J]. 中国煤炭地质, 2009, 21: 40-43.

Yi Ming. Application of Horizontal Connected Well Technology in Coal Gasifying Extraction in Ulanqab, Inner Mongolia[J]. Coal Geology of China, 2009, 21: 40-43.

[17] 王德桂, 高德利. 管柱形磁源空间磁场矢量引导系统研究[J]. 石油学报, 2008, 29(4): 608-611.

Wang Degui, Gao Deli. Study of Magnetic Vector Guide System in Tubular Magnet Source Space[J]. Acta Petrolei Sinica, 2008, 29(4): 608-611.

[18] 闫永维, 高德利, 吴志永. 煤层气连通井引导技术研究[J]. 石油钻采工艺, 2010, 32(2): 23-25.

Yan Yongwei, Gao Deli, Wu Zhiyong. Study on Guidance Technology for Coal-bed Methane Connected Wells[J]. Oil Drilling & Production Technology, 2010, 32(2): 23-25.

[19] 高德利, 孙东奎, 吴志永, 等. 一种邻井距离随钻电磁探测系统: 中国, 200910210076.6[P]. 2010-05-26.

[20] 高德利, 孙东奎. 一种用于邻井距离随钻电磁探测的磁短节: 中国, 200910210077.0[P]. 2010-05-26.

[21] 高德利, 吴志永. 一种用于邻井距离随钻电磁探测的测量仪: 中国, 200910210078.5[P]. 2010-05-26.

[22] 高德利, 刁斌斌, 张辉. 一种用于邻井距离随钻电磁探测的计算方法: 中国, 200910210079.X[P]. 2010-05-26.

[23] 高德利, 刁斌斌, 闫永维. 一种用于 SAGD 双水平井随钻测距导向的计算方法: 中国, 201010510887.0[P]. 2011-04-06.

[24] 高德利, 刁斌斌, 吴志永. 一种邻井平行间距随钻电磁探测系统: 中国, 201010127557.3[P]. 2010-08-11.

[25] 高德利, 刁斌斌. 一种用于邻井平行间距随钻电磁探测系统的计算方法: 中国, 201010127554.X[P]. 2010-08-11.

[26] 高德利, 刁斌斌. 一种螺线管组随钻电磁测距导向系统: 中国, 201010145020.X[P]. 2010-08-18.

[27] 高德利, 刁斌斌. 一种螺线管组随钻电磁测距导向计算方法: 中国, 201010145023.3[P]. 2010-08-18.

[28] 高德利, 刁斌斌. 一种双螺线管组随钻电磁测距导向系统: 中国, 201010193984.1[P]. 2010-10-06.

[29] 刘志环, 晏光辉, 余虹, 等. 磁偶极子的远场[J]. 物理与工程, 2006, 16(4): 24-25.

Liu Zhihuan, Yan Guanghui, Yu Hong, et al. The Far Magnetic Field of Magnetic Dipole. Physics and Engineering[J], 16(4): 24-25.

复杂结构井目标设计与产能预测方法

吴晓东 等

摘 要

本章在理论研究的基础上建立了复杂结构井油藏渗流模型、井筒流动模型以及油藏与井筒耦合的复杂结构井产能预测与目标设计模型,提出了复杂结构井永久式压力监测资料分析模型,并将模型应用于实际油田,进行了多项现场试验与应用,取得了良好的效果。为了验证理论模型的正确性,进一步研究复杂结构井的渗流机理,建立了复杂结构井物理模拟实验室,设计、制造了复杂结构井电模拟实验装置、复杂结构井可视化物理模拟实验装置和复杂结构井填砂物理模拟实验装置等三套实验装置,加工了大量复杂结构井模型,分别进行了多井次的物理模拟实验,取得了大量的实验数据和结果。

主题词

复杂结构井;油藏井筒耦合;电模拟模型;可视化模型

引 言

目前,针对直井、水平井等常规井型的产能预测与数值模拟方法相对比较成熟,但随着复杂结构井的出现,仅仅在已有方法的基础上进行修正或改造已无法满足复杂井型模拟的需求,亟需新的模型和方法以快速、准确地对复杂结构井进行动态预测和模拟。由于复杂结构井轨迹灵活,近井地带地质条件复杂,井筒与井筒间存在严重干扰现象,渗流机理的研究尚不完善,因此对新技术的开发提出了很高的要求。

同时,国内外的研究主要侧重于直井、水平井的试井模型和分析方法,没有复杂结构井相应的试井模型和方法。长时间压力监测已成为复杂结构井动态监测的重要内容,到目前为止仍没有成熟的试井分析方法。

4.1　复杂结构井油藏渗流模型研究

为了能够预测油藏中任意方向、任意结构的复杂结构井在任意时刻的动态特征,必须建立并求解油藏中任意位置的三维瞬态势分布模型[1-4]。下式是各向同性油藏流动的方程:

$$\frac{\partial^2 p}{\partial x^2} + \frac{\partial^2 p}{\partial y^2} + \frac{\partial^2 p}{\partial z^2} = \frac{\phi \mu c_t}{k} \frac{\partial p}{\partial t} \tag{4-1}$$

式中　p——油藏压力;

ϕ——油藏孔隙度;

μ——油藏流体黏度;

c_t——总压缩系数;

k——油藏渗透率。

下面将采用两种不同的源汇解的方法对方程进行求解。

4.1.1　基础解方法

利用纽曼积的方法组合起来求解不同的油藏流动问题。为了方便起见,将 Gringarten 和 Ramey 提供的解称为基本解,提供的方法称为基本解方法。这种方法包括以下两步:第一步,基于基础解(如无限大油藏的瞬时源函数、一维带状油藏中瞬时平面源函数、一维带状油藏中瞬时带状源函数等)利用纽曼积方法推导出三维瞬时源函数;第二步,将三维瞬时源函数对时间积分,求得三维连续源函数。

这种方法将实际问题分为两个一维问题,是一种合理的处理方法,很多学者(如 Clonts & Ramey, Daviau, Babu & Odeh)都采用了该方法。但是这种方法只能适合于平行于油藏边界的直井或水平井,对于斜井、多分支井等复杂结构井型必须采用瞬时点源/点汇法(IPSS)。

4.1.2　瞬时点源解方法

瞬时点源/点汇法求解步骤由以下四步组成:第一步,利用叠加原理和镜像反映法处理边界的影响;第二步,利用纽曼积法推导出平行平板油藏中三维瞬态点源/点汇解;第三步,对时间段积分,获得三维点源/点汇连续解;第四步,将三维点源/点汇连续解沿井筒积分,获得实际油井的压力分布[5]。

(1)瞬时点源解。

瞬时点源解是将三个平行于坐标轴的面源通过纽曼积的方法获得的,假设单位强度的点源位于盒状油藏中任意一点 $M_w(x_{Dw}, y_{Dw}, z_{Dw})$ 处。根据纽曼积的方法,在点 $M_w(x_{Dw}, y_{Dw}, z_{Dw})$ 处的点源函数为:

$$p(M_{\text{w}}) = \frac{1}{x_{\text{D}_e}} p\left(\frac{x_{\text{D}}}{x_{\text{D}_e}}, \frac{x_{\text{D}_0}}{x_{\text{D}_e}}, \frac{t_{\text{D}}}{x^2_{\text{D}_e}}\right) \times \frac{1}{y_{\text{D}_e}} p\left(\frac{y_{\text{D}}}{y_{\text{D}_e}}, \frac{y_{\text{D}_0}}{y_{\text{D}_e}}, \frac{t_{\text{D}}}{y^2_{\text{D}_e}}\right) \times \frac{1}{z_{\text{D}_e}} p\left(\frac{z_{\text{D}}}{z_{\text{D}_e}}, \frac{z_{\text{D}_0}}{z_{\text{D}_e}}, \frac{t_{\text{D}}}{z^2_{\text{D}_e}}\right) \quad (4\text{-}2)$$

（2）连续点源解。

将瞬时点源解对时间积分就可以得到连续点源解：

$$p(M_{\text{D}}, M_{\text{w}}, t_{\text{D}}) = \int_0^{t_{\text{D}}} p(M_{\text{D}}, M_{\text{w}}, \xi)\mathrm{d}\psi \quad (4\text{-}3)$$

（3）连续线源解。

将复杂结构井的井身轨迹分成若干段后，要把每一段当连续的线源计算。将求得的连续点源解沿井段积分就可以得到连续线源解。

$$p(M_{\text{D}}, M_0, M_1, t_{\text{D}}) = \int_{M_0}^{M_1} p(M_{\text{D}}, M_{\text{w}}, t_{\text{D}})\mathrm{d}M_{\text{w}} \quad (4\text{-}4)$$

4.1.3 连续线源解及其近似解

当 t_{D} 比较小时，主要以径向流为主，油藏的上下边界对流动的影响很大，而其他边界对流动基本没有影响，因此对于早期流动，可以用无限大平行平板中的点源解[6,7]。

对于 $t_{\text{D}} \gg 1$ 的情况，流动已经进入拟稳态流动时期，压力与时间成正比，连续线源解表达式为：

$$p(t_{\text{D}_2}) = p(t_{\text{D}_2}) + \frac{t_{\text{D}_2} - t_{\text{D}_1}}{x_{\text{D}_e} y_{\text{D}_e} z_{\text{D}_e}} \quad (4\text{-}5)$$

4.2 复杂结构井井筒内变质量流动模型研究

4.2.1 考虑流入的井筒内变质量流动模型

井筒流动模型只考虑单相流体稳态流动，并作如下假设：单相不可压缩牛顿流体；流体和周围没有热交换；流体经过管壁时没有压力损失。上述假设条件下的动量方程为[8-15]：

$$\frac{\mathrm{d}p}{\mathrm{d}x} = -2\rho q_1 \frac{U}{A} - \tau_{\text{w}} \frac{S}{A} - \rho g \sin\theta \quad (4\text{-}6)$$

式中 ρ —— 流体密度；

  q_1 —— 流量；

  U —— 就地速度；

  τ_{w} —— 井壁处的切向摩擦力；

  S —— 管段的截面积；

  A —— 管段的面积；

  θ —— 管段倾斜角。

式（4-6）中，动量由三部分组成：① 由管壁处的流入或流出引起的加速度压力梯度，当管径没有变化而且管壁处没有流体流入或流出时这一项应该等于零；② 摩擦压力梯度，这一项主要取决于井筒轴向的流动和管壁处流体流入或流出的影响；③ 重力梯度，这一项存在于斜井、斜分支井、起伏水平井等井型中,而直水平井或在同一水平面内的多分支井可以忽略这一项。

应用模型进行计算时,首先判断井筒内的流型是层流还是紊流,然后对生产井或注水井选用相应的摩擦因子计算公式。

图 4-1　三通管示意图

4.2.2　分支汇合处局部压力损失

多分支井与单分支井主要的不同之处有两点:一个是分支之间的干扰,另一个是分支汇合处的局部压力损失。前者在油藏中三维势分布模型中已经得到了体现,后者实际上是一个三通管(图 4-1)中的流动问题。

分支汇合处三通管(分支间夹角为 α)局部阻力公式为[7]:

$$\Delta p_\alpha = 10^{-2} \frac{3v^2}{2g} \sin\frac{\alpha}{2} \tag{4-7}$$

式中　Δp_α —— 三通处局部压力;

v —— 液体流速;

α —— 分支间夹角;

g —— 重力加速度。

根据式(4-7)计算出了如图 4-2 所示的图版。

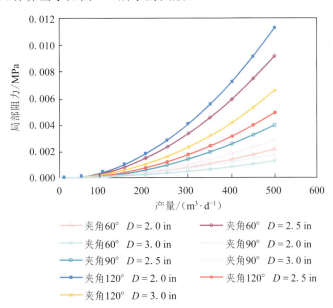

图 4-2　分支汇合处局部阻力与产量、管径和分支夹角的关系(1 in = 25.4 mm)

由图 4-2 可知,当产量小于 500 m³/d 时,局部阻力一般不会超过 0.02 MPa。

4.3 复杂结构井油藏渗流与井筒内变质量流耦合模型研究

4.3.1 耦合模型的建立

耦合模型将井分成若干段,然后在每一段都进行计算,耦合地层渗流和井筒内的流动,在耦合和计算的过程中充分考虑摩擦压降、加速度压降和重力压降的影响,如图 4-3 所示。

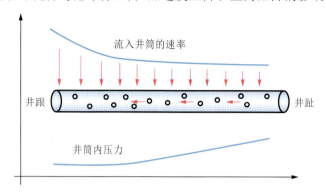

图 4-3 地层渗流与井筒流动耦合示意图

耦合模型首先需要将油井的每一个分支分成若干段,然后将所有的井、分支和段都编号,如图 4-4 所示。

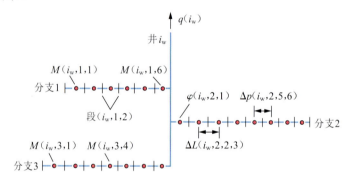

图 4-4 油井分段示意图

定义无因次变量:

$$\begin{cases} t_D = \dfrac{kt}{\phi \mu c_t x_e^2} \\[2mm] q_D = \dfrac{qB\mu}{kx_e \varphi_i} \\[2mm] \varphi_D = \dfrac{\varphi_i - \varphi}{\varphi_i} \end{cases} \qquad (4-8)$$

待求的未知量有:每段中通过井壁的流入/流出量 $q_{1D}(i_w, i_1, i_s)$,个数等于整个模型中总的分段数 NTS;每段中点处无因次势差 $\varphi_{wD}(i_w, i_1, i_s)$,个数也等于整个模型中总的分段数 NTS。因此,整个模型中共有 $2NTS$ 个未知量。有 $2NTS$ 个未知量,就需要 $2NTS$ 个方程。这些方程可以根据质量守恒、油藏中的压力/势响应和井筒中的流动等获得[16-22]。

（1）质量守恒方程。

对生产井来说，总产量应该等于该井中每段的流入量之和，即：

$$\sum_{i_1=1}^{n_1(i_w)}\sum_{i_s=1}^{n_s(i_w,i_1)}q_{ID}(i_w,i_1,i_s)=q_D(i_w) \qquad (i_w=1,2,\cdots,n_w) \qquad (4-9)$$

式中　$q_{ID}(i_w,i_1,i_s)$ —— 第 i_w 口井中第 i_1 个分支的第 i_s 段的地层流入量；

$\quad\quad n_s(i_w,i_1)$ —— 第 i_w 口井第 i_1 个分支的分段总数；

$\quad\quad n_1(i_w)$ —— 第 i_w 口井的分支总数。

（2）势差方程。

根据势的叠加原理，油藏中任意一点的势差应该等于所有的源和汇在这一点上施加的影响之和，那么井筒中每一段中点的势差可以由下式得到：

$$\varphi_{wD}(i_w,i_1,i_s)=\frac{\varphi_i-\varphi_w(i_w,i_1,i_s)}{\varphi_i}=\sum_{j_w=1}^{n_w}\sum_{j_1=1}^{n_1(j_w)}\sum_{j_s=1}^{n_s(j_w,j_1)}q_{ID}(j_w,j_1,j_s)\varphi_D(j_w,j_1,j_s)M(i_w,i_1,i_s) \qquad (4-10)$$

式中　$\varphi_{wD}(i_w,i_1,i_s)$ —— 在 $M(i_w,i_1,i_s)$ 点的无因次势差；

$\quad\quad n_w$ —— 模型中总的井数；

$\quad\quad \varphi_w(i_w,i_1,i_s)$ —— 井筒中的流体在 $M(i_w,i_1,i_s)$ 点的势；

$\quad\quad \varphi_D(j_w,j_1,j_s)M(i_w,i_1,i_s)$ —— 第 i_w 口井中第 i_1 个分支第 i_s 段作为单位强度、有限长度的源/汇在第 j_w 口井中第 j_1 个分支的第 j_s 段中点处产生的势差。

（3）井筒流动方程。

对同一口井来讲，井筒内不同段的压力并不是彼此独立的，相反，这些压力因为井筒内流体的流动相互关联在一起。在同一口井同一个分支内相临两段中点的势差与下面的因素有关：井筒的几何尺寸、管壁的粗糙度、轴向流量、段内管壁处流入/流出量、就地压力以及温度和流体在井筒内流动时的特性。

将式（4-10）中压降组成应用到点 $M(i_w,i_1,i_s)$ 和点 $M(i_w,i_1,i_s+1)$ 之间的管段中，有：

$$\varphi_w(i_w,i_1,i_s+1)=\varphi_w(i_w,i_1,i_s)+\Delta p_f(i_w,i_1,i_s;i_s+1)+\Delta p_a(i_w,i_1,i_s;i_s+1)+\Delta p_g(i_w,i_1,i_s;i_s+1)$$

$$(4-11)$$

并且，

$$\begin{cases}\Delta p_f(i_w,i_1,i_s;i_s+1)=\dfrac{4\tau_w(i_w,i_1,i_s;i_s+1)}{D}\Delta L(i_w,i_1,i_s;i_s+1)\\[3mm]\Delta p_f(i_w,i_1,i_s;i_s+1)=\dfrac{2}{A}\rho U q_1\Delta L(i_w,i_1,i_s;i_s+1)\end{cases} \qquad (4-12)$$

式中　$\Delta p_f(i_w,i_1,i_s;i_s+1)$ —— 管壁摩擦在井筒中点 $M(i_w,i_1,i_s+1)$ 和点 $M(i_w,i_1,i_s)$ 之间产生的压降；

$\quad\quad \Delta p_a(i_w,i_1,i_s;i_s+1)$ —— 加速度或动能损失在井筒中点 $M(i_w,i_1,i_s+1)$ 和点 $M(i_w,i_1,i_s)$ 之间产生的压降；

$\quad\quad \Delta p_g(i_w,i_1,i_s;i_s+1)$ —— 重力在井筒中点 $M(i_w,i_1,i_s+1)$ 和点 $M(i_w,i_1,i_s)$ 之间产生的压降。

假设分支井中第 i_1 个分支的汇合点 $M(i_w, i_1, 1)$ 到第 1 个分支的汇合点 $M(i_w, 1, 1)$ 的距离相差不远,虽然考虑到重力的因素使两点之间的压力不同,但是流体的势可以认为是近似相等的,即:

$$\varphi_w(i_w, i_1, 1) \approx \varphi_w(i_w, 1, 1) \tag{4-13}$$

将式(4-12)代入式(4-11),有:

$$\varphi_w(i_w, i_1, i_s) = \varphi_w(i_w, 1, 1) + \sum_{i=1}^{i_s-1}(\Delta p_f + \Delta p_a)(i_w, i_1, i; i+1) \tag{4-14}$$

写成无因次的形式为:

$$\varphi_{wD}(i_w, i_1, i_s) = \varphi_{wD}(i_w, 1, 1) + \frac{1}{\varphi_i}\sum_{i=1}^{i_s-1}(\Delta p_f + \Delta p_a)(i_w, i_1, i; i+1) \tag{4-15}$$

4.3.2　耦合模型的求解方法

在求解上述方程时,将每口井第 1 个分支第 1 段的势选做参考值,利用势差方程就可以得到每个点的势差分布,进而可以求出流入/流出剖面,具体的过程如下[23]。

将式(4-15)代入式(4-10)中可得:

$$\varphi_{wD}(i_w, 1, 1) - \frac{1}{\varphi_i}\sum_{i=1}^{i_s-1}(\Delta p_f + \Delta p_a)(i_w, i_1, i; i+1) = \sum_{j_w=1}^{n_w}\sum_{j_1=1}^{n_1(j_w)}\sum_{j_s=1}^{n_s(j_w, j_1)} q_{ID}(j_w, j_1, j_s)\varphi_D(j_w, j_1, j_s)M(i_w, i_1, i_s) \tag{4-16}$$

系数矩阵 A 为:

$$A = \begin{bmatrix} A_{11} & A_{12} \\ A_{21} & A_{22} \end{bmatrix} \tag{4-17}$$

矩阵 A 中的四个子矩阵有不同的维数,A_{11} 的维数是 $NTS \times NTS$,A_{12} 的维数是 $NTS \times n_w$,A_{21} 的维数是 $n_w \times NTS$,A_{22} 的维数是 $n_w \times n_w$。A_{22} 是零矩阵,其他三个子矩阵的组成如下:

$$A_{11} = \begin{bmatrix} \varphi_D(1,1,1)M(1,1,1) & \varphi_D(1,1,2)M(1,1,1) & \cdots & \varphi_D(n_w,n_1,n_s)M(1,1,1) \\ \varphi_D(1,1,1)M(1,1,2) & \varphi_D(1,1,2)M(1,1,2) & \cdots & \varphi_D(n_w,n_1,n_s)M(1,1,2) \\ \vdots & \vdots & & \vdots \\ \varphi_D(1,1,1)M(1,n_1,n_s) & \varphi_D(1,1,2)M(1,n_1,n_s) & \cdots & \varphi_D(1,1,1)M(1,n_1,n_s) \\ \varphi_D(1,1,1)M(2,1,1) & \varphi_D(1,1,2)M(2,1,1) & \cdots & \varphi_D(n_w,n_1,n_s)M(2,1,1) \\ \vdots & \vdots & & \vdots \\ \varphi_D(1,1,1)M(2,n_1,n_s) & \varphi_D(1,1,2)M(2,n_1,n_s) & \cdots & \varphi_D(n_w,n_1,n_s)M(2,n_1,n_s) \\ \vdots & \vdots & & \vdots \\ \varphi_D(1,1,1)M(n_w,n_1,n_s) & \varphi_D(1,1,2)M(n_w,n_1,n_s) & \cdots & \varphi_D(n_w,n_1,n_s)M(n_w,n_1,n_s) \end{bmatrix}$$

$$A_{12} = \begin{bmatrix} -1 & 0 & 0 & \cdots & 0 & 0 \\ \vdots & \vdots & \vdots & & \vdots & \vdots \\ -1 & 0 & 0 & \cdots & 0 & 0 \\ 0 & -1 & 0 & \cdots & 0 & 0 \\ \vdots & \vdots & \vdots & & \vdots & \vdots \\ 0 & -1 & 0 & \cdots & 0 & 0 \\ \vdots & \vdots & \vdots & & \vdots & \vdots \\ 0 & 0 & 0 & \cdots & 0 & -1 \end{bmatrix}$$

$$A_{21} = \begin{bmatrix} 1 & \cdots & 1 & 0 & \cdots & 0 & 0 & \cdots & 0 & 0 & \cdots & 0 \\ 0 & \cdots & 0 & 1 & \cdots & 1 & 0 & \cdots & 0 & 0 & \cdots & 0 \\ \vdots & & \vdots & \vdots & & \vdots & \vdots & & \vdots & \vdots & & \vdots \\ 0 & \cdots & 0 & 0 & \cdots & 0 & 0 & \cdots & 0 & 1 & \cdots & 1 \end{bmatrix}$$

整个求解过程如下：

（1）首先求解在忽略井筒内压降的情况下 n_w 个质量平衡方程和 NTS 个势差方程，得到每个井段的流量分布；

（2）然后根据（1）的计算结果，重新计算上述的 $(NTS+n_w)$ 个方程，得到每段的势差；

（3）比较每次迭代的结果（流量分布和势差分布），若满足给定的精度，则结束求解过程，否则修正流量继续迭代。

4.3.3 边界影响和控制条件的处理

（1）考虑油藏边界影响时井段压力的选取。

当水平井被看成线源而且其半径趋于 0 时，井筒周围的流动就变成了径向流。对于一个正方体盒状油藏，当一口水平井位于油藏中部时，油藏中的流动实际上就是径向流。但是对于一个比较薄的油藏，其流动不是径向流。井筒周围的等压线是长轴在水平段方向的椭圆。当油藏非常薄时，油藏中的流体可能一开始流动就受到上下边界的影响[24-30]。

求解模型面临的问题是各井段中哪点的压力与半径为 r_w 的井筒周围的平均压力最为接近。经过反复验证，在实际计算中取井段中点正上方距离井筒轴线 r_w 处的压力代表井段的平均压力。

（2）控制条件。

直接按照前面介绍的模型求解方法得到的是油井定产量生产时的解，但在实际应用中还需要分析定井底流压生产时的情况，因此专门研究了定压控制条件下模型的求解。

定压生产时沿井筒的流量分布是变化的，井筒内的压力分布也是变化的。为了使井跟处得到恒定的压力，需要通过不断调整井筒内的流量并经过反复迭代来实现。在这个过程中，产量的初值很关键，直接影响计算的速度。

4.3.4 地层非均质性的处理

对于复杂结构井，由于与地层的接触面大大增加，地层渗透率的非均质性对复杂结构井流入剖面的影响比常规井大很多。为了使复杂结构井分段耦合模型更加贴近实际的油藏条件，使计算得到的井指数更具通用性，本章采用国外已较为成熟的 s-k^* 方法对地层非均质的情况进行处理。

s-k^* 方法的关键步骤是计算表皮 s 以及全局渗透率 k^*，即将各向渗透率对每一小井段的影响以表皮因子的形式加到每一井段中，从而体现地层非均质性对复杂结构井产能的影响。

（1）污染带渗透率的计算。

等效渗透率 k_a 是通过对目标区域内的渗透率加权平均得到的：

$$k_{a,dd}^{\xi} = \frac{1}{\Gamma_a} \int_a \frac{k_{dd}^{\xi}(x)}{r^n} dx \tag{4-18}$$

$$\Gamma_a = \int_a r^{-n} dx \tag{4-19}$$

式中　上标 ξ——几何平均权值；

　　　a——目标区域；

　　　下标 d——任意一个坐标轴方向；

　　　n——距离权值；

　　　r——离当前井段的距离。

为了表示渗透率各向异性的影响，用以下公式计算三个系数：

$$\begin{cases} a_L = \dfrac{\sqrt{k_{a,yy} k_{a,zz}}}{k_a} \\[3mm] b_L = \dfrac{\sqrt{k_{a,xx} k_{a,zz}}}{k_a} \\[3mm] c_L = \dfrac{\sqrt{k_{a,xx} k_{a,yy}}}{k_a} \end{cases} \tag{4-20}$$

其中，

$$k_a = \sqrt[3]{k_{a,xx} k_{a,yy} k_{a,zz}}$$

式中　k_a——污染带渗透率。

这三个系数代表了目标区域的各向异性，利用它们可以进行坐标转换，将各向异性地层转换为各向同性，然后可以在新的坐标系下进行表皮及其他相关参数的计算。然而这三个系数和 k_a 是通过距离 r 彼此互相联系的，因此当目标区域的各向异性是随处变化时需要利用迭代的办法计算 a_L、b_L、c_L 和 k_a。

（2）污染带半径的计算。

为了计算拟表皮值还需要算出等效污染带半径 r_a。为了体现各向异性的影响，在本章中采用空间转换和坐标转换的方法，首先将各项异性空间转换为各向同性空间，再将原坐标系转换为以井轴为纵坐标、井轴界面为平面坐标的新坐标系中、然后对等效半径 r_a 进行计算。例如，对平行于 y 方向的一口井，可以采用如图 4-5 所示的坐标变换。

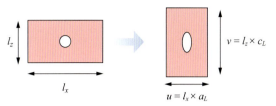

图 4-5 坐标变换示意图

r_a 可以用坐标变换后的区域尺寸表示:

$$r_a = \sqrt{u^2 + v^2} \tag{4-21}$$

如果油井不平行于 x, y, z 中任何一个坐标轴,就可将目标区域旋转,使其与当前的段垂直,然后再用式(4-21)计算 r_a。各向异性地层的 r_a 要进行变换后再计算。

4.4 复杂结构井永久式压力监测资料解释方法及生产产能方法研究

4.4.1 三重介质水平分支井的试井研究

对于三重介质,其基本渗流微分方程为:

$$\left(\frac{d^2 \overline{p}_{fD}}{dr_D^2} + \frac{1}{r_D} \frac{d\overline{p}_{fD}}{dr_D} \right) + \lambda_{mf} \left(\overline{p}_{mD} - \overline{p}_{fD} \right) + \lambda_{vf} \left(\overline{p}_{vD} - \overline{p}_{fD} \right) = \omega_f s \overline{p}_{fD} \tag{4-22}$$

式中　p_D——无量纲压力;

r_D——无量纲半径;

f, m, v——裂缝、基岩、溶洞;

$\lambda_{mf}, \lambda_{vf}$——基岩向裂缝、溶洞向裂缝的窜流系数;

$\omega_f, \omega_v, \omega_m$——裂缝、溶洞、基岩的弹性储容比。

对上式进行拉普拉斯变换,得到拉普拉斯空间下三重介质水平井井底压力表达式:

$$\overline{p}_{fD} = \frac{1}{2s} \int_{-1}^{1} \left\{ K_0 \left[r_D \sqrt{sf(s)} \right] \right\} d\alpha + \frac{1}{s} \int_{-1}^{1} \left[2 \sum_{n=1}^{\infty} K_0(r_D \varepsilon_n) \cos(n\pi) z_D \cos(n\pi) z_{wD} \right] d\alpha \tag{4-23}$$

(1)溶洞向裂缝的窜流系数的影响。

溶洞向裂缝的窜流系数对顶底封闭的三重介质水平井试井曲线的影响如图 4-6 所示。溶洞向裂缝的窜流系数 λ_{vf} 只影响双对数曲线的第二个下凹,窜流系数越大,第二个下凹段出现的时间越早,在曲线中表现为第二个下凹段沿 0.5 水平线向左平移,但形态不变。这也表明:三重介质中首先发生溶洞向裂缝的窜流,λ_{vf} 值越大,即溶洞与裂缝渗透率差异越大,越先发生窜流。

(2)基岩向裂缝的窜流系数的影响。

基岩向裂缝的窜流系数对顶底封闭的三重介质水平井试井曲线的影响如图 4-7 所示。基岩向裂缝的窜流系数 λ_{mf} 只影响双对数曲线的第三个下凹,当窜流系数越大,其下凹段出

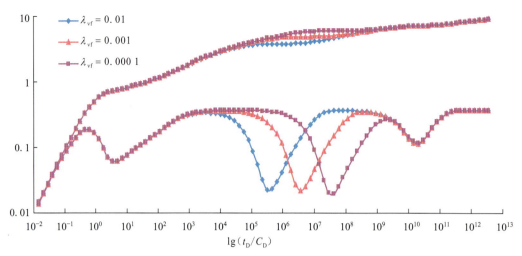

图 4-6 溶洞向裂缝的窜流系数对三重介质分支水平井试井曲线的影响

现的时间越早,在曲线中表现为第三个下凹段沿 0.5 水平线向左平移,但形态不变。这也表明:三重介质中,当压力不断降低时,发生溶洞向裂缝的窜流后,也将发生基岩向裂缝的窜流,λ_{mf} 值越大,也即基岩和裂缝渗透率差异越大,越先发生窜流。

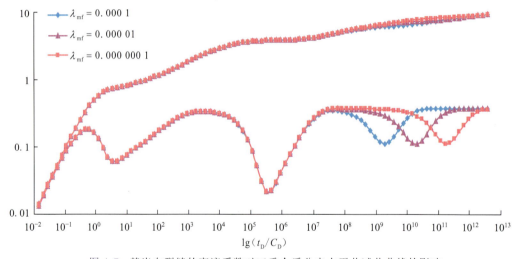

图 4-7 基岩向裂缝的窜流系数对三重介质分支水平井试井曲线的影响

（3）溶洞的弹性储容比的影响。

溶洞的弹性储容比 ω_v 对顶底封闭的三重介质水平井试井曲线的影响如图 4-8 所示。从图中可以看出,溶洞的弹性储容比影响双对数曲线的两个下凹,当溶洞弹性储容比越小时,第一个下凹越浅且越窄,第二个下凹越深且越宽。

（4）裂缝的弹性储容比的影响。

裂缝的弹性储容比 ω_f 对顶底封闭的三重介质水平井试井曲线的影响如图 4-9 所示。从图中可以看出,裂缝的弹性储容比影响双对数曲线的两个下凹,当裂缝弹性储容比越小时,其第一个下凹越浅且越窄,第一径向流出现的时间越晚。

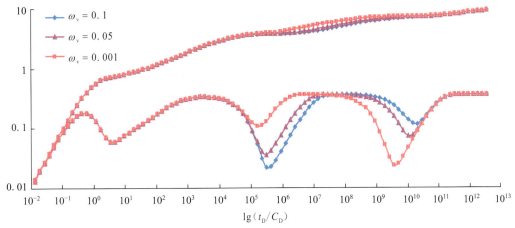

图 4-8 溶洞的弹性储容比对三重介质分支水平井试井曲线的影响

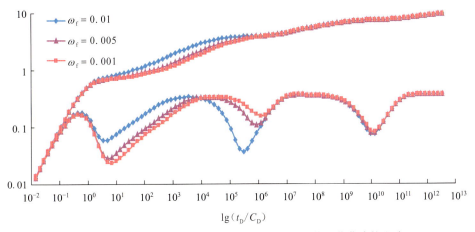

图 4-9 裂缝的弹性储容比对三重介质分支水平井试井曲线的影响

4.4.2 解释软件和实例分析

基于研究的复杂结构井试井方法编制了计算软件。主要针对均质、双重介质、三重介质地层中的水平井，多分支井试井模型、多相流试井等，研究不同地层边界条件下复杂结构井的试井模型计算，编制了相应的试井分析软件。该软件主要有以下功能：

（1）可以绘制不同条件下（底水或边水、气顶、封闭油藏）油藏的水平井、分支水平井、鱼骨井的试井曲线；

（2）可以简单地修改不同油藏参数、井参数，实现水平井、分支水平井、鱼骨井的试井曲线的敏感性分析。

对锦州油田水平井 B11h 试井进行解释，验证其分析的复杂结构井试井理论，并分析各地层参数对水平井试井曲线的影响，指导复杂结构井试井解释方法。该油田井位如图 4-10 所示，B11h 输入参数和解释结果如表 4-1 和 4-2 所示，该井历史拟合曲线如图 4-11 所示。

图 4-20　可视化模型 1 实物图

2）实验结果

用可视化模型进行底水驱水平井生产实验，水平井见水规律如图 4-21 所示。底水驱初期，底水前缘基本处于同一水平面，没有突进；水驱前缘随着水平井的生产不断升高，并逐渐出现水平面高度的分化；底水驱中后期底水前缘出现了非常明显的高度分化。由图 4-21 可以看出，在整个地层中，距离水平井根部越近的地层，底水推进得越快，越容易见水。

图 4-21　底水上升规律图

用可视化模型进行直井注水、单分支水平井生产实验，生产井见水规律如图 4-22 所示。生产初期，直井周围开始见水，并呈现向周围不断扩大的趋势；随着生产时间的推移，油水界面开始向生产井推进,但呈不规则形状;分支顶部和水平段趾部最先见水,出口处有红色油水混合液产出,含水率开始快速上升;生产后期油水界面向整个井筒推进,直到含水率超过95% 实验结束,仍然有部分砂体没有被水驱到,可见存在一定数量的残余油。

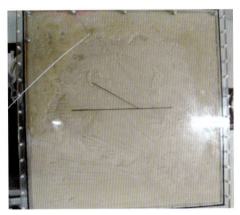

图 4-22　分支水平井见水规律图

分支井含水上升规律如图 4-23 所示。从图中可以看出,水驱一段时间后,油井开始产水,含水率在初始阶段上升很快,当达到 90% 后,上升速度变缓。

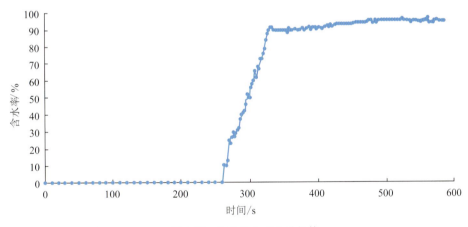

图 4-23　分支井含水上升规律

4.6　现场试验与应用

4.6.1　大港油田埕海一区

埕海一区投产井数共 39 口,其中水平井 21 口,平均日产水 575.19 t/d,综合含水80.77%,累产油 26.95 × 10⁴ t,采油速度 1.29%,采出程度 2.02%。大港油田埕海一区主要包括庄海 4X1 断块(图 4-24)和庄海 8 断块。

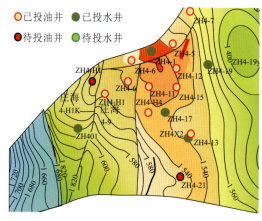

图 4-24 庄海 4X1 断块

根据埕海一区油藏各区块的基本物性参数,包括有效渗透率、主力油层厚度、原油地下黏度等,利用半解析模型计算产能,并与实际产能进行比较,结果如表 4-4 所示。

从计算出的产能与实际产能的对比可以看出,误差范围为 0.51%~29.33%,平均误差为 12.0%,计算结果较为准确。

4.6.2　上海石油天然气公司

八角亭 H4B 油藏是一非均质性严重、储层厚度仅 2 m 左右的薄油层。BO1 井的生产证实,该油藏缺乏天然能量,地层压力下降快,开采主要依靠岩石及油水的弹性膨胀驱动,水驱采收率低。H4C 油藏是一具有底水的"油帽子",油层厚度 5 m 左右,底水厚度 15 m 左右。对这两种类型的油藏,采用分支井开采具有一定的优势。

根据花港组的地质情况,考虑利用一口多分支水平井同时钻遇 H4B 及 H4C 两层,其中 H4B 钻一水平段,又在水平段两侧各钻一分支,而 H4C 同样钻三个分支。

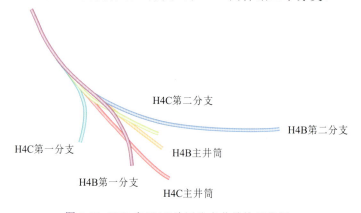

图 4-25　H4B 和 H4C 油层分支井结构示意图

根据建立的半解析模型分别计算不同的分支长度、分支数目、分支角度等因素对产能的影响,并进行了各个参数的优化设计。根据生产数据得到的产能预测采油指数为 150 m³/(d·MPa),这与实际的采油指数 156 m³/(d·MPa)十分接近,说明模型对该井的预测是准确的。

表 4-4 埕海一区半解析模型计算的产能与实际产能比较

区 块	井 名	原油黏度 /(mPa·s)	体积系数	油层厚度 /m	水平渗透率 /(10⁻³ μm²)	垂向渗透率 /(10⁻³ μm²)	井底流压 /MPa	地层压力 /MPa	水平井长度 /m	供给半径 /m	实际产能 /(t·d⁻¹)	计算产能 /(t·d⁻¹)	误差 /%
4X1 区块	ZH4-H3	29.80	1.108 1	2.9	123.0	12.30	6.69	15.70	319.7	639.4	21.89	24.05	9.86
埕海 8 区块	庄海 8Nm-H1	28.10	1.067 7	3.6	136.9	13.69	4.27	10.43	170.9	341.8	21.59	24.26	12.36
	庄海 8Nm-H2	28.10	1.067 7	4.0	500.4	50.04	6.22	10.43	526.0	1 052.0	69.71	69.36	0.50
	庄海 8Nm-H3	28.10	1.0677	3.4	590.0	59.00	9.84	10.43	334.8	669.6	12.30	9.62	21.78
	庄海 8Ng-H2	41.00	1.071 8	18.0	907.0	90.70	11.88	13.61	545.5	1 091.0	109.41	141.50	29.33
	庄海 8Ng-H3	41.00	1.071 8	18.0	907.0	90.70	12.15	13.61	562.1	1 124.2	120.42	119.80	0.51
	庄海 8Es-H1	28.59	1.088 8	10.0	716.0	71.60	10.81	14.94	888.6	1 777.2	240.00	230.00	4.16
	庄海 8Es-H2	28.59	1.088 8	5.0	716.0	71.60	10.74	14.94	338.7	677.4	103.00	117.00	13.59
	庄海 8Es-H5	28.59	1.088 8	4.0	493.6	49.36	11.55	14.94	728.0	1 456.0	69.00	54.00	21.73
	庄海 8Es-H6	28.59	1.088 8	4.0	493.6	49.36	10.88	14.94	684.0	1 368.0	60.00	64.00	6.66

4.6.3　胜利油田

胜利油田是国内各油田中开展水平井、复杂井生产和研究较早的油田,其技术力量十分雄厚。2006年,在某浅海区块钻成一口四分支鱼骨刺井,水平段累计长度919 m,其中主井眼长403 m,四个分支井眼分别长151,136,145和86 m,完钻后计算水驱控制含油面积0.48 km²,地质储量60×10^4 t,地层渗透率382 000 mD($1 \text{ mD} = 1 \times 10^{-3} \text{ μm}^2$),流度502.632 mD/(mPa·s),油层厚度8~9 m。根据实钻数据绘制的三维轨迹图如图4-26所示。

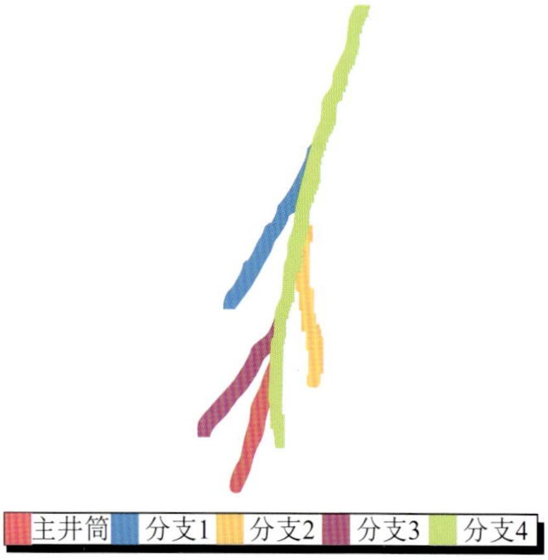

油藏、流体参数如表4-5所示。以初始方案为基础,在不改变分支数目的前提下,根据复杂结构井油藏与井筒渗流耦合模型,改变分支长度、角度、位置、间距,组合不同的方案,计算得到不同方案的分支井产量,进行对比,取优。

图4-26　四分支鱼骨刺井实钻轨迹图

主井筒　分支1　分支2　分支3　分支4

表4-5　胜海分支井油藏、流体及生产参数

井号	生产压差/MPa	油藏顶高/m	油层厚度/m	饱和压力/MPa	套管外径/mm	流体密度/(g·cm⁻³)	流体黏度/(mPa·s)	体积系数
Zp1	1	1 240	10	3.2	76	930	150	1.029
Zp2	1	1 260	10	3.2	76	930	150	1.029
Zp3	1	1 260	10	3.2	76	930	150	1.029
Zp4	1	1 230	10	3.2	76	930	150	1.029
Zp5	1	1 290	10	3.2	76	930	150	1.029
Zp6	1	1 295	10	3.2	76	930	150	1.029

考虑到分支井分支参数的改变对产能的影响,结合胜海201区块的渗透率分布实际情况,通过不同方案计算产能对比发现:分支角度的增加能增加产量,分支间距的增加能增加产量,有限边界条件下增加分支长度带来的产量增加不明显,较短的分支长度条件下增加分支数目不能明显提高产量。胜海201六口分支井的最优方案为方案6,如表4-6所示。

表4-6　胜海201六口分支井优选方案

井号	分支角度/(°)	距井跟位置/m	总产能/(m³·d⁻¹)
Zp1	45	160,320	63.30
Zp2	45	90,210	64.80
Zp3	45	124,390	63.70
Zp4	45	315	104.50
Zp5	45	594	90.90
Zp6	45	254,381,508	83.15

注:第3列逗号隔开的数字表示计算出来的几种优化值。

4.6.4　南海涠洲油田

A3hSa井位于涠洲Ⅲ油组,其水平段有效长度550 m,平行于断层布井,井距断层150 m。该井投产初期生产曲线如图4-27所示。A2井与该水平井同时投产,两井相距大约400 m,因此A3hSa井生产过程中受到断层和A2井的影响。在不考虑各向异性条件下,A3hSa井距断层距离与水平井长度比值为0.3左右,根据理论研究,其校正系数取0.7,邻井生产校正系数取0.8,则综合校正系数为0.56。A3hSa井刚投产时采油指数为125 m³/(d·MPa),投产初期稳定产能为72 m³/(d·MPa),其综合校正系数为0.576,验证理论分析结果正确。

由于井周围有断层分布,地层压力随生产时间延长下降较快,因此初期产能只分析前一个月的产能。其生产动态曲线如图4-27所示,流压稳定10 d左右后开始下降并逐渐稳定,采油指数随流压变化,油井刚投产时采油指数为180 m³/(d·MPa),初期稳定采油指数为68 m³/(d·MPa),油井放喷测试采油指数为186 m³/(d·MPa)。实际产能校正系数大致为0.4,与其理论分析相差不大。

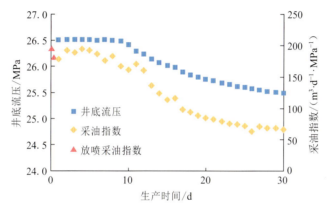

图4-27　A3hSa井投产初期生产曲线

4.6.5　海外安格拉(Canela)油田

C油藏由多期浊积扇复合体构成,砂层内部发育一定的断层。储层分布较为稳定,为中孔、中高渗储层,油藏和油水系统主要受构造影响,属于构造油藏。C油藏为典型的大背斜构造,中间位置高,采用注气开发,注气井布置在油藏中心的高部位。油藏流体属于临挥发性原油,原油体积系数大,黏度小,其原油流动能力比水的流动能力还大。目前主要是两注三采,均采用水平井开发,其井位图如图4-28所示。

C1井是开采C油藏的第一口水平井,采用优质筛管完井,穿过断层分为两个水平段,分别开采油藏的上下两层,上层水平段长516 m,下层水平段长150 m。下入三组压力计,分别测量上层、下层和合试。工作制度为:开始两层同时诱喷,23 h后关闭下层,62 h后打开下层关闭上层。C2井同时生产上下两油层,中间泥岩段用盲管完井,上下两油层段用筛管完井。上层水平段有效长度380 m,下层水平段有效长度390 m。放喷测试上下两层,每个油嘴下流压均达稳定流,无需考虑测试时间对产能评价的影响。放喷时,上层采油指数920 m³/(d·MPa),下层采油指数1 270 m³/(d·MPa)。各井的产能校正系数如表4-7所示。

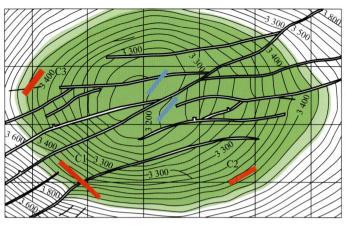

图 4-28 C 油藏井位图

表 4-7   海外安格拉(Canela)油田各井产能校正系数分析

井 名	初始产能 /(m³·d⁻¹·MPa⁻¹)	断层校正系数	测试时间校正系数	邻井校正系数	层间干扰校正系数	综合校正系数	计算产能 /(m³·d⁻¹·MPa⁻¹)	实际产能 /(m³·d⁻¹·MPa⁻¹)	误差 /%
A9	5 150	0.7	0.7～0.8	0.9	—	0.47	2 420	2 540	4.7
C1	4 311	0.8	0.8～0.9	0.8	0.88	0.51	2 198	2 310	4.8
C2	2 285	—	—	—	0.7～0.8	0.74	1 690	1 810	6.8
C3	5 890	0.7	0.8～0.9	0.7	—	0.57	3 357	3 510	4.3

表 4-7 是对 C 油藏各水平井产能校正系数的分析总结,验证了测试时间、水平段长度与断层距离、层间干扰等理论分析校正系数的合理性,为海上水平井产能评价校正系数提供了新的依据。

4.7 结论与建议

(1)基于格林函数法和纽曼积方法建立了复杂结构井油藏渗流模型,该模型能够考虑箱型油藏中不同边界性质对产能的影响;建立了复杂结构井井筒内变质量流动模型,该模型充分考虑了管壁流入对井筒内流体流动的影响,以及复杂结构井分支汇合点处汇流产生的压降;建立了复杂结构井油藏渗流与井筒内变质量流耦合模型,该模型能够计算复杂结构井任意井段的流量和压力,充分考虑地层非均质性、完井方式以及真实钻井轨迹的影响。

(2)在复杂结构井油藏渗流与井筒流动耦合模型的基础上,提出了复杂结构井目标设计与产能预测技术,该技术能够对各种不同类型油藏中的复杂结构井进行准确的产能预测,并能够实现目标井段的优化设计。同步形成的具有独立知识产权的软件将预测功能和设计功能相结合,与国内外同类型软件相比,具有更鲜明的特色,更高的可靠性和可操作性。

(3)研究了复杂结构井中多分支井、三重介质和多相流的试井分析方法,研制了相应的试井解释图版,且该试井分析技术成功应用于实际水平井试井解释;提出了依据产能影响因素进行产能预测的方法,并结合实际海上油田的生产测试数据,验证了定向井、水平井时间校正系数、边界校正系数、层间干扰校正系数的正确性。通过对五个油田的实际应用,计算误差都控制在 5% 左右。

（4）建立了复杂结构井室内物理模拟实验室,设计了包括复杂结构井电模拟实验装置、复杂结构井可视化物理模拟实验装置和复杂结构井填砂物理模拟实验装置在内的三个实验装置,利用这些实验装置分别进行了多组复杂结构井物理模拟实验,并验证了复杂结构井理论模型的正确性。这些装置实现了对复杂结构井多方位的模拟,属于具有独立知识产权的实验设备,将为复杂结构井进一步的渗流规律研究、机理研究和目标井段设计提供可靠的支持。

（5）将复杂结构井理论模型应用于大港油田水平井的产能预测、上海石油天然气公司多底多分支井的目标井段设计与产能预测、胜利油田鱼骨状分支井的优化设计与产能预测、锦州油田的水平井测井分析、南海涠洲油田的水平井产能预测,充分验证了模型的准确性。

参考文献

［1］ Borisov Ju P. Oil Production Using Horizontal and Multiple Deviation Wells. J Strauss，SD Joshi Translated. The R & D Library Translation，1984.

［2］ Giger F M. Horizontal Well Production Techniques in Heterogeneous Reservoirs. SPE 13710，1985.

［3］ Joshi S D. Augmentation of Well Productivity Using Slant and Horizontal Wells. JPT，1988：729–739.

［4］ Renard，Gerard，Dupuy J M，et al. Formation Damage Effects on Horizontal Well Flow Efficiency. SPE 19414，1991.

［5］ Goode P A，et al. Pressure Drawdown and Buildup Analysis of Horizontal Wells in Anisotropic Media. Trans. AIME，1987：283，683–97.

［6］ Daviau，et al. Pressure Analysis for Horizontal Wells. SPEFE，1988：716–724.

［7］ Ozkan，et al. Horizontal Well Pressure Analysis. SPEFE，1989；4（4）：567–575.

［8］ Kuchuk，et al. Pressure Transient Analysis and Inflow Performance for Horizontal Wells. SPE 18300，1988.

［9］ Babu D，et al. Productivity of a Horizontal Well. SPERE，1989；4（4）：417–421.

［10］ Babu D，et al. Numerical Simulation of Horizontal Well. SPE 20161，1991.

［11］ Dikken B J. Pressure Drop in Horizontal Wells and Its Effects on Production Performance. JPT，1990，42（11）：1 426–1 433.

［12］ Novy R A. Pressure Drops in Horizontal Wells：When Can They be Ignored? SPERE，1995，10（1）：29–35.

［13］ Табаков. 平面地层分支水平井产量公式. 全苏石油天然气科学研究院采油科技文集（ВНИИ. НТС ПО Д ОБЫЧЕФТИ）. 1996：61–65.

［14］ Retnanto A，Economides M J. Performance of Multiple Horizontal Well Laterals in Low-to Medium-Permeability Reservoirs. SPE 29647，1995.

［15］ Larsen L. Productivity Computations for Multilateral，Branched and other Generalized and Extended Well Concepts. SPE 36754，1996.

［16］ 郎兆新. 多井底水平井渗流问题某些解析解. 石油大学学报，1993，17（4）：40–47.

[17] 程林松,李春兰,郎兆新,等. 分支水平井产能的研究. 石油学报,1995,16(2):49-55.

[18] 王卫红,李玺. 分支水平井产能研究. 石油钻采工艺,1997,19(4):53-57.

[19] Chen W, Zhu D, Hill A D. A Comprehensive Model of Multilateral Well Deliverability. SPE 64751, 2000.

[20] 刘想平,张兆顺,崔桂香,等. 鱼骨型多分支井向井流动态关系. 石油学报,2000,21(6):57-60.

[21] 陈要辉. 分支井汇流特性及产能预测研究. [硕士学位论文]. 大庆:大庆石油学院,2002.

[22] 黄世军,程林松,李秀生,等. 多分支水平井压力系统分析模型. 石油学报,2003,24(6):81-86.

[23] 韩国庆. 非常规井半解析综合预测模型研究. [博士学位论文]. 北京:石油大学(北京),2004.

[24] 何海峰,张公社,符翔,等. 用节点法计算鱼骨形分支井产能. 中国海上油气,2004,16(4):263-265.

[25] Penmatcha V R, Aziz K. A Comprehensive Reservoir/Wellbore Model for Horizontal Wells. SPE 39521, 1998.

[26] Ouyang, et al. A Simplified Approach to Couple Wellbore Flow and Reservoir Inflow for Arbitrary Well Configuration. SPE 48936, 1998.

[27] Economides, et al. Well Configurations in Anisotropic Reservoirs. SPEFE, 1996, 2(4): 257-262.

[28] Lee S H, Milliken W J. The Productivity Index of an Inclined Well in Finite-Difference Reservoir Simulation. SPE 25247, 1993.

[29] Basquet, et al. A Semi-Analytic Approach for Productivity Evaluation of Wells with Complex Geometry in Multilayered Reservoirs. SPE 49232, 1998.

[30] Settari A, Aziz K. Use of Irregular Grid in Reservoir Simulation. Society of Petroleum Engineers Journal, 1972: 103-114.

[31] Settari A, Aziz K. Use of Irregular Grid in Clylindrical Coordinates. Society of Petroleum Engineers Journal, 1974: 396-412.

[32] Heinemann Z E, Brand C W. Gridding Techniques in Reservoir Simulation. First and Second Intl. Forum on Reservoir Simulation, 1988.

[33] Rosenberg D W. Local Grid Refinement for Finite Difference Net Works. SPE 10974, 1982.

非均质油藏复杂结构井
完井优化技术

汪志明　魏建光　王小秋　肖京男　等

摘　要

　　复杂结构井技术与各种相适应的储层精细改造技术和高效驱替方法协调增效,可望经济有效地提高油气田的单井产能及最终采收率。非均质油藏复杂结构井的目标井段完井优化技术是复杂结构井技术的重要组成部分,也是一个关键环节,因此研究非均质油藏复杂结构井目标井段完井优化技术对复杂结构井技术改进和应用推广具有重要意义。本章基于自主研制的多功能井筒复杂流动实验装置和油藏渗流与井筒管流耦合理论,建立了目标井段单相复杂流动压降模型、油水两相复杂流动压降模型和非均质油藏复杂结构井渗流与井筒管流耦合模型,其中单相复杂流动压降模型计算结果与实验结果相对误差小于7.5%,油水两相复杂流动压降模型计算结果与实验结果相对误差小于20%;发展了非均质油藏渗流与井筒管流耦合理论;给出了复杂结构井的完井方案适应性评价优选方法,实现了完井方案优选的科学化和精细化;运用遗传优化算法,以理想表皮系数与实际表皮系数差值绝对值最小为目标函数,集成创新了不同完井方案条件下非均质油藏复杂结构井的目标井段完井参数分段优化设计技术,解决了目标井段完井参数非连续分段优化设计问题,该技术初步获得了应用实效,单井含水率约降低了7%,单井日产油量增加了30%以上。

主题词

　　变质量;耦合流动;完井优化;复杂结构井

复杂结构井可以实现储层的最佳钻遇，并能够与各种相适应的储层精细改造和高效驱替方法协调增效，可望经济有效地提高油气田的单井产能及最终采收率。因此随着老油田剩余油挖潜难度的加大、海上油田开发区块的增多和难动用储层的开发，复杂结构井技术已经引起石油工业高度重视，并开始逐渐应用和推广。非均质油藏目标井段完井优化技术是复杂结构井技术的重要组成部分，是复杂结构井技术中的一个关键环节，直接影响复杂结构井的单井产能、增产改造措施及油田最终采收率，因此研究非均质油藏复杂结构井目标井段完井优化技术对复杂结构井技术的改进和应用推广具有重要意义。

非均质油藏复杂结构井目标井段完井优化技术是一门多学科交叉、综合性较强的前沿技术难题，它的研究对象随着生产的需要和科学技术的发展在不断地更新、深化和扩展。目前非均质油藏复杂结构井目标井段完井优化技术研究的焦点主要集中在两个方面：一是复杂结构井目标井段完井方案和入流控制方法的评价优选。随着科学技术的不断发展，目标井段的完井方案和入流控制方法越来越多[1-5]，各种完井方案和入流控制方法都有其优缺点和适用条件。目前针对目标井段完井方案和入流控制方法的优选主要依靠经验[6]。因此，有待深入研究具体油藏特征、储层物性、开发方式、井网条件和工程要求等影响因素条件下复杂结构井目标井段完井方案和入流控制方法的评价优选方法。二是复杂结构井目标井段完井参数和入流控制参数的优化设计。储层非均质和井筒压降的双重影响致使复杂结构井的目标井段入流速度剖面更加不均匀，但目前目标井段完井参数和入流控制参数优化设计缺乏针对性，不能做到具体情况具体设计。因此为有效缓解储层平面非均质矛盾，抑制底水锥进或局部突进，有待深入研究具体油藏特征、储层物性、开发方式、井网条件和工程要求等影响因素条件下复杂结构井目标井段完井参数和入流控制参数优化方法。

5.1 目标井段油水两相复杂流动压降模型

5.1.1 单相复杂流动压降模型

目前研究目标井段单相复杂流动规律与压降模型的方法主要有两种：一种是室内物理模拟实验方法，通过实验研究分析影响目标井段复杂流动压降的敏感性参数，进而建立目标井段复杂流动压降模型，适用于目标井段单相复杂流动规律与压降模型建立方面的研究[7-13]；另一种是数值模拟方法，利用有限元方法求解雷诺方程计算分析流动规律，适用于目标井段复杂流动规律和微观结构方面的研究[14-16]。

目标井段复杂流动压降模型的建立一般采取两种处理方法：第一种方法是通过修正普通管流壁面摩擦系数计算模型，建立新的考虑壁面入流影响的综合壁面摩擦系数计算模型，然后利用质量守恒和动量守恒原理，推导出壁面存在入流条件下的目标井段复杂流动压降模型[8,10]；第二种方法是在第一种方法建立的压降模型基础上引入混合压降，并建立混合压降计算模型,但此时的壁面摩擦系数计算采用普通管流壁面摩擦系数计算模型[11, 12]。目前有代表性的目标井段复杂流动压降模型也比较多,但模型的适用范围和精度有待进一步深入研究。因此基于上述综合分析,开展了目标井段复杂流动物理模拟实验研究,并针对三个有代表性的压降模型进行了评价分析,同时建立了一种新的计算目标井段复杂流动的压降模型,提高了压降计算精度。

（1）目标井段单相复杂流动压降模型。

根据目标井段单相复杂流动压降模型的推导过程[8],如果将目标井段复杂流动压降分为摩擦压降、加速度压降、混合压降和重力压降四部分,则具体表达式为:

$$\Delta p = \Delta p_{\text{wall}} + \Delta p_{\text{acc}} + \Delta p_{\text{mix}} + \Delta p_{\text{g}} \tag{5-1}$$

根据大量的室内物理模拟实验数据结果,发现混合压降的主要影响因素是主流流速和注入比。进一步分析发现,混合压降可表示为加速度压降和注入比的函数,函数关系曲线如图5-1所示。由图5-1可以看出,混合压降可表示为加速度压降和注入比的分段函数,具体表达式如下:

$$\Delta p_{\text{mix}} = \begin{cases} \left(\dfrac{4.07}{R} - 1\right)\Delta p_{\text{acc}} & (0 < R \leqslant 2) \\[2mm] \left(\dfrac{6.34}{R} - 1\right)\Delta p_{\text{acc}} & (2 < R < 20) \\[2mm] \left(\dfrac{10.75}{R} - 1\right)\Delta p_{\text{acc}} & (R = 20) \end{cases} \tag{5-2}$$

式中　R——注入比,%。

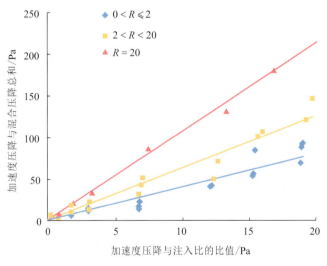

图 5-1　混合压降、加速度压降与注入比三者之间的关系曲线

（2）目标井段单相复杂流动压降模型评价。

对国内外具有代表性的目标井段单相复杂流动压降模型进行了对比分析,分析结果如图5-2所示。由图5-2可以看出,Ze Su压降模型[11, 12]计算结果与实验结果平均相对误差为60.0%;Yuan-Brill压降模型[10]计算结果与实验结果平均相对误差为22.0%;Ouyang-Aziz

模型[8]计算结果和实验结果平均相对误差为 15.0%；本文模型计算结果和实验结果平均相对误差仅为 7.5%，大大提高了压降计算精度。

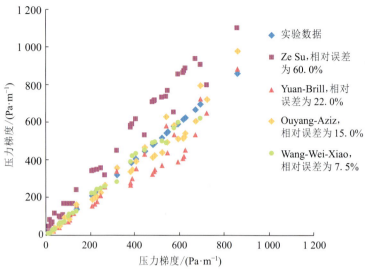

图 5-2　模型精度对比分析结果

5.1.2　油水两相复杂流动压降模型

目前目标井段油水两相复杂流动规律与压降模型研究主要以室内物理模拟实验方法为主。国内外对普通管流油水两相流动规律与压降模型方面的研究均比较成熟[9,10]，而对目标井段油水两相复杂流动规律与压降模型方面的研究还处于起步阶段，基本处于室内物理模拟实验装置设计、实验方案设计和流动规律分析阶段[11,12]。本章开展了目标井段油水两相复杂流动实验研究，给出了目标井段油水两相复杂流动的流型图，并针对分层流型和分散流型分别建立了目标井段分层流型压降模型和分散流型压降模型，模型计算结果与实验结果平均相对误差分别为 18.0% 和 13.6%，为复杂结构井的井筒多相流动压降预测提供了科学理论依据。

（1）目标井段油水两相复杂流动的流型图。

研究人员采用各种手段对油水的流动规律进行了实验研究，观察到多种油水两相流动的流型。流型的定义和划分存在一定的差异。油水两相流动的流型是指油水两相在管内流动时的相分布状况和结构特征。油水两相流动的流型主要包括分离流流型和分散流流型。分离流流型又分为分层流流型（ST）和相界面略有混杂的分层流流型或三层流流型（ST & MI）；分散流流型又分为水为连续相的分散流流型（DO/W&W；O/W）和油为连续相的分散流流型（DW/O&DO/W；W/O）。通过对实验数据的分析，结合前人的研究成果[22]，本章给出了井筒油水两相变质量流动流型图，如图 5-3 所示。

（2）分层流型压降模型。

当油水两相流的流动速度较小时，常常会出现油-水两相流的分层流型，考虑两相间的滑脱作用，分别对油相、水相建立连续性方程和动量方程，联立可得分层流型的压降模型：

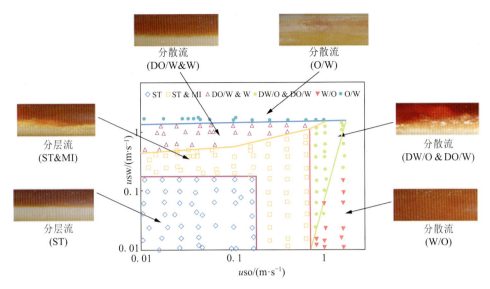

图 5-3　油水两相变质量流动流型图

$$\Delta p = -2\left(\frac{\tau_{w}S_{w}}{A_{w}} + \frac{\tau_{o}S_{o}}{A_{o}}\right) + 2\left(\frac{u_{w}\rho_{w}q_{w}}{A_{w}} + \frac{u_{o}\rho_{o}q_{o}}{A_{o}}\right) + \left(\frac{\rho_{w}}{A_{w}} + \frac{\rho_{o}}{A_{o}}\right)g\sin\alpha \qquad (5-3)$$

式中　τ_{w}——水相与管壁的剪切压力，Pa；

　　　τ_{o}——油相与管壁的剪切压力，Pa；

　　　S_{o}，S_{w}——油、水两相湿周，m；

　　　q_{o}，q_{w}——壁面油、水注入量，m^{3}；

　　　ρ_{o}，ρ_{w}——油、水两相密度，g/cm^{3}；

　　　A_{o}，A_{w}——油、水两相流动面积，m^{2}；

　　　u_{o}，u_{w}——井筒中油、水平均流速，m/s。

从上式可以看出，分层流型的压降由三部分组成：摩擦压降、加速度压降和重力压降。除油水两相的物性参数、流量外，其余均为相对水层高度的函数，在求解时，首先采取牛顿迭代的方法依据连续性方程与动量方程求出水相高度，再根据公式(5-3)求得油水两相分层变质量流动的压降。

图 5-4 给出了分层流型压降模型预测结果与实测结果相对误差。不同含水率下分层流模型计算值与实验值相对误差为 18%，模型预测结果和实验结果吻合良好。

（3）分散流型压降模型。

对于油水两相分散流，存在着反相的现象。不同的连续相条件下，油水有效黏度不同。油水有效黏度随内相浓度的上升而增大，达到反相点时，有效黏度达到最大值；超过反相点后，有效黏度开始降低。因此，在计算摩阻系数 f_{m} 时，采用有效黏度模型，如下所示：

$$\mu_{m} = \mu_{c}(1-\phi)^{-2.5} \qquad (5-4)$$

式中　μ_{c}——连续相的黏度，mPa·s；

　　　ϕ——分散相的含量，无量纲。

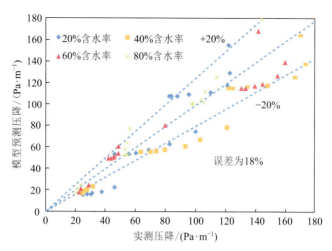

图 5-4 分层流型压降模型预测结果与实测结果相对误差

本次实验条件下，油相黏度为 4 mPa·s，水相黏度为 1 mPa·s，根据有效黏度在反相点处连续，可得：

$$(1-\phi)^{-2.5} = 4\phi^{-2.5} \tag{5-5}$$

求解上式可得反相点含水率为 36.48%，这和实验结果反相点含水率 40% 接近。因此，可将分散流型变质量流动看成拟单相流动，采用有效黏度计算管道中的摩阻，从而得到油水分散流型下压降模型：

$$\Delta p = \frac{2f_m \rho_m u_m^2}{D} + 2\rho u_m \frac{du_m}{dx} + \rho_m g \sin \alpha \tag{5-6}$$

从上式可以看出，分散流型的压降由三部分组成：摩擦压降、加速度压降和重力压降。

图 5-5 给出了分散流型压降模型预测结果与实测结果相对误差。不同含水率下分散流模型计算值与实验值相对误差为 13.6%，模型预测结果和实验结果吻合良好。

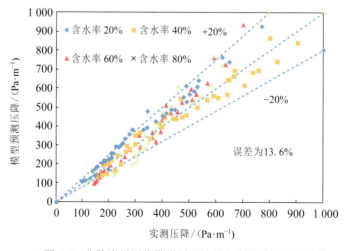

图 5-5 分散流型压降模型预测结果与实测结果相对误差

5.2 非均质油藏复杂结构井渗流与管流耦合模型

油藏渗流与井筒管流耦合模型可以分为两大类：一类是利用有限差分或有限元求解渗流方程与井筒管流耦合的模型[23-26]，另一类是利用简化的渗流方程的解析解与井筒管流耦合的模型[27-30]。第一类耦合模型计算速度较慢，所需参数复杂，且需要十分专业的研究人员，适用于目标井段入流动态规律和油气井开发效果评价方面的研究；第二类耦合模型计算速度较快，所需参数简单，一般科技人员均可使用，适用于目标井段完井参数对产能影响的敏感性分析和完井优化设计方面的研究。但目前第二类耦合模型都是在均质油藏假设条件下建立的，不符合实际情况。针对非均质油藏复杂结构井目标井段完井优化技术难题的需要，本章建立了非均质油藏复杂结构井渗流与管流耦合模型，该模型属于第二类耦合模型，为目标井段完井优化设计提供了理论基础。

5.2.1 非均质油藏复杂结构井渗流模型

假设流体为单相不可压缩牛顿流体，整个流动系统为等温流动，油藏为等厚油藏，远离井筒区域储层是渗透率为平均渗透率的均质油藏。将复杂结构井的每个分支井筒从跟端至趾端分成 M_i 段，沿井筒延伸方向各微元井段长为 Δl_{ij}，各微元井段井斜角为 θ_{ij}，各微元井段距储层底高为 z_{ij}，如图 5-6 和图 5-7 所示。根据等效井径原理[17]，可将每一微元井段等效成一口直井，每口直井的等效井径可表示为：

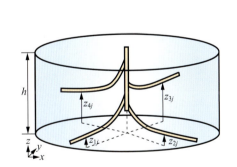

图 5-6 多分支井立体几何示意图

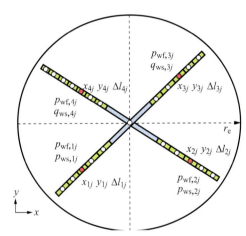

图 5-7 多分支井平面投影示意图

$$r_{\text{wew},ij} = \Delta l_{ij} \exp\left(-1.75 + \frac{h}{\Delta l_{ij}}\sqrt{\frac{k_{\text{h}}}{k_{\text{v}}}} \ln\left[\frac{\pi r_{\text{w}}}{h}\left(1 + \sqrt{\frac{k_{\text{v}}}{k_{\text{h}}}}\right)\sin\frac{\pi z_{ij}}{h}\right] + \frac{2h^2}{\Delta l_{ij}^2}\frac{k_{\text{h}}}{k_{\text{v}}}\left(\frac{1}{3} - \frac{z_{ij}}{h} + \frac{z_{ij}^2}{h}\right) - \frac{h}{\Delta l_{ij}}\sqrt{\frac{k_{\text{h}}}{k_{\text{v}}}}S_{\text{t},ij}\right)$$

$$(5-7)$$

式中　$r_{\text{wew},ij}$——第 i 分支井筒的第 j 微元井段等效井半径，m；

　　　Δl_{ij}——第 i 分支井筒的第 j 微元井段长度，m；

　　　r_{w}——目标井段井筒半径，m；

　　　h——储层平均厚度，m；

k_h——储层的水平渗透率，$10^{-3}\ \mu m^2$；

k_v——储层的垂直渗透率，$10^{-3}\ \mu m^2$；

z_{ij}——第 i 分支井筒的第 j 微元井段在 z 方向的坐标，m；

$S_{t,ij}$——第 i 分支井筒的第 j 微元井段的表皮系数，无因次，计算模型见参考文献[31-33]。

根据势叠加原理可得多分支井地层中任意层内的势：

$$\Phi = \frac{1}{2\pi}\sum_{i=1}^{N}\sum_{j=1}^{M_i}\Delta l_{ij}q_{ws,ij}\ln r_{ij} + C \tag{5-8}$$

式中 $q_{ws,ij}$——第 i 分支井筒的第 j 微元井段入流速度，$m^3/(d\cdot m)$；

M_i——第 i 分支井筒跟端至趾端分段数目，段；

N——多分支井的分支数目，支。

在供给边界和每口等价的直井井壁处取特殊点，可得到不同位置处井底压力与流量之间的关系式：

$$p_e - p_{wf,ij} = \frac{\mu}{2\pi hk_h}\sum_{n=1}^{N}\sum_{m=1}^{M_n}\Delta l_{nm}q_{ws,nm}\ln\frac{r_e}{r_{nm,ij}} \tag{5-9}$$

$$r_{nm,ij} = \begin{cases} \sqrt{(x_{nm}-x_{ij})^2 + (y_{nm}-y_{ij})^2} & (i\neq n\ \text{或}\ j\neq m) \\ r_{wew,ij} & (i=n\ \text{且}\ j=m) \end{cases} \tag{5-10}$$

式中 r_e——储层供给半径，m；

x_{ij}——第 i 分支井筒的第 j 微元井段在 x 方向的坐标，m；

y_{ij}——第 i 分支井筒的第 j 微元井段在 y 方向的坐标，m；

$p_{wf,ij}$——第 i 分支井筒的第 j 微元井段处的井底压力，MPa；

μ——储层流体黏度，$mPa\cdot s$；

p_e——储层边界压力，MPa；

$r_{nm,ij}$——第 n 分支井筒的第 m 微元井段到第 i 分支井筒的第 j 微元井段的距离，m。

5.2.2 复杂结构井井筒压降模型

（1）分支井筒与主井筒汇合处压力。

分支井筒与主井筒汇合处压力降可以按照普通管流压降模型计算，则第 i 分支井筒与主井筒汇合处压力可表示为：

$$p_{wf,i} - p_{wf,(i-1)} = \Delta p_{wall,i} + \Delta p_{g,i} \tag{5-11}$$

取主井筒跟端处的井筒压力为多分支井井底压力则有：

$$p_{wf,0} = p_{wf}$$

方程（5-11）右边第一项壁面摩擦压降展开得：

$$\Delta p_{wall,i} = \frac{32\rho f_{t,i}}{\pi^2 d_w^5}q_{w,i}^2\Delta l_i$$

方程（5-11）右边第二项重力压降展开得：

$$\Delta p_{g,i} = \rho g\cos\theta_i\cdot\Delta l_i$$

其中,主井筒不同位置处截面流量为:

$$q_{\text{w},i} = \sum_{n=i}^{N} q_{\text{w},i0}$$

式中 p_{wf} ——井底压力,MPa;

$p_{\text{wf},0}$ ——主井筒跟端井底压力,MPa;

$p_{\text{wf},i}$ ——第 i 分支井筒与主井筒汇合处压力,MPa;

$\Delta p_{\text{wall},i}$ —— $i \neq 1$ 时为两个分支之间的主井筒壁面摩擦压降, $i = 1$ 时为第一个分支到主井筒跟端的壁面摩擦压降,MPa;

$\Delta p_{\text{g},i}$ —— $i \neq 1$ 时为两个分支之间的主井筒重力压降, $i = 1$ 时为第一个分支到主井筒跟端的重力压降,MPa;

Δl_i —— $i \neq 1$ 时为两个分支之间的主井筒长度, $i = 1$ 时为第一个分支到主井筒跟端的长度,m;

θ_i —— $i \neq 1$ 时为两个分支之间的主井筒的平均井斜角, $i = 1$ 时为第一个分支到主井筒跟端的平均井斜角,(°);

$q_{\text{w},i0}$ ——第 i 分支井筒跟端的总流量,m^3/s;

$q_{\text{w},i}$ ——第 i 分支与主井筒汇交处的主井筒截面流量,m^3/s;

$f_{\text{t},i}$ —— $i \neq 1$ 时为两个分支之间的主井筒的壁面摩擦系数, $i = 1$ 时为第一个分支到主井筒跟端的壁面摩擦系数,无因次;

d_{w} ——目标井段井筒直径,m;

g ——重力加速度,m/s^2。

(2)分支井筒微元井段处的井筒压力。

每个分支井筒各微元段压力降可以按照上面介绍的变质量管流压降模型计算,则第 i 分支井的第 j 微元井段处井筒压力可表示为:

$$p_{\text{wf},ij} - p_{\text{wf},i(j-1)} = \Delta p_{\text{wall},ij} + \Delta p_{\text{acc},ij} + \Delta p_{\text{mix},ij} + \Delta p_{\text{g},ij} \qquad (5\text{-}12)$$

其中各分支井筒跟端的压力等于分支井筒与主井筒汇合处的井筒压力:

$$p_{\text{wf},i0} = p_{\text{wf},i}$$

方程(5-12)右边第一项壁面摩擦压降展开得:

$$\Delta p_{\text{wall},ij} = \frac{32 \rho f_{\text{t},ij}}{\pi^2 d_{\text{w}}^5} q_{\text{w},ij}^2 \Delta l_{ij}$$

方程(5-12)右边第二项加速度压降展开得:

$$\Delta p_{\text{acc},ij} = \frac{32 \rho q_{\text{ws},ij}}{\pi^2 d_{\text{w}}^4} q_{\text{w},ij} \Delta l_{ij}$$

方程(5-12)右边第三项混合压降展开得:

$$\Delta p_{\text{mix},ij} = \begin{cases} \left(\dfrac{4.07}{R} - 1 \right) \Delta p_{\text{acc},ij} & (0 < R \leqslant 2) \\[3mm] \left(\dfrac{6.34}{R} - 1 \right) \Delta p_{\text{acc},ij} & (2 < R < 20) \\[3mm] \left(\dfrac{10.75}{R} - 1 \right) \Delta p_{\text{acc},ij} & (R = 20) \end{cases}$$

方程(5-12)右边第四项重力压降展开得：

$$\Delta p_{g,ij} = \rho g \cos\theta_{ij} \cdot \Delta l_{ij}$$

各分支井筒不同位置处截面流量为：

$$q_{w,ij} = \sum_{m=j}^{M_i} \left(q_{ws,im} \Delta l_{im} \right)$$

式中　$p_{wf,ij}$——第 i 分支井的第 j 微元井段处井筒压力，MPa；

　　　$\Delta p_{wall,ij}$——第 i 分支井的第 j 微元井段处井筒壁面摩擦压降，MPa；

　　　$\Delta p_{acc,ij}$——第 i 分支井的第 j 微元井段处井筒加速度压降，MPa；

　　　$\Delta p_{mix,ij}$——第 i 分支井的第 j 微元井段处井筒混合压降，MPa；

　　　$\Delta p_{g,ij}$——第 i 分支井的第 j 微元井段处井筒重力压降，MPa；

　　　$p_{wf,i0}$——第 i 分支井筒跟端处井筒压力，MPa；

　　　Δl_{ij}——第 i 分支井的第 j 微元井段的长度，m；

　　　θ_{ij}——第 i 分支井的第 j 微元井段的井斜角，(°)；

　　　$q_{ws,ij}$——第 i 分支井的第 j 微元井段的入流速度，m³/（s·m）；

　　　$q_{w,ij}$——第 i 分支井的第 j 微元井段处井筒截面流量，m³/s；

　　　$f_{t,ij}$——第 i 分支井的第 j 微元井段处的壁面摩擦系数，无因次；

　　　M_i——第 i 分支井筒分段数目，段；

　　　R——注入比，%。

5.2.3　非均质油藏渗流与井筒管流耦合模型

根据压力连续原理，多分支井油藏流动在井壁处的压力与井筒流动在井壁处的压力应相等，结合油藏流动方程(5-9)和井筒流动方程(5-12)可得耦合模型为：

$$A_1 X_1 = b_1 \tag{5-13}$$

$$A_2 X_2 = b_2 \tag{5-14}$$

其中，

$$X_1 = \left[\begin{array}{cccccccc} q_{ws,11}, & \ldots, & q_{ws,1M_1}, & \ldots, & q_{ws,N1}, & \ldots, & q_{ws,NM_N} \end{array} \right]^T$$

$$X_2 = \left[\begin{array}{cccccccc} p_{wf,11}, & \ldots, & p_{wf,1M_1}, & \ldots, & p_{wf,N1}, & \ldots, & p_{wf,NM_N} \end{array} \right]^T$$

$$A_1 = \left[\begin{array}{ccccccc}
a_{11,11} & \ldots & a_{11,1M_1} & \ldots & a_{11,N1} & \ldots & a_{11,NM_N} \\
\vdots & & \vdots & & \vdots & & \vdots \\
a_{1M_1,11} & \ldots & a_{1M_1,1M_1} & \ldots & a_{1M_1,N1} & \ldots & a_{1M_1,NM_N} \\
\vdots & & \vdots & & \vdots & & \vdots \\
a_{N1,11} & \ldots & a_{N1,1M_1} & \ldots & a_{N1,N1} & \ldots & a_{N1,NM_N} \\
\vdots & & \vdots & & \vdots & & \vdots \\
a_{NM_N,11} & \ldots & a_{NM_N,1M_1} & \ldots & a_{NM_N,N1} & \ldots & a_{NM_N,NM_N}
\end{array} \right]_{\sum\limits_{i=1}^{N} M_i}$$

$$A_2 = \begin{bmatrix} B_1 & & & & \\ & B_2 & & & 0 \\ & & \ddots & & \\ & & & B_{M_i-1} & \\ 0 & & & & B_{M_i} \end{bmatrix}_{\sum\limits_{i=1}^{N} M_i}$$

$$a_{ij,mn} = \frac{\mu}{2\pi h k_{\mathrm h}} \Delta l_{mn} \ln \frac{r_{\mathrm e}}{r_{mn,ij}} \qquad B_i = \begin{bmatrix} 1 & & & & 0 \\ -1 & 1 & & & \\ & \ddots & \ddots & & \\ & & -1 & 1 & \\ 0 & & & -1 & 1 \end{bmatrix}_{M_i}$$

$$b_1 = \begin{bmatrix} p_{\mathrm e} - p_{\mathrm{wf},11} \\ \vdots \\ p_{\mathrm e} - p_{\mathrm{wf},1M_1} \\ \vdots \\ p_{\mathrm e} - p_{\mathrm{wf},i1} \\ \vdots \\ p_{\mathrm e} - p_{\mathrm{wf},iM_i} \\ \vdots \\ p_{\mathrm e} - p_{\mathrm{wf},N1} \\ \vdots \\ p_{\mathrm e} - p_{\mathrm{wf},NM_N} \end{bmatrix}_{\sum\limits_{i=1}^{N} M_i} \qquad b_2 = \begin{bmatrix} \Delta p_{\mathrm{wall},11} + \Delta p_{\mathrm{acc},11} + \Delta p_{\mathrm{mix},11} + \Delta p_{\mathrm{g},11} + p_{\mathrm{wf},10} \\ \vdots \\ \Delta p_{\mathrm{wall},1M_1} + \Delta p_{\mathrm{acc},1M_1} + \Delta p_{\mathrm{mix},M_1} + \Delta p_{\mathrm{g},1M_1} \\ \vdots \\ \Delta p_{\mathrm{wall},i1} + \Delta p_{\mathrm{acc},i1} + \Delta p_{\mathrm{mix},i1} + \Delta p_{\mathrm{g},i1} + p_{\mathrm{wf},i0} \\ \vdots \\ \Delta p_{\mathrm{wall},iM_i} + \Delta p_{\mathrm{acc},iM_i} + \Delta p_{\mathrm{mix},M_i} + \Delta p_{\mathrm{g},iM_i} \\ \vdots \\ \Delta p_{\mathrm{wall},N1} + \Delta p_{\mathrm{acc},N1} + \Delta p_{\mathrm{mix},N1} + \Delta p_{\mathrm{g},N1} + p_{\mathrm{wf},N0} \\ \vdots \\ \Delta p_{\mathrm{wall},NM_N} + \Delta p_{\mathrm{acc},NM_N} + \Delta p_{\mathrm{mix},M_N} + \Delta p_{\mathrm{g},NM_N} \end{bmatrix}_{\sum\limits_{i=1}^{N} M_i}$$

5.3 非均质油藏复杂结构井的目标井段完井优化

5.3.1 目标井段完井方案评价优选方法

根据是否防砂和增产改造可将完井方案分为三大类:自然完井、防砂完井和增产完井。自然完井方案包括射孔完井、衬管完井和裸眼完井等;防砂完井方案包括防砂筛管完井和砾石充填完井等;增产完井方案包括压裂/酸化无需防砂完井和压裂/酸化需要防砂完井等。各种完井方案都有其优缺点和适用条件[34]。因此针对具体油藏特征及储层物性,结合工程技术要求,给出了复杂结构井目标井段完井方案评价优选方法,完井方案优选流程如图5-8~图5-10所示;同时针对临界出砂生产压差评价、储层渗透率各向异性评价、筛管外充填层渗透率评价和净现值经济评价四个关键环节给出了评价方法,具体模型和评价方法见相关文献[17]。

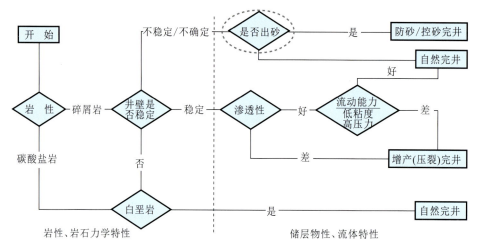

图 5-8 完井方案初选流程图

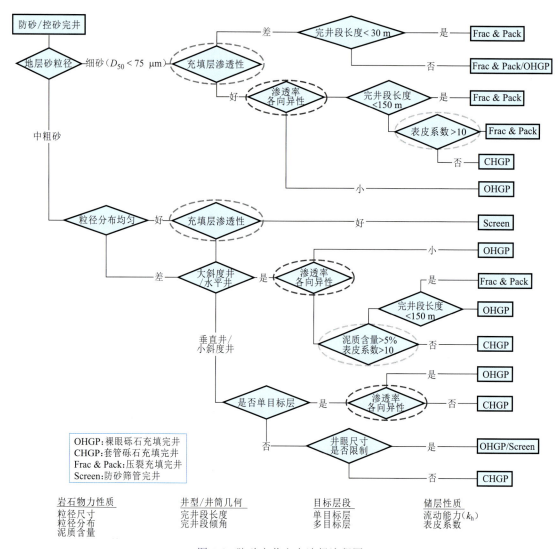

图 5-9 防砂完井方案选择流程图

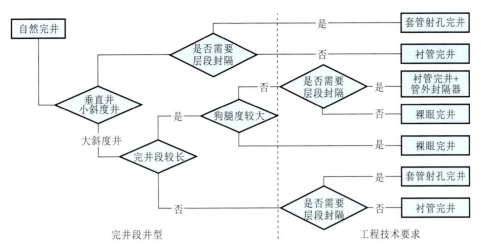

图 5-10 自然完井方案选择流程图

5.3.2 目标井段完井参数分段优化方法

目标井段完井参数主要包括射孔参数、割缝参数、筛管参数等,目标井段完井参数优化设计的目的是实现入流速度剖面均匀,有效缓解储层平面非均质矛盾,抑制底水锥进或局部突进,从而提高单井产能和最终采收率。因此针对非均质油藏复杂结构井的目标井段完井参数优化设计难题,基于非均质油藏复杂结构井渗流与井筒管流耦合模型,运用遗传优化算法,建立了非均质油藏复杂结构井的目标井段完井参数分段优化设计方法。

(1)目标井段完井参数分段优化原则。

运用数值模拟研究分析了五种不同入流情况下的目标井段开发效果。五种入流情况分别为:沿井筒渗透率均质井筒无限导流能力的情况、沿井筒渗透率均质井筒有限导流能力的情况、沿井筒渗透率非均质井筒无限导流能力的情况、沿井筒渗透率非均质井筒有限导流能力的情况、沿井筒入流速度相等的均匀入流情况。并作如下假设:流体为油水两相不可压缩牛顿流体,整个流动系统为等温流动,油藏为等厚底水矩形边界油藏,远离井筒区域储层是渗透率为平均渗透率的均质油藏,沿井筒不同位置处微元井段井筒附近渗透率均质,井筒沿 x 方向绝对水平。数值模拟所需相关参数如表 5-1、表 5-2 和表 5-3 所示。

表 5-1　基础参数取值表

变量名称	取 值	变量名称	取 值
油藏 x 方向长/m	500.0	平均水平渗透率/($10^{-3}\mu m^2$)	250.0
油藏 y 方向长/m	200.0	水平与垂直渗透率比	0.33
油藏 z 方向长/m	10.0	孔隙度/无因次	0.3
参考压力/MPa	1 000.0	原始含水饱和度/%	0.2
油相黏度/(mPa·s)	5.0	井筒长度/m	400.0
水相黏度/(mPa·s)	1.0	井筒直径/m	0.139 7
孔隙压力/MPa	1 200.0	井筒距油藏底高/m	5.0
模拟时间/d	500.0	油井产液量/($m^3 \cdot d^{-1}$)	200.0
探测半径/m	0.5		

⑤ 根据目标函数 $\min|s_{id}(x)-s_{well}(x)|$，利用遗传优化算法，实现目标井段完井参数分段优化设计。

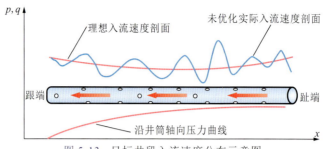

图 5-13　目标井段入流速度分布示意图

5.3.3　现场应用

针对大港油田孔 58-4H 井进行了中心管变密度打孔设计，孔 58-4H 井目的层为 NgⅢ砂岩储层，孔隙度 32%，渗透率 1 500 mD，地层厚度 60 m，油水界面垂深 1 370 m，预测含油面积 0.66 km²，可采储量 10.2×10⁴ t。孔 58-4H 井水平段长 222 m，在 1 660～1 716 m 钻遇泥岩段，距油水界面最低处 0.2 m。如图 5-14 所示，为了控制底水的突进，采取封下采上的措施，筛管中下入中心管（图 5-15）。在中心管采用变密度布孔，如图 5-16 所示。2010 年 11 月

图 5-14　孔 58-4H 井井眼轨迹图

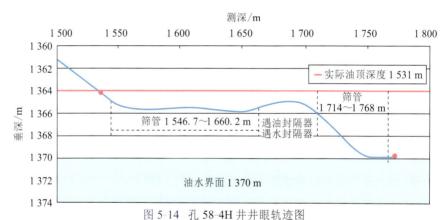

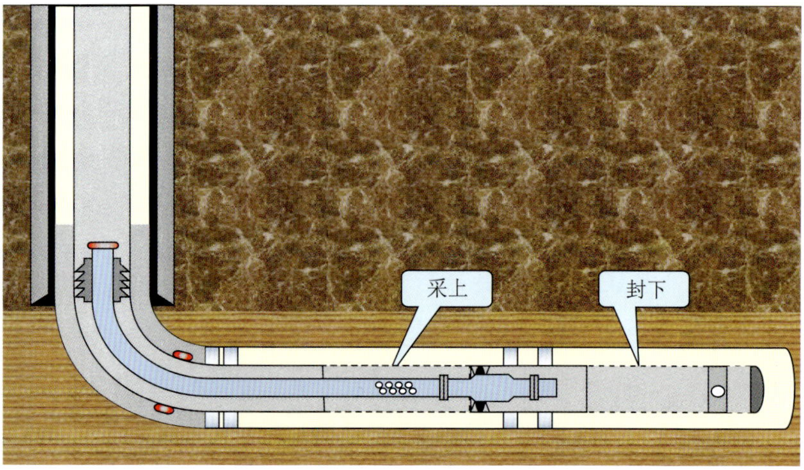

图 5-15　井身结构示意图（封下采上）

25日作业施工,12月2日施工完毕进行生产,生产动态曲线如图5-17所示。增产效果如表5-4所示,单井含水率降低5%,日产油量增加38.73%。

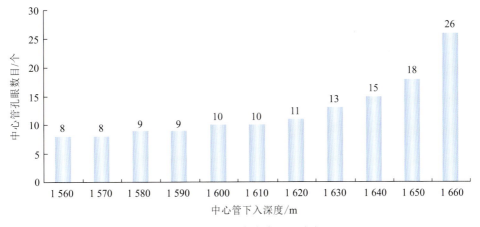

图 5-16 中心管变密度孔眼分布

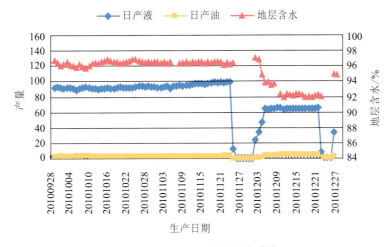

图 5-17 孔58-4H生产动态曲线

表 5-4 施工前后效果对比表

施工前			施工后		
日产液/(m³·d⁻¹)	日产油/(t·d⁻¹)	含水/%	日产液/(m³·d⁻¹)	日产油/(t·d⁻¹)	含水/%
99.20	3.77	97	65.33	5.23	92

  针对大庆油田第八采油厂肇48-平33井,将水平井附近直井对应小层的渗透率近似认为是水平井对应井段的渗透率值,目标井段完井参数优化设计结果如表5-5所示。为对比优化前后的开发效果,优化前后进行了数值模拟对比,给出了产油量和含水率随时间的变化曲线,如图5-18和图5-19所示。从图中可以看出,优化后含水率下降了7.13%,日产油量提高了30%。这说明非均质油藏复杂结构井的目标井段完井参数分段优化设计达到了稳油控水的效果。

表 5-5 肇 48-平 33 井射孔参数优化结果

层　号	射孔顶界/m	射孔底界/m	渗透率/mD	枪　型	弹　型	孔密/(孔·m⁻¹)
PI42	2 297	2 308	2.013 6	95	95	16
PI41	2 287	2 293	2.013 6	95	95	16
PI32	2 223	2 228	24.380 5	89	89	6
PI31	2 197	2 207	24.380 5	89	89	6
PI31	2 043	2 150	24.380 5	89	89	6
PI31	1 966	2 038	24.380 5	89	89	6
PI22	1 930	1 940	22.154 4	89	89	6
PI21	1 823	1 879	16.608 3	89	89	12
PI21	1 702	1 813	16.608 3	89	89	12
PI21	1 540	1 620	16.608 3	89	89	12

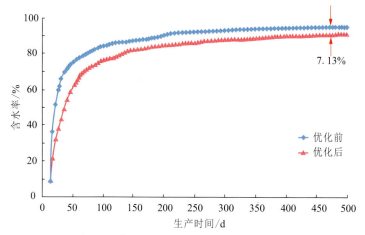

图 5-18 肇 48-平 33 井优化前后含水率对比

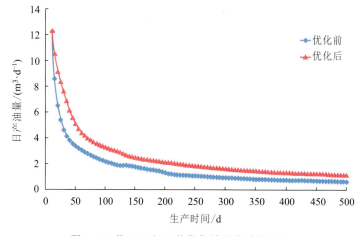

图 5-19 肇 48-平 33 井优化前后产油量对比

5.4 结论与建议

（1）建立了一种新的精度更高的目标井段单相复杂流动压降模型。该目标井段单相复杂流动压降模型计算结果与实验结果平均相对误差为 7.5%，比 Ze Su 压降模型计算精度提高了 52.5%，比 Yuan-Brill 压降模型计算精度提高了 14.5%，比 Ouyang-Aziz 压降模型计算精度提高了 7.5%。

（2）奠定了目标井段油水两相复杂流动理论基础，首次给出了目标井段油水两相复杂流动的流型图，并建立了目标井段油水两相复杂流动的分层流型压降模型和分散流型压降模型，模型计算结果与实验结果平均相对误差分别为 18.0% 和 13.6%。

（3）发展了非均质油藏渗流与井筒管流耦合理论，建立了非均质油藏复杂结构井渗流与井筒管流耦合模型。该模型考虑了完井参数对目标井段入流速度剖面及产能的影响，使得非均质油藏复杂结构井目标井段完井参数分段优化设计成为可能。

（4）证实了影响复杂结构井的目标井段入流速度剖面和开发效果的主要因素是储层渗透率非均质性，并给出了目标井段完井参数分段优化原则，即完井参数分段优化应尽可能实现不同位置处实际入流速度与均质油藏无限导流能力情况下的入流速度相近的目标。

（5）实现了非均质油藏复杂结构井的目标井段完井参数分段优化设计。基于非均质油藏复杂结构井渗流与井筒管流耦合模型、目标井段完井参数分段优化原则，利用遗传优化算法，建立了非均质油藏复杂结构井的目标井段完井参数分段优化设计方法，并在相关油田初步获得了应用实效，单井含水率约降低了 7%，单井日产油量增加了 30% 以上。

（6）建议进一步深入开展"复杂结构井目标井段井筒油气水三相复杂流动"和"不同壁面入流控制方法适应性评价及参数优化"研究，以解决复杂结构井目标井段壁面入流动态精细预测及控制，形成适合我国油藏特征的经济高效的稳油控水技术。

参考文献

[1] Wang Zhiming, Wei. Jianguang, Jin Hui. Partition Perforation Optimization for Horizontal Wells Based on Genetic Algorithms. SPE 119833, 2011:52-59.

[2] 汪志明，齐振林，魏建光，等. 裂缝参数对压裂水平井入流动态的影响[J]. 中国石油大学学报（自然科学版），2010，34（1）:1-6.

[3] Xiao, J N, Wang, Z M. A Coupled Reservoir/Wellbore Model for Calculating Pressure and Inflow Profile Along a Horizontal Well with Stinger Completion. Journal of Petroleum Science and Technology，2011，29:788-795.

[4] 汪志明，徐静，王小秋. 水平井两相流变密度射孔模型研究[J]. 石油大学学报（自然科学版），2005，29（3）:65-69.

[5] B Youngs. Recent Advances in Modeling Well Inflow Control Devices in Reservoir Simulation[C]. SPE 13925, 2009.

[6] 万仁溥. 采油工程手册[M]. 北京:石油工业出版社,2000.

[7] 周生田,张琪,李明忠. 孔眼流入对水平井中流动影响的实验研究[J]. 实验力学,2000,15(3):306-311.

[8] Ouyang L B, Arbabi S, Aziz K. General Wellbore Flow Model for Horizontal Vertical and Slanted Well Completions[C]. SPE Annual Technical Conference,1996:349-361.

[9] Ouyang L B, Aziz K. A Homogeneous Model for Gas-liquid Flow in Horizontal Wells[J]. Journal of Petroleum Science and Engineering,2000,27(3):119-128.

[10] Yuan H. Investigation of Single Phase Liquid Flow Behavior in Horizontal Wells[C]. In:Fluid Flow Projects Advisory Board Meeting, the University of Tulsa,1995:103-117.

[11] Su Z, Gudmendsson J S. Pressure Drop in Perforated Pipes:Experiments and Analysis[C]. SPE 28800, 1994:563-574.

[12] Su Z, Gudmundsson J S. Perforation Inflow Reduces Frictional Pressure Loss in Horizontal Wellbores[J]. Journal of Petroleum Science and Engineering,1998,19:223-232.

[13] 吴宁. 水平井气液两相变质量流的流动规律研究[J]. 石油大学学报,2002,26(6):46-49.

[14] Islam M R, Chakma A. Comprehensive Physical and Numerical Modeling of a Horizontal Well[C]. SPE 20627,1990:111-123.

[15] 薛亮,汪志明,王小秋. 注入比对水平井筒压降影响规律的研究[J]. 中国石油大学学报(自然科学版), 2006,30(4):71-74.

[16] 汪志明,赵天奉,徐立. 射孔完井水平井筒变质量湍流压降规律研究[J]. 石油大学学报(自然科学版), 2003,27(1):41-45.

[17] 汪志明. 复杂结构井完井优化理论及应用[M]. 北京:石油工业出版社,2010.

[18] 康万利. 国外水平管内油水两相压降模型研究进展[J]. 大庆石油学院学报,2006,30(5):2-32.

[19] M Vielma. Characterization of Oil/Water Flows in Horizontal Pipes[C]. SPE 109591,2007.

[20] 汪志明. 油气井流体力学与工程[M]. 北京:石油工业出版社,2008.

[21] 魏建光,汪志明,张欣. 裂缝参数对压裂水平井产能影响规律分析及重要性排序[J]. 水动力学研究 与进展,2009,24(5):631-636.

[22] Trallero J L. A Study of Oil Water Flow Patterns in Horizontal Pipes[C]. SPE 36609,1997.

[23] Holmes J A. Application of a Multisegment Well Model to Simulate Flow in Advanced Wells[C]. SPE 50646,1998.

[24] Ronaldo Vicente, Sarica C. A Numerical Model Coupling Reservoir and Horizontal Well Flow Dynamics:Transient Behavior of Single Liquid and Gas Flow[C]. SPE 77096,2002:70-77.

[25] 程林松,兰俊成. 考虑水平井筒压力损失的数值模拟方法[J]. 石油学报,2002,23(1):67-72.

[26] 吴淑红,于立君,刘翔鄂,等. 热采水平井变质量流与油藏渗流的耦合数值模拟[J]. 石油勘探与开发, 2004,31(1):88-90.

[27] Dikken B J. Pressure Drop in Horizontal Wells and Its Effect on Production Performance[J]. Journal of Petroleum Technology,1990,11:1 426-1 433.

[28] 汪志明,金辉,魏建光. 压裂水平井裂缝变质量入流与油藏渗流耦合模型研究[J]. 水动力学研究与 进展,2009,24(2):172-179.

[29] Ouyang L B, Aziz K. A Simplified Approach to Couple Wellbore Flow and Reservoir Inflow for Arbitrary Well Configurations[C]. SPE48936,1998:79-91.

[30] Ozkan E, Sarica C. Effect of Conductivity on Horizontal Well Pressure Behavior[C]. SPE 24683,1992: 241-252.

［31］ Furui K，Zhu D，Hill A．Rigorous Formation Damage Skin Factor and Reservoir Inflow Model for a Horizontal well［J］．SPE Production and Facilities，2003，8:151-157.

［32］ Furui K，Zhu D，Hill A．A New Skin Factor Model for Perforated Horizontal Wells［C］．SPE 77363，2002.

［33］ 魏建光，汪志明，王小秋．非均质油藏水平井射孔参数分段优化模型［J］．中国石油大学学报（自然科学版），2009，33（2）:76-79.

［34］ 万仁溥．现代完井工程［M］．北京:石油工业出版社，2008.

复杂结构井储层损害预测、诊断、保护与评价

蒋官澄 等

摘 要

复杂结构井因自身特点,其储层更易受到损害,并且损害程度严重,所以需要有针对性地进行储层保护设计。本章利用"多要素融合"方法建立了储层敏感性预测方法,显著提高了储层敏感性预测精度,为入井流体的合理设计提供了相关依据;在复杂结构井储层损害程度评价方法和评价规范的基础上,创建了"多要素融合"储层损害定量诊断新方法,实现了复杂结构井储层损害定量诊断,为保护复杂结构井储层提供了强有力的理论基础;通过研发保护储层钻井液第二代成膜剂、氟碳类表面活性剂等,研制了适合于不同渗透率储层的超低损害钻井液,有效提高了储层的保护效果;针对复杂结构井特点,建立了相应的储层损害评价方法,提高了评价准确性。

主题词

复杂结构井;敏感性预测;储层损害诊断;储层保护;新材料

引 言

目前复杂结构井越来越多地用于提高油田勘探开发整体效果,但如果使用的钻井液体系配方设计不合理,则将会对储层造成更严重的损害。在"十一五"国家科技重大专项相关课题的支持下,针对复杂结构井储层损害特点,以井筒工作液和储层为研究对象,以提高最终采收率和经济效益为目标,建立了复杂结构井储层损害预测、诊断、保护与评价新技术。首先利用信息融合理论,建立了"多要素融合"储层敏感性定量预测和定量诊断新方法,为入井流体的设计提供了科学依据;在成功研发保护储层钻井液第二代成膜剂、氟碳类表面活性剂等的基础上,研制了适合于不同渗透率储层的超低损害钻井液新体系——油膜型、改善岩石表面性质型和协同增效型钻井液体系,有效提高了储层保护效果;最后针对复杂结构井特点建立了相应的储层损害评价方法,提高了评价的精度。

6.1 "多要素融合"储层敏感性预测方法研究

6.1.1 "多要素融合"预测技术思路的提出

采用人工神经网络法、模式识别法和专家系统三种方法分别对大港油田储层敏感性进行了智能预测。结果表明,三种方法对储层速敏、水敏、盐敏、酸敏、碱敏的预测成功率均大于80%,定量预测准确率亦高于80%,初步实现了对储层敏感性的准确定量预测[1-6]。但是,由于储层敏感性损害问题具有复杂性、信息和数据多源性等特点,加之地层原始敏感性资料的缺乏,所构建的网络训练集、均值样板或专家知识库不够完善,对储层敏感性的预测中亦有部分结果存在较大偏差;同时,通过对三种方法所得预测结果与储层敏感性真实值的对比、分析,难以找到明显的规律,使得仅采用单一预测方法对储层敏感性的智能预测结果仍存在一定的不确定性。因此,必须使用多源信息融合技术对三种方法得到的预测结果与真实值间的内在规律进行综合研究,以三种方法所有可能的预测结果构成识别的样本空间,以损害指数、损害程度和各临界值为目标论域,利用证据和理论进行多层次空间信息融合,并以重要度作为三种方法对预测结果准确率贡献的不确定性量度,从而真正实现对储层敏感性的准确定量预测。

研究中,选择由人工神经网络法、模式识别法以及专家系统三种智能预测方法对不同样本的敏感性预测结果作为网络输入层,以不同样本的实际损害值作为输出层,构建神经网络训练集。利用神经网络对三种方法所得结果与真实值之间的内在联系进行训练,确定三种预测方法所得结果对融合结果准确率贡献的重要度(即网络连接权值),从而实现对未知输入样本敏感性的准确定量预测。

6.1.2 "多要素融合"预测技术研究

6.1.2.1 人工神经网络技术

1)人工神经网络法简介

人工神经网络(Artificial Neural Network, ANN)是一门新兴交叉学科,始于20世纪40年代。神经网络是模仿人脑神经网络结构和某些工作机制而建立起来的一种计算模型。目前它已成为非线性系统建模、识别和控制中非常重要的技术,并逐渐得到广泛应用。神经网络是由大量类似于人脑神经元的简单处理单元广泛连接而构成的一个复杂的非线性网络系统,是从微观上对人脑的智能行为进行的描述。通过连接权值的调整,神经网络表现出类似于人脑的学习、归纳和分类特征,它不仅可以解决一个问题或应用于一个应用,而且可推广到一整类问题。神经网络在信息处理方面具有传统方法所没有的优势[7-14]。

2）人工神经网络基本思路及原理

网络采用有教师的学习方式,即通过一个训练集(学习样本)来对网络进行训练。训练集是由输入模式和输出模式对组成的集合。学习过程由正向传播和反向传播过程组成。在正向传播开始时,首先对网络各节点间的连接权值和各节点的阈值赋以不全相等的随机值,然后给网络一个输入模式。该输入模式由输入层经隐层处理后传到输出层,由输出层产生一个输出模式。如果该输出模式和期望输出模式之间的误差不满足要求,那么就转入反向传播过程,将误差从输出层向输入层反向传播,并沿途调整各层间的连接权值和各节点的阈值,以使误差不断减小。

对于一个给定的训练集,不断地用若干个输入模式训练网络,直到每个输入模式在输出层都得到期望的输出模式时为止,至此学习过程结束,并可接受新的输入以期获得新的输出值。该算法实际上是求误差函数的极小值,它通过对学习样本反复训练并采用最速下降法,使得权值沿误差函数的负梯度方向改变并收敛于最小点。

在网络识别过程中,网络根据学习过程中得到的连接权值,对输入模式进行计算。根据已经记忆的模式样本,将具有最大相似度的某类学习样本作为网络的输出,从而实现对未知输入模式的分类和识别。

3）人工神经网络法在储层敏感性预测中的建立与实现

（1）敏感性因素的确定与排序。

在综合分析了油气储层潜在损害因素的基础上,结合胜利油田储层物性特征,确定了该项目研究中各类敏感性损害的主要因素。

① 水敏。

必要因素(共 11 个):孔隙度、渗透率、黏土矿物总量、蒙脱石含量、伊蒙混层含量、胶结类型、地层水矿化度、泥质含量、绿蒙混层含量、伊利石含量、绿泥石含量。

主要因素(共 5 个):高岭石含量、颗粒分选性、颗粒均值、阳离子交换量、地层水离子分析。

次要因素(共 4 个):碳酸盐含量、石英含量、地层流体 pH 值、岩石线性膨胀率。

② 速敏。

必要因素(共 10 个):孔隙度、渗透率、黏土矿物总量、胶结类型、伊蒙混层含量、蒙脱石含量、高岭石含量、绿泥石含量、伊利石含量、绿蒙混层含量。

主要因素(共 6 个):地层水矿化度、石英含量、长石含量、碳酸盐含量、泥质含量、颗粒分选性。

次要因素(共 10 个):地层流体 pH 值、地层温度、地层压力、方解石含量、原油黏度、云母含量、非晶质硅含量、孔隙类型、敏感性矿物产状、地层水离子分析。

③ 酸敏。

必要因素(共 10 个):孔隙度、渗透率、黏土矿物总量、绿泥石含量、胶结类型、绿蒙混层含量、石英含量、颗粒分选性、碳酸盐含量、泥质含量。

主要因素(共 8 个):伊利石含量、伊蒙混层含量、胶结物含量、蒙脱石含量、高岭石含量、长石含量、铁方解石含量、敏感性矿物产状。

次要因素(共 12 个):黄铁矿、胶质＋沥青质含量、H_2S、铁白云石含量、赤铁矿含量、菱铁矿含量、水化黑云母含量、盐酸溶蚀率、土酸溶蚀率、地层中（$K^+ + Na^+$）含量、（$Ca^{2+} + Mg^{2+}$）含量、表面活性剂。

④ 碱敏。

必要因素（共 12 个）：孔隙度、渗透率、黏土矿物总量、伊蒙混层含量、蒙脱石含量、胶结类型、绿泥石含量、绿蒙混层含量、伊利石含量、高岭石含量、石英含量、泥质含量。

主要因素（共 6 个）：地层水矿化度、地层水 pH 值、（$Ca^{2+} + Mg^{2+}$）含量、长石含量、蛋白石含量、颗粒分选性。

次要因素（共 7 个）：碳酸盐含量、白云石含量、石膏含量、黏土矿物产状、地层温度、（$K^+ + Na^+$）含量、Cl^- 含量。

（2）储层物性原始资料处理。

训练集的构成直接关系到网络学习的结果。这些输入信息是网络接收输入信号、进行分类或合适地输出信号的唯一知识来源，任何意义不明的数据或合适样本的缺乏将导致网络对输入信号的错误执行。

原始数据分为定性数据和定量数据，因此在建立模型前需先对数据进行预处理。处理时，首先将定性数据定量化，然后将定量数据标准化（即归一化），以满足人工神经网络的要求。

① 对胶结类型的处理。

按岩矿鉴定标准，胶结类型可分为弱胶结、薄膜、接触、孔隙、凝块、再生加大、基底、压嵌式等八种。最常见的是接触式、孔隙式、基底式以及它们的组合[15, 16]。通过采用非等差式赋值方法并进行归一化变换，得到如表 6-1 所示的胶结状态赋值数据。

表 6-1 胶结状态归一化赋值数据表

标准胶结状态	归一化赋值	组合胶结状态	归一化赋值
弱胶结式	0.108 1	孔隙-接触	0.351 4
薄膜式	0.189 2	基底-接触	0.405 4
接触式	0.270 3	接触-孔隙	0.486 5
孔隙式	0.540 5	基底-孔隙	0.621 6
凝块式	0.702 7	接触-基底	0.675 7
再生加大式	0.783 8	孔隙-基底	0.756 8
基底式	0.837 8	—	—
压嵌式	0.891 9	—	—

② 对岩石颗粒分选的处理。

常用福克沃德分选标准差来表示分选程度，其归一化方式可表示为：

$$X_i = \begin{cases} 0.0690 & (\delta_i < 0.35) \\ \delta_i/(4.0 + 0.35) & (0.35 \leqslant \delta_i \leqslant 4.0) \\ 0.9432 & (\delta_i > 4.0) \end{cases} \tag{6-1}$$

式中 X_i——对应的归一化值;

δ_i——福克沃德分选标准差。

③ 泥质、石英、胶结物、黏土矿物含量、孔隙度等直接取实际值,以小数表示。

④ 渗透率、地层水矿化度按最大值最小值法进行标准归一化处理,其表达式如下:

$$X'_{ij} = \frac{x_{ij} - x_{j\min}}{x_{j\max} - x_{j\min}} \qquad (i = 1, 2, \cdots, m; j = 1, 2, \cdots, n) \qquad (6\text{-}2)$$

(3)人工神经网络在储层敏感性预测中的实现。

① 输入与输出层的确定。

人工神经网络的输入、输出层维数完全是根据实际问题而定的。当各种因素确定之后,输入与输出层的单元数也随之确定。对于水敏预测来说,输入单元就是影响水敏伤害程度的必要因素,即网络的输入单元为 11 个,而输出端为 1 个。

② 隐层结点数的确定。

当训练集确定之后,输入层结点数和输出层结点数随之确定,首先遇到的一个十分重要而又困难的问题是如何优化选择隐层结点数。实验表明,如果隐层结点数过少,可能训练不出结果或网络不强壮,不能识别以前没有见过的样本,容错性差,网络不具有必要的学习能力和信息处理能力。反之,隐层结点若过多,不仅会大大增加网络结构的复杂性,使网络在学习过程中更易陷入局部极小点,而且会使网络的学习速度变得很慢。因此,隐层结点数的选择对预测方法的建立至关重要。

迄今为止,网络隐层结点数的确定尚缺乏严格的理论指导,主要根据实际所用模型及具体问题来确定。一般可参考以下几个公式[17, 18]:

a. 张立明给出了三个确定隐层单元数的参考公式,下式称作张立明法。

$$n_1 = \sqrt{n + m} + a \qquad (6\text{-}3)$$

式中 n_1——隐层结点数;

n——输入单元数;

m——输出神经元数;

a——1~10 之间的常数。

b. 前苏联数学家柯尔莫哥洛夫认为,对于一个具有 m 层输入单元数的三层网络,其隐层数由下式确定。

$$n = 2m + 1 \qquad (6\text{-}4)$$

式中 m——输入层单元数;

n——隐层单元数。

c. 高大启从国内外大量应用实例中总结归纳出了一个初定网络隐层结点数的经验公式,提出了一种判断所选隐层结点数是否多余的具体方法。

$$s = \sqrt{0.43mn + 0.12n^2 + 2.54m + 0.77n + 0.35} + 0.51 \qquad (6\text{-}5)$$

式中 s——隐层结点数;

m——输入层结点数；

n——输出层结点数。

d. 0.618 法。

$$n_1 = \begin{cases} n + 0.618(n-m) & (n > m) \\ n + 0.618(m-n) & (m > n) \end{cases} \qquad (6\text{-}6)$$

式中　n——输入层结点数；

　　　m——输出层结点数。

为了优选出合适的隐层数,将四种方法确定的隐层数代入网络中,以网络学习次数最少(即网络学习时间最短)为优选依据。各种方法的学习次数对比如表 6-2 所示。

表 6-2　各种方法下网络学习次数对比

敏感性	张立明法	柯尔莫哥洛夫法	高大启法	0.618 法
水　敏	35 362	58 698	35 617	42 195
速　敏	8	3	13	3
酸　敏	612	912	646	953
碱　敏	623	754	645	642

从表 6-2 中可以看出,选用张立明法确定隐层单元数时,网络的学习次数明显少于其他三种方法。

综合考虑各种因素,最终在各类敏感性预测采用的神经网络结构中,输入层、隐层及输出层的神经元个数如表 6-3 所示。

表 6-3　各类敏感性预测神经网络的神经元个数

神经网络层	速　敏	水　敏	酸　敏	碱　敏
输入层	13	12	13	11
隐层	24	23	24	22
输出层	2	2	1	2

③ 误差限的确定。

在前面的学习算法中,要求给出一个迭代误差限 ε,当误差满足下式要求时,则学习停止,否则继续学习并修改权值,直到满足误差要求为止。

$$E_{\text{sum}} = \frac{1}{2} \sum_p \sum_k (T_k^p - O_k^p)^2 < \varepsilon \qquad (6\text{-}7)$$

式中　E_{sum}——网络学习总误差；

　　　T_k^p——网络期望值；

　　　O_k^p——网络输出值。

只有选定合适的 ε,才可既能保证较快的学习速度,又能保证预测结果真实可靠。本章要求($T_k^p - O_k^p$)必须小于 0.1。因此,根据上式计算,ε 的取值为 0.005。

④ 训练集和测试集的选择。

表6-4　各类敏感性预测训练集与测试集的选择

敏感性类型	速　敏	水　敏	酸　敏	碱　敏
训练样本	S1～S4	W1～W8	A1～A8	J1～J8
测试样本	S5～S10	W9～W14	A9～A14	J9～J14

⑤ 测试结果。

以 Matlab 7.0 软件中的人工神经网络工具箱为平台，使用神经网络分别对水敏、碱敏、速敏进行了预测，并与实验结果进行对比，以检验神经网络方法在储层敏感性预测应用中的效果，对比发现预测准确率超过了80%。

训练参数为：训练函数，trainlm；传递函数，tansig 和 logsig；训练次数，2 000；训练精度，0.001。

以水敏为例，其测试结果如表6-5所示。

表6-5　水敏预测结果对比表

样本号	水敏指数			损害程度	
	实际值	预测值	准确率/%	水敏程度	预测值
1	0.310	0.309 0	99.68	中偏弱	中偏弱
2	0.314	0.305 5	97.29	中偏弱	中偏弱
3	0.320	0.300 9	94.03	中偏弱	中偏弱
4	0.400	0.344 9	86.23	中偏弱	中偏弱
5	0.400	0.398 1	99.53	中偏弱	中偏弱
6	0.400	0.357 5	89.38	中偏弱	中偏弱
7	0.400	0.389 3	97.33	中偏弱	中偏弱
8	0.420	0.398 1	94.79	中偏弱	中偏弱
9	0.421	0.389 7	92.57	中偏弱	中偏弱
10	0.427	0.392 9	92.01	中偏弱	中偏弱
11	0.469	0.402 3	85.78	中偏弱	中偏弱
12	0.480	0.455 5	94.90	中偏弱	中偏弱
13	0.538	0.495 4	92.08	中偏强	中偏弱
14	0.540	0.504 6	93.44	中偏强	中偏强
15	0.550	0.515 1	93.65	中偏强	中偏强

由上表水敏预测结果可知，损害程度预测正确的有14组，预测成功率93.33%；对水敏指数的预测准确率平均大于80%，说明人工神经网络可以较好地用于水敏性定量预测。

6.1.2.2 模式识别技术

1）模式识别法简介

模式识别（Pattern Recognition）是人类的一项基本智能，人们在日常生活中经常进行"模式识别"。随着 20 世纪 40 年代计算机的出现以及 50 年代人工智能的兴起，人们当然也希望能用计算机来代替或扩展人类的部分脑力劳动。模式识别（计算机）在 20 世纪 60 年代初迅速发展并成为一门新学科。

从模式识别用于对复杂类事物的分类来讲，模式识别就是指已知某类事物有若干标准类别（模式），现判断某一具体对象属于哪一个模式。这里所说的模式是指标准样本、式样、样品、图形、症状等。模式识别与传统的数学观点不同，它暂不去追求精确的数学模型，而是在专家经验和已有认识的基础上，从所得的大量数据和历史出发，利用数学方法来完成识别过程。模式识别是一门基于概念基础上的判断学科[19-23]。

模式识别主要可以分为五类：模板匹配、统计模式识别、句法模式识别、模糊模式识别和神经元网络模式识别。其中，统计模式识别和句法模式识别是模式识别领域的两大主流研究方向；模糊模式识别和神经元网络模式识别是新近发展起来的模式识别方法，是信息科学和人工智能的重要组成部分。

2）模糊模式识别法的基本原理

设 U 是给定的待识别对象的全体的集合，其中的每一对象 u 有 p 个特性指标 $u_1, u_2, \cdots, u_p$。每个特性指标所刻画的是对象 u 的某个方面的特征，于是由 p 个特性指标确定的每一个对象 u，可记成 $u = (u_1, u_2, \cdots, u_p)$，称为特性向量。

假设识别对象集合 U 可分为 n 个类别，且每一类别均是 U 上的一个模糊集，记作：A_1, $A_2, \cdots, A_n$，则称它们为模糊模式。

模糊模式识别的宗旨是把对象 $u = (u_1, u_2, \cdots, u_p)$ 划归一个与其相似的类别 A_i 中。对于储层敏感性预测与诊断而言，模糊模式识别的宗旨是根据具体的特性参数得到相应的敏感性损害程度。

当一个识别算法作用于对象 u 时，产生一组隶属 $\mu A_1(u), \mu A_2(u), \cdots, \mu A_n(u)$，它们分别表示对象 u 隶属于类别 $A_1, A_2, \cdots, A_n$ 的程度。然后可以按某种隶属原则（通常为最大隶属原则）对对象 u 进行判断，指出它归属于哪一类别。

3）模糊模型的识别原则

模糊模式识别有两大原则：最大隶属原则和择近原则。围绕两大原则形成各种模式识别方法。最大隶属原则的关键是建立隶属函数；择近原则的关键是计算贴近度，即两个模糊集接近程度的度量。

（1）最大隶属原则。

设 $A_1, A_2, \cdots, A_n$ 是给定的区域 U 上的 n 个模糊模式，$u_0 \in U$ 是一识别对象，若 $\mu A_i(u_0) = \max \{\mu A_1(u_0), \mu A_2(u_0), \cdots, \mu A_n(u_0)\}$，则认为 u_0 优先隶属于 A_i。

（2）择近原则。

设 $A_1, A_2, \cdots, A_n$ 是给定的区域 U 上的 n 个模糊子集，构成一个标准模型库，B 是 U 上的待识别模糊子集。若存在 $\delta(B, A_i) = \max \{\delta(B, A_1), \wedge, \delta(B, A_n)\}$，则称 B 与 A_i 最贴近，即认为 B 相对属于 A_i。

4）模糊模式识别法的一般步骤

一般来说，模糊模式识别的直接方法可分为以下五步。

（1）识别对象的特性指标提取（特征提取）。

在影响识别对象 *u* 的各因素中，抽取与模式识别问题有显著关系的诸特性指标并测出对象 *u* 各特性指标的具体数据，然后写出对象 *u* 的特性向量。

（2）特征选择。

特征选择是指使特征数目从多变少，淘汰掉一些特征，保留一些起主要作用的特征的过程。

（3）确定标准模式。

标准模式是反映领域问题全部分类的样本。标准模式必须能覆盖问题的全部分类，每一种标准模式可以有许多样本，所有这些样本都代表这一标准模式。待识别样本只要能够与某一样式中的一个样本最接近，就可以确定它属于这一模式。

（4）构造模糊模式的隶属函数。

隶属函数的确定在模糊数学应用中占有重要地位，因此恰如其分地定量刻画模糊性事物是利用模糊数学去解决各种实际问题的关键。

（5）完成由具体模式到类别的映射过程。

5）模糊模式识别法在储层敏感性预测中的建立与实现

模式识别诊断储层损害所做的工作就是研究样品与样品、特征与特征之间的关系，这些关系通过距离或者相关系数来衡量，进而通过各种"隶属度"或"相似度"来表达。计算机通过这种技术可自动把待识别的模式（损害程度）归入到相应的模式类别中去。

以水敏为例介绍模式识别法在储层敏感性预测中的建立与实现。

水敏预测需要考虑多种因素，由于对这些因素进行定性分析受主观因素和经验评价的影响较大，而定量分析具有一定模糊性，因此研究中首先应用模糊模式识别的原理对影响储层水敏性的各种因素进行筛选，确定影响水敏损害的主要因素。

（1）水敏性损害因素的确定。

通过对水敏损害机理和现场资料调研结果的研究，对影响储层水敏性的因素进行了归纳总结。分析认为，储层水敏性的主要影响因素为：油气层岩石的蒙脱石、伊蒙混层及伊利石含量；油气层岩石的孔隙度、渗透率；地层流体的总矿化度；油气层岩石的泥质含量、岩石的胶结强度；岩石胶结类型；石英、胶结物含量；颗粒粒度中值、颗粒分选系数等。

（2）水敏预测特性指标的提取。

特性指标的提取是模式识别的基础工作，它通常是一个从少到多，又从多到少的过程，即在设计模式识别方案的初期阶段应尽量多地列举出各种可能与分类有关的特征，这样可以充分利用各种有用的信息，吸取各方面专家的经验，改善分类效果。但是，特征数目的选择并不是越多越好，特征无限增加对分类也会造成不利的影响。

因此，在影响储层水敏性的各因素确定之后，需要抽取与水敏性损害有显著关系的各类特性指标，并得到各特性指标的具体数据，从而得到影响储层水敏性的特性向量。下面首先对影响储层水敏性的各种因素进行简要的分析。

① 油气层岩石的蒙脱石、伊利石及伊蒙混层含量。

蒙脱石晶层之间只存在分子间引力，水分子很容易进入层间，并且由于其比面积大，阳离子交换量高,因而是典型的膨胀性黏土矿物,它的存在对储层水敏性影响最大。伊利石虽与蒙脱石同属 2:1 型黏土,但加入水时,晶层不分开,层间的钾离子对交换作用是无效的,只有在外表面的钾离子能同其他阳离子产生交换作用,因此伊利石只产生晶体的表面水化,其膨胀率和阳离子交换量均远远小于蒙脱石。

在其他因素相近的情况下,膨胀性黏土含量越高,水敏性越强,即蒙脱石、伊利石及伊蒙混层的含量越高,水敏性损害越严重。

② 油气层岩石的孔隙度、渗透率。

一般地,在低渗、特低渗油藏中,孔喉尺寸较小,即使只存在少量的水敏性黏土矿物,也可能对储层渗透率造成较大的影响;在中高渗透率的油气藏中,少量水敏性黏土矿物的存在对渗透率的影响相对较小。

在其他条件相同的情况下,油气层渗透率越低,水敏性矿物对油气层造成损害的可能性和损害程度就越大。

③ 油气层的总矿化度。

当外来流体矿化度低于岩石临界矿化度时,由于存在渗透水化,导致黏土矿物急剧膨胀,并且外来流体矿化度与地层水矿化度差异越大,膨胀越严重,水敏性越强。由此看来,外来流体的矿化度越低,引起油气层的水敏性损害就越严重。

通过对水敏性影响因素的简要分析,结合现场资料来源的难易程度,最终选择孔隙度、渗透率、蒙脱石含量、伊蒙混层含量、伊利石含量、泥质含量、流体的总矿化度、岩石胶结类型等八个损害因素作为模式识别的特性指标,建立了储层水敏性预测的特性向量。

(3) 原始数据的收集与处理。

我国各油田储层类型差异很大,要将各类储层潜在敏感性的有关资料全部收集起来,其难度很大。对胜利油田各油区的储层水敏性资料进行了收集和整理,如表 6-6 所示。

表 6-6　用于预测水敏程度的原始数据

序　号	孔隙度 /%	渗透率 /($10^{-3}\mu m^2$)	$w(S)$ /%	$w(I)$ /%	$w(I/S)$ /%	泥质含量 /%	地层水矿化度 /($mg\cdot L^{-1}$)	胶结类型	水敏指数
W13	18.20	54.10	0	17.00	27.0	5.50	18 301	接触-充填式	0.400
W14	19.50	121.00	0	19.50	44.5	1.00	6 717	孔隙式	0.400
W15	19.30	220.00	0	19.80	46.7	1.00	6 717	接触-孔隙式	0.400
W16	16.00	74.51	0	12.00	42.0	2.00	18 803	孔隙式	0.400
W17	28.10	306.00	0	39.00	15.0	7.29	27 405	孔隙式	0.406
W18	16.38	2.53	0	52.00	26.0	3.00	25 136	孔隙式	0.408
W19	15.40	14.20	0	23.00	0.0	3.00	15 831	孔隙-接触式	0.420
W20	17.00	12.00	0	18.90	46.3	1.00	6 717	孔隙式	0.421
W21	19.00	510.00	0	19.60	45.9	1.00	6 717	孔隙式	0.427
W22	14.64	6.38	0	11.00	16.0	3.00	36 000	孔隙-接触式	0.432
W23	16.80	181.00	50	20.50	0.0	10.33	19 716	孔隙式	0.446

序号	孔隙度/%	渗透率/(10⁻³ μm²)	w(S)/%	w(I)/%	w(I/S)/%	泥质含量/%	地层水矿化度/(mg·L⁻¹)	胶结类型	水敏指数
W24	10.20	1.10	30	60.00	0.0	13.34	37 521	孔隙式	0.458
W25	19.66	137.00	0	14.00	62.0	1.00	18 803	孔隙式	0.469
W26	20.40	132.00	0	16.00	23.0	5.00	18 301	孔隙-接触式	0.480
W27	15.70	139.00	0	49.00	20.0	20.74	26 966	孔隙-接触式	0.520
W28	17.00	5.00	46	38.00	0.0	10.96	14 320	孔隙式	0.530
W29	24.72	377.00	0	6.00	47.0	6.00	27 675	孔隙式	0.535
W30	21.00	441.00	0	19.50	48.5	1.00	6 717	接触-孔隙式	0.538
W31	11.975	0.88	45.2	0.00	25.8	7.00	43 904	接触-孔隙式	0.540
W32	26.74	285.00	0	32.00	64.0	5.40	21 466	接触-孔隙式	0.550
W33	19.00	37.50	0	7.00	37.0	5.00	12 261	接触-孔隙式	0.550
W34	14.28	2 599	0	9.00	68.0	1.00	13 092	接触式	0.564
W35	19.57	4.15	0	42.00	20.0	9.00	12 261	接触-孔隙式	0.567
W36	12.30	10.70	0	47.00	0.0	13.15	33 693	孔隙-接触式	0.570
W37	16.60	38.60	66.5	19.00	8.5	10.30	23 788	孔隙式	0.576
W38	17.00	85.00	8	11.70	20.3	8.00	13 092	接触-孔隙式	0.580
W39	21.63	139.66	0	3.00	5.0	9.00	12 261	接触-孔隙式	0.582
W40	14.70	23.10	0	17.00	0.0	4.00	23 663	接触-充填式	0.610
W41	15.60	43.40	0	17.00	0.0	4.00	23 663	接触-充填式	0.630
W42	17.00	5.00	44	38.00	12.0	10.96	14 320	孔隙式	0.650
W43	21.07	85.32	0	6.50	6.0	11.00	12 261	孔隙-接触式	0.652
W44	29.35	112.60	21	13.00	0.0	7.00	12 261	接触-孔隙式	0.655
W45	16.00	109.00	0	10.00	57.0	1.00	12 261	接触-孔隙式	0.660
W46	17.29	22.29	0	20.38	49.8	6.00	6 717	接触-孔隙式	0.663
W47	20.71	17.89	0	7.00	9.0	8.00	12 261	接触-孔隙式	0.678
W48	20.12	70.70	0	12.00	42.0	2.00	13 092	接触式	0.684
W49	26.33	211.00	0	38.00	58.0	5.60	21 466	接触式	0.694
W50	16.90	6.00	0	19.50	32.0	10.96	33 218	接触式	0.710
W51	16.20	1.55	0	16.00	23.0	6.00	21 664	孔隙式	0.716
W52	16.20	1.55	0	16.00	23.0	6.00	21 664	孔隙式	0.717
W53	8.60	60.00	21	41.00	18.0	3.90	37 107	孔隙-接触式	0.720
W54	18.00	22.10	0	10.00	39.0	6.00	12 261	孔隙-接触式	0.760

注：w(S)—蒙脱石含量；w(I)—伊利石含量；w(I/S)—伊蒙混层含量。

数据分为定性和定量两大类，首先要对定性数据做定量化处理，然后再对定量数据进行归一化处理，避免离奇数据的出现，以保证预测的准确性。

蒙脱石和伊利石含量、孔隙度、泥质含量按实际含量的百分比直接赋值。

渗透率、地层流体的总矿化度按线性归一化方法进行处理，其表达式如下：

$$X'_{ij} = \frac{x_{ij} - x_{j\min}}{x_{j\max} - x_{j\min}} \qquad (i = 1, 2, \cdots, n; j = 1, 2, \cdots, n) \qquad (6-8)$$

式中　X'_{ij}——各组样本数据中的归一化值；

　　　$x_{j\max}, x_{j\min}$——第 j 个指标中的最大值和最小值。

岩石胶结类型采用非等差式赋值方法处理，与神经网络部分相同。

用于水敏程度预测的原始数据处理结果如表 6-7 所示。

表 6-7　用于水敏程度预测的原始数据处理结果

序　号	孔隙度	渗透率	蒙脱石	伊利石	伊蒙混层	泥　质	地层水矿化度	岩石胶结类型	水敏指数	水敏程度
W6	0.161 0	0.005 6	0.000 0	0.170 0	0.270 0	0.010 0	0.205 3	0.351 4	0.310 0	中偏弱
W7	0.150 0	0.014 9	0.000 0	0.430 0	0.230 0	0.030 0	0.224 2	0.540 5	0.314 0	中偏弱
W8	0.150 0	0.014 9	0.000 0	0.430 0	0.230 0	0.030 0	0.224 2	0.540 5	0.314 0	中偏弱
W9	0.127 0	0.003 3	0.000 0	0.230 0	0.000 0	0.030 0	0.169 4	0.540 5	0.320 0	中偏弱
W10	0.183 8	0.012 8	0.000 0	0.020 0	0.090 0	0.040 0	0.248 9	0.540 5	0.395 0	中偏弱
W11	0.150 0	0.004 8	0.000 0	0.230 0	0.000 0	0.030 0	0.169 4	0.540 5	0.400 0	中偏弱
W12	0.202 0	0.012 0	0.000 0	0.110 0	0.360 0	0.040 0	0.244 5	0.540 5	0.400 0	中偏弱
W13	0.182 0	0.020 7	0.000 0	0.170 0	0.270 0	0.055 0	0.205 3	0.670 5	0.400 0	中偏弱
W14	0.195 0	0.046 4	0.000 0	0.195 0	0.445 0	0.010 0	0.037 0	0.540 5	0.400 0	中偏弱
W15	0.193 0	0.084 5	0.000 0	0.198 0	0.467 0	0.010 0	0.037 0	0.486 5	0.400 0	中偏弱
W16	0.160 0	0.028 5	0.000 0	0.120 0	0.420 0	0.020 0	0.212 6	0.540 5	0.400 0	中偏弱
W17	0.281 0	0.117 6	0.000 0	0.390 0	0.150 0	0.072 9	0.337 6	0.540 5	0.406 0	中偏弱
W18	0.163 8	0.000 8	0.000 0	0.520 0	0.260 0	0.030 0	0.304 6	0.540 5	0.408 0	中偏弱
W19	0.154 0	0.005 3	0.000 0	0.230 0	0.000 0	0.030 0	0.169 4	0.351 4	0.420 0	中偏弱
W20	0.170 0	0.004 5	0.000 0	0.189 0	0.463 0	0.010 0	0.037 0	0.540 5	0.421 0	中偏弱
W21	0.190 0	0.196 1	0.000 0	0.196 0	0.459 0	0.010 0	0.037 0	0.540 5	0.427 0	中偏弱
W22	0.146 4	0.002 3	0.000 0	0.110 0	0.160 0	0.030 0	0.462 5	0.351 4	0.432 0	中偏弱
W23	0.168 0	0.069 5	0.500 0	0.205 0	0.000 0	0.103 3	0.225 9	0.540 5	0.446 0	中偏弱
W24	0.102 0	0.000 3	0.300 0	0.600 0	0.000 0	0.133 4	0.484 6	0.540 5	0.458 0	中偏弱
W25	0.196 6	0.052 6	0.000 0	0.140 0	0.620 0	0.010 0	0.212 6	0.540 5	0.469 0	中偏弱

序号	孔隙度	渗透率	蒙脱石	伊利石	伊蒙混层	泥质	地层水矿化度	岩石胶结类型	水敏指数	水敏程度
W26	0.204 0	0.050 6	0.000 0	0.160 0	0.230 0	0.050 0	0.205 3	0.351 4	0.480 0	中偏弱
W27	0.157 0	0.053 3	0.000 0	0.490 0	0.200 0	0.207 4	0.331 2	0.351 4	0.520 0	中偏强
W28	0.170 0	0.001 8	0.460 0	0.380 0	0.000 0	0.109 6	0.147 5	0.540 5	0.530 0	中偏强
W29	0.247 2	0.144 9	0.000 0	0.060 0	0.470 0	0.060 0	0.341 5	0.540 5	0.535 0	中偏强
W30	0.210 0	0.169 6	0.000 0	0.195 0	0.485 0	0.010 0	0.037 0	0.486 5	0.538 0	中偏强
W31	0.119 8	0.000 2	0.452 0	0.000 0	0.258 0	0.070 0	0.577 3	0.486 5	0.540 0	中偏强
W32	0.267 4	0.109 5	0.000 0	0.320 0	0.640 0	0.054 0	0.251 3	0.486 5	0.550 0	中偏强
W33	0.190 0	0.014 3	0.000 0	0.070 0	0.370 0	0.050 0	0.117 6	0.486 5	0.550 0	中偏强
W34	0.142 8	1.000 0	0.000 0	0.090 0	0.680 0	0.010 0	0.129 6	0.270 3	0.564 0	中偏强
W35	0.195 7	0.001 4	0.000 0	0.420 0	0.200 0	0.090 0	0.117 6	0.486 5	0.567 0	中偏强
W36	0.123 0	0.004 0	0.000 0	0.470 0	0.000 0	0.131 5	0.428 9	0.351 4	0.570 0	中偏强
W37	0.166 0	0.014 7	0.665 0	0.190 0	0.085 0	0.103 0	0.285 0	0.540 5	0.576 0	中偏强
W38	0.170 0	0.032 6	0.080 0	0.117 0	0.203 0	0.080 0	0.129 6	0.486 5	0.580 0	中偏强
W39	0.216 3	0.053 6	0.000 0	0.030 0	0.050 0	0.090 0	0.117 6	0.486 5	0.582 0	中偏强
W40	0.147 0	0.008 7	0.000 0	0.170 0	0.000 0	0.040 0	0.283 2	0.670 5	0.610 0	中偏强
W41	0.156 0	0.016 5	0.000 0	0.170 0	0.000 0	0.040 0	0.283 2	0.670 5	0.630 0	中偏强
W42	0.170 0	0.001 8	0.440 0	0.380 0	0.120 0	0.109 6	0.147 5	0.540 5	0.650 0	中偏强
W43	0.210 7	0.032 7	0.000 0	0.065 0	0.060 0	0.110 0	0.117 6	0.351 4	0.652 0	中偏强
W44	0.293 5	0.043 2	0.210 0	0.130 0	0.000 0	0.070 0	0.117 6	0.486 5	0.655 0	中偏强
W45	0.160 0	0.041 8	0.000 0	0.100 0	0.570 0	0.010 0	0.117 6	0.486 5	0.660 0	中偏强
W46	0.172 9	0.008 4	0.000 0	0.203 8	0.498 0	0.060 0	0.037 0	0.486 5	0.663 0	中偏强
W47	0.207 1	0.006 7	0.000 0	0.070 0	0.090 0	0.080 0	0.117 6	0.486 5	0.678 0	中偏强
W48	0.201 2	0.027 1	0.000 0	0.120 0	0.420 0	0.020 0	0.129 6	0.270 3	0.684 0	中偏强
W49	0.263 3	0.081 0	0.000 0	0.380 0	0.580 0	0.056 0	0.251 3	0.270 3	0.694 0	中偏强
W50	0.169 0	0.002 2	0.000 0	0.195 0	0.320 0	0.109 6	0.422 0	0.270 3	0.710 0	强

（4）模式识别在储层水敏性预测中的实现。

① 确定水敏性损害的标准模式。

将水敏损害程度按照表6-8分为五类，由此可以把收集到的地层特性资料分为五个样本组，即五个标准模式。

表6-8   水敏损害程度诊断标准

标准模式	A_1	A_2	A_3	A_4	A_5
损害程度	弱	中等偏弱	中等偏强	强	极强
水敏指数	0.05～0.3	0.3～0.5	0.5～0.7	0.7～0.9	>0.9

② 求取各标准模式的均值样板。

标准模式构造好后,分别计算水敏损害模糊模式五个样板中每个样板八个特性向量的平均值 a_i,即 $a_i = (a_{i1}, a_{i2}, \cdots, a_{i8})$,其中,$a_{ik} = \dfrac{1}{m_i} \sum\limits_{j=1}^{m_i} a_{ijk}, k = 1, 2, \cdots, 8$。$a_i = (a_{i1}, a_{i2}, \cdots, a_{i8})$ 称为水敏损害模糊模式的均值样板,其计算结果如表6-9所示。

表6-9   水敏损害模式均值样板数据和待测对象数据

均值样板	孔隙度	渗透率	S	I	I/S	泥 质	矿化度	胶结类型	损害程度
a_1	0.138	0.020	0	0.357 5	0	0.053 6	0.324 5	0.279 3	弱
a_2	0.157 35	0.062 5	0	0.100	0.198	0.026 25	0.428 0	0.578 0	中偏弱
a_3	0.180	0.190	0.117 75	0.074	0.170	0.022 5	0.448 0	0.430 4	中偏强
a_4	0.179 925	0.095	0	0.130	0.332	0.046 25	0.642 0	0.525 5	强
a_5	0.246 5	0.707	0.410	0.121	0.376	0.188 5	0.506 0	0.405 4	极 强
u_1	0.161	0.021	0	0.170	0.270	0.065 0	0.416 0	0.486 5	中偏弱
u_2	0.166	0.055 962	0.665	0.190	0	0.103 0	0.577 005	0.540 5	中偏强
u_3	0.251	0.414 005	0.720	0.115	0	0.133 1	0.454 31	0.270 3	极 强

③ 计算待测试对象与各均值样板的欧氏距离。

待测试对象 $u_i = (u_1, u_2, \cdots, u_p)$ 与均值样板 $a_i = (a_{i1}, a_{i2}, \cdots, a_{ip})$ 之间的欧式距离计算公式为:

$$d_i(\boldsymbol{u}, \boldsymbol{a}_i) = \sqrt{\sum_{k=1}^{p} (u_k - a_{ik})^2} = \sqrt{(u_1 - a_{i1})^2 + (u_2 - a_{i2})^2 + \cdots + (u_p - a_{ip})^2} \qquad (6\text{-}9)$$

计算结果如表6-10所示。

表6-10   待测试对象 u 与各均值样板的欧氏距离

待测样本	d_1	d_2	d_3	d_4	d_5
u_1	0.160 0	0.017 1	0.064 4	0.068 3	0.690 9
u_2	0.606 8	0.511 1	0.395 2	0.565 4	0.672 1
u_3	0.768 5	0.800 9	0.486 4	0.843 6	0.347 4

④ 隶属函数的构建及待测试对象对各均值样板的隶属度的求取。

令 $D_i = \max\{d_i(\boldsymbol{u}, \boldsymbol{a}_i)\}$, $i = 1, 2, \cdots, 6, \mu \in U$,则模糊模式的隶属函数为:

$$\mu A_i(u) = 1 - \frac{d_i(\boldsymbol{u}, \boldsymbol{a}_i)}{D_i} \qquad (6\text{-}10)$$

用上式计算待测试对象对各均值样板的隶属度,计算结果如表 6-11 所示。

表 6-11　待测试对象 $\boldsymbol{u}$ 对各模式的隶属度

待测样本	$\mu A_1(u)$	$\mu A_2(u)$	$\mu A_3(u)$	$\mu A_4(u)$	$\mu A_5(u)$
u_1	0.768 4	0.975 2	0.906 8	0.901 1	0
u_2	0.097 2	0.239 5	0.411 9	0.158 7	0
u_3	0.089 0	0.050 5	0.423 4	0	0.588 2

根据隶属度最大原则,得出待测试样本所属的均值样本。均值样本所对应的损害结果即为待测试样本的损害结果。

设 A_1, A_2, …, A_5 是水敏损害五个样板的模糊模式,$u_0 \in U$ 是一被识别对象,若 $\mu A_i(u_0) = \max\{\mu A_1(u_0), \mu A_2(u_0), \cdots, \mu A_5(u_0)\}$,则认为 u_0 优先隶属于 A_i。

由表 6-11 可以看出,待测对象 u_1 优先隶属于标准模式 A_2(中偏弱);待测对象 u_2 优先隶属于标准模式 A_3(中偏强);待测对象 u_3 优先隶属于标准模式 A_5(极强)。由此可知:待测对象 u_1, u_2, u_3 的水敏损害程度应依次为中偏弱、中偏强和极强。这一结果与待测对象的实际损害结果取得了很好的一致,预测成功率 100%,这表明模式识别方法能较好地运用于水敏程度的预测。

⑤ 模式识别预测储层水敏性示例。

水敏性预测待测对象数据如表 6-12 所示,水敏性预测结果如表 6-13 所示。

表 6-12　模式识别法对水敏性预测的待测对象数据

样本号	孔隙度 /%	渗透率 /(10⁻³ μm²)	胶结类型	$w(S)$ /%	$w(I)$ /%	$w(C)$ /%	$w(K)$ /%	$w(I/S)$ /%	$w(C/S)$ /%	泥质含量 /%	地层水矿化度 /(mg·L⁻¹)	水敏指数	水敏程度
1	27.17	321.00	接触式	0.0	38.0	3	1.0	58	0	6.00	21 466	0.850	极强
2	14.00	27.50	孔隙式	0.0	38.0	8	34.0	0	20	10.37	26 234	0.197	弱
3	12.80	3.00	孔隙式	0.4	19.0	11	46.6	0	23	8.00	73 000	0.200	弱
4	17.00	5.00	孔隙式	46.0	38.0	3	10.0	0	3	10.96	14 320	0.530	中偏强
5	16.90	6.00	接触式	0.0	19.5	0	48.5	32	0	10.96	33 218	0.710	强
6	24.44	297.00	孔隙-接触	0.0	6.0	3	4.0	87	0	5.80	21 466	0.985	极强
7	10.50	7.50	薄膜式	0.0	49.0	3	3.0	45	0	13.50	23 753	0.950	极强
8	17.00	5.00	孔隙式	44.0	38.0	3	13.0	12	0	10.96	14 320	0.650	中偏强
9	21.07	85.32	孔隙-接触	6.5	24	63.5	6	0		11.00	12 261	0.652	中偏强
10	16.38	2.53	孔隙式	0.0	52.0	8	13.0	26	0	3.00	25 136	0.408	中偏弱

注:$w(C)$—绿泥石含量;$w(K)$—高岭石含量;$w(C/S)$—绿蒙混层含量。

由表 6-13 水敏预测结果可知,损害程度预测正确九组,预测成功率 90%;对水敏指数的预测准确率平均大于80%,说明模式识别法可以较好地用于水敏性定量预测。

表 6-13 模式识别法对水敏性预测的结果表

样本号	水敏指数			损害程度	
	实际值	预测值	准确率	水敏程度	预测程度
1	0.850	0.948 2	88.45	强	极 强
2	0.197	0.162 4	82.44	弱	弱
3	0.200	0.162 4	81.20	弱	弱
4	0.530	0.599 0	86.98	中偏强	中偏强
5	0.710	0.798 1	87.59	强	强
6	0.985	0.948 2	96.26	极 强	极 强
7	0.950	0.798 1	84.01	极 强	强
8	0.650	0.599 0	92.15	中偏强	中偏强
9	0.652	0.599 0	91.87	中偏强	中偏强
10	0.408	0.401 0	98.28	中偏弱	中偏弱

利用同样的方法对速敏、酸敏、碱敏进行了预测,预测结果表明,损害程度预测全部正确,预测成功率100%;对敏感指数的预测准确率平均大于80%,说明模式识别法可以较好地用于敏感性定量预测。

6.1.2.3 专家系统方法

1)专家系统简介

专家系统(Expert System)至今还没有一个精确、全面且被公认的定义。一般认为:专家系统是一种计算机程序,它在某些特定领域内能以人类专家的水平去解决领域中的问题,在某些方面甚至可能超过人类专家。

专家系统的基本设计思想是将知识和控制推理策略分开,形成一个知识库。专家系统在控制推理策略的引导下,利用存储起来的知识分析和处理问题。在解决问题时,用户需先为系统提供一些已知数据,然后在系统中获得专家水平的结论[24-30]。

不同的专家系统,其功能和结构不尽相同,但一般都包括六个基本部分,如图6-1所示。

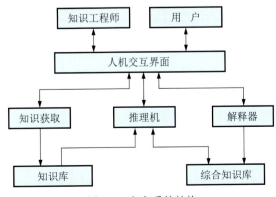

图 6-1 专家系统结构

表 6-20　"多要素融合"敏感性预测原始数据(以水敏为例)

序　号	孔隙度/%	渗透率/($10^{-3}\mu m^2$)	$w(S)$/%	$w(I)$/%	$w(K)$/%	$w(C)$/%	$w(I/S)$/%	$w(C/S)$/%	w(泥质)/%	矿化度/($mg \cdot L^{-1}$)	胶结类型	水敏程度
1	22.50	133.52	0	36.0	36.0	21.0	0.0	7	4.0	35 000	接触-孔隙	弱
2	15.00	39.0	0	43.0	7.0	27.0	23.0	0	3.0	19 600	孔隙式	中偏弱
3	16.80	181.0	50	20.5	13.0	16.5	0.0	0	10.33	19 716	孔隙式	中偏弱
4	26.74	285.0	0	32.0	1.0	3.0	64.0	0	5.4	21 466	接触-孔隙	中偏强
5	29.35	112.6	21	13.0	52.0	14.0	0.0	0	7.0	12 261	接触-孔隙	中偏强
6	18.00	22.1	0	10.0	32.0	19.0	39.0	0	6.0	12 261	孔隙-接触	强
7	27.17	321.0	0	38.0	1.0	3.0	58.0	0	6.0	21 466	接触式	强
8	10.50	7.5	0	49.0	3.0	3.0	45.0	0	13.5	23 753	薄膜式	极强
9	15.00	13.0	0	23.0	11.0	41.0	0.0	25	3.0	15 831	孔隙式	中偏弱
10	17.00	12.0	0	18.9	12.3	22.5	46.3	0	1.0	6 717	孔隙式	中偏弱
11	14.28	2 599.0	0	9.0	8.0	15.0	68.0	0	1.0	13 092	接触式	中偏强
12	15.60	43.4	0	17.0	18.0	35.0	0	40	4.0	23 663	接触-充填	中偏强
13	25.33	245.0	0	7.0	3.0	3.0	87.0	0	5.5	21 466	薄膜式	极强
14	15.40	14.2	0	23.0	11.0	41.0	0.0	25	3.0	15 831	孔隙-接触	中偏弱
15	24.44	297.0	0	6.0	4.0	3.0	87.0	0	5.8	21 466	孔隙-接触	极强

原始数据分为定性数据和定量数据,在建立数据库前要先对数据进行预处理。处理时,首先需将定性数据定量化,然后将定量数据标准化,即归一化处理,其处理结果如表 6-21 所示。

表 6-21　"多要素融合"敏感性预测原始数据处理结果(以水敏为例)

序　号	孔隙度	渗透率	S	I	K	C	I/S	C/S	泥　质	矿化度	胶结类型	水敏指数
1	0.225 0	0.051 2	0	0.36	0	0.36	0.21	0.07	0.179 0	0.447 9	0.486 5	0.147
2	0.150 0	0.014 9	0	0.43	0.23	0.07	0.27	0	0.130 0	0.224 2	0.540 5	0.314
3	0.168 0	0.069 5	0.50	0.205	0	0.13	0.165	0	0.489 5	0.225 9	0.540 5	0.446
4	0.267 4	0.109 5	0	0.32	0.64	0.01	0.03	0	0.247 7	0.251 3	0.486 5	0.550
5	0.293 5	0.043 2	0.21	0.13	0	0.52	0.14	0	0.326 1	0.117 6	0.486 5	0.655
6	0.180 0	0.008 4	0	0.10	0.39	0.32	0.19	0	0.277 1	0.117 6	0.351 4	0.760
7	0.271 7	0.123 4	0	0.38	0.58	0.01	0.03	0	0.277 1	0.251 3	0.270 3	0.850
8	0.105 0	0.002 7	0	0.49	0.45	0.03	0.03	0	0.644 9	0.284 5	0.189 2	0.950
9	0.150 0	0.004 8	0	0.23	0	0.11	0.41	0.25	0.130 0	0.169 4	0.540 5	0.400

序 号	孔隙度	渗透率	S	I	K	C	I/S	C/S	泥 质	矿化度	胶结类型	水敏指数
10	0.170 0	0.004 5	0	0.189	0.463	0.123	0.225	0	0.031 9	0.037 0	0.540 5	0.421
11	0.142 8	1.000 0	0	0.09	0.68	0.08	0.15	0	0.031 9	0.129 6	0.270 3	0.564
12	0.156 0	0.016 5	0	0.17	0	0.18	0.35	0.40	0.179 0	0.283 2	0.670 5	0.630
13	0.253 3	0.094 1	0	0.07	0.87	0.03	0.03	0	0.252 6	0.251 3	0.189 2	0.920
14	0.154 0	0.001 4	0	0.23	0.11	0.41	0	0.25	0.030 0	0.169 4	0.351 4	0.420
15	0.244 4	0.108 7	0	0.06	0.04	0.03	0.87	0	0.058 0	0.251 3	0.351 4	0.985

3）"多要素融合"敏感性预测数据库的建立

分别使用人工神经网络、模式识别和专家系统三种方法对用于"多要素融合"预测的各组待测样本进行敏感性预测。结合各样本的实际损害结果，构建"多要素融合"水敏性预测数据库，如表 6-22 所示。

表 6-22 "多要素融合"水敏性预测数据库（部分）

序 号	模式识别法		专家系统		神经网络		实际水敏指数
	预测结果	准确率/%	预测结果	准确率/%	预测结果	准确率/%	
1	0.166 25	86.90	0.147	100.00	0.289 76	2.88	0.147
2	0.421 40	65.80	0.314	100.00	0.319 51	98.25	0.314
3	0.554 33	75.71	0.600	65.47	0.434 82	97.49	0.446
4	0.554 33	99.21	0.694	73.82	0.764 43	61.01	0.550
5	0.554 33	84.63	0.850	70.23	0.523 39	79.91	0.655
6	0.657 89	86.56	0.663	87.24	0.741 99	97.63	0.760
7	0.948 00	88.47	0.694	81.65	0.747 24	87.91	0.850
8	0.731 40	76.99	0.950	100.00	0.933 47	98.26	0.950
9	0.335 80	83.95	0.320	80.00	0.401 17	99.71	0.400
10	0.335 80	79.76	0.050	11.88	0.415 77	98.78	0.421
11	0.846 30	49.95	0.564	100.00	0.744 07	68.07	0.564
12	0.335 80	53.30	0.610	96.83	0.588 67	93.44	0.630
13	0.951 80	96.54	0.976	93.91	0.986 16	92.81	0.920
14	0.329 00	93.87	0.310	100.00	0.371 00	80.32	0.420
15	0.483 00	88.19	0.432	100.00	0.401 00	92.82	0.985

4）基于神经网络的信息融合相关参数

（1）基于神经网络的信息融合相关参数如表6-23所示。

表6-23　基于神经网络的信息融合参数表

项　目	输入层	隐层数	传递函数	训练函数	输出层
水敏性融合预测	3	7	Tansig函数 logsig函数	trainlm函数 traingdx函数	2
碱敏性融合预测	3	9	Tansig函数 logsig函数	trainlm函数 traingdx函数	2
酸敏性融合预测	3	8	Tansig函数 logsig函数	trainlm函数 traingdx函数	1
速敏性融合预测	3	10	Tansig函数 logsig函数	trainlm函数 traingdx函数	2

（2）"多要素融合"敏感性预测的实现。

研究中，选择表6-20中序号为8～15的样本共八组，按上述融合参数对人工神经网络、模式识别和专家系统三种方法所测得的水敏性结果进行了"多要素融合"，具体结果如表6-24所示。

表6-24　"多要素融合"水敏性预测结果表

序　号	实际水敏指数	实际损害程度	"多要素融合"水敏性预测		
			预测结果	预测程度	准确率/%
1	0.950	极　强	0.946 1	极　强	99.59
2	0.310	中等偏弱	0.352 8	中等偏弱	86.19
3	0.400	中等偏弱	0.399 3	中等偏弱	99.83
4	0.421	中等偏弱	0.449 6	中等偏弱	93.21
5	0.432	中等偏弱	0.466 3	中等偏弱	92.06
6	0.564	中等偏强	0.563 7	中等偏强	99.95
7	0.630	中等偏强	0.701 7	强	88.68
8	0.920	极　强	0.963 3	极　强	95.29

由上表可以看出，采用"多要素融合"法对各敏感性预测的八个样本的预测准确率全部达到80%以上，说明"多要素融合"法可以较好地用于水敏性定量预测，准确率较高。

5）复杂结构井储层损害预测软件的研制

（1）软件简介。

在以上算法及复杂结构井损害机理研究的基础上，编制了储层敏感性损害智能化预测软件。敏感性损害智能化预测软件所含的模块如图6-2所示，软件首界面如图6-3所示，软件的主要功能菜单如图6-4所示。应用该软件可以根据输入参数，自动定量预测储层敏感性，受人为因素影响较小，同时该软件具备自学习功能，利用学习样本，可自动调节权值及阈值，以提高预测准确性。

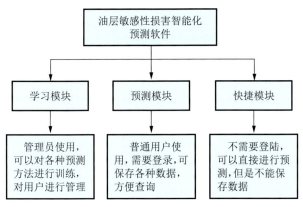

图6-2　油层敏感性损害智能化预测软件所含模块

图6-3　油层敏感性损害智能化预测软件首界面

图6-4　油层敏感性损害智能化预测软件的主要功能菜单

（2）软件各部分敏感性预测方法预测结果。

软件各部分预测结果对比如表6-25～6-27所示。

表6-25　人工神经网络法预测结果对比

敏感性 类　别	原始 数据组数	输入层 神经元数	输出层 神经元数	隐层数	应用组数	平均准确率 /%
水敏	70	11	1	24	25	85.3
速敏	52	14	2	24	28	82.6
酸敏	53	11	1	24	22	80.9
碱敏	22	10	2	24	30	83.4

表6-26　模式识别法预测结果对比

敏感性类别	原始数据组数	均值样本数	实际应用组数	平均准确率/%
水　敏	70	8	25	82.1
速　敏	52	5	28	80.8
酸　敏	53	8	22	81.1
碱　敏	22	5	30	85.9

表6-27　专家系统法预测结果对比

敏感性类别	规则数	实际应用组数	平均准确率/%
水　敏	94	32	92.5
速　敏	91	28	83.3
酸　敏	53	22	81.1
碱　敏	49	30	89.2

使用"多要素融合法"对胜利油田典型区块的水敏性进行了预测,其预测结果如表6-24所示。

由表6-24可以看出,"多要素融合"法对水敏性的预测成功率为87.5%,预测平均准确率为94.35%,明显高于用单一方法预测时的准确率,成功实现了对水敏性的准确、定量预测。

6.2 复杂结构井储层损害定量诊断技术研究

6.2.1 问题的提出

油气藏勘探开发的各个时期,如钻井、完井、采油、修井及增产等作业环节中,由于受到多种内外因素的影响,导致油气藏原有的物理、化学、热力学和水动力学平衡状态发生变化,不可避免地使储集层近井壁区乃至井排与井排之间的远井壁区的储集层内部原始渗透率降低。复杂结构井储层损害具有以下特殊性:钻井液与油气层的接触面积比直井大得多;油气层浸泡时间较直井长得多;压差高;水平井段各点油气层浸泡时间与压差不同,因而其受损害程度亦不相同;距目标点越远,损害带半径越大,表皮系数越大。因此,有必要对复杂结构井开发过程中各种入井液造成的储层损害展开定量诊断技术研究,以便准确预知储层损害类型及程度,从而更好地指导现场施工作业,采取必要的油气层保护措施。

6.2.2　不同入井液对复杂结构井储层损害的类型研究

不同作业环节可能引起的储集层损害原因如表 6-28 所示[32-35]。

表 6-28　不同作业环节储集层损害的主要原因

生产作业	损害原因及机理
钻　井	(1) 完井液滤液与产层接触,产生水敏、速敏、盐敏等伤害; (2) 完井液中固相侵入带有孔隙或天然裂缝的地层,使地层渗透率下降; (3) 流体压差对储集层伤害的影响最大,压差越大则伤害越严重; (4) 浸泡时间越长,伤害越严重; (5) 环空流速过大,冲蚀井壁,井径扩大,钻井液固相含量增加而加重伤害
固　井	(1) 水泥浆滤液与产层接触,产生水敏、速敏、盐敏等伤害; (2) 水泥浆滤液与地层中的硅起化学反应形成胶结性硅酸钙水化物; (3) 水泥浆固相颗粒堵塞储集层孔隙或裂缝; (4) 水泥浆颗粒进入储集层孔隙或裂缝中水化后固结成水泥石,伤害加重; (5) 压差增大,水泥浆失水大,更易使储集层中的黏土膨胀、分散
修　井	(1) 修井液质量不稳定,严重影响作业效果,造成较钻井液更严重的伤害; (2) 修井液与地层岩性和地层水不配伍,造成各种敏感性伤害等; (3) 微粒、乳化油、添加剂、沉淀的有机物和无机物堵塞储集层
射　孔	(1) 射孔过程所造成的孔眼周围压实伤害; (2) 射孔液质量的影响; (3) 压差的影响; (4) 射孔孔径、孔深、孔密等射孔参数的影响
注　水	(1) 注入水水质不配伍往往发生水敏、水锁、润湿反转和乳化堵塞等伤害; (2) 注入水中悬浮的杂质、黏土、油、细菌等堵塞储集层孔隙或裂缝; (3) 不同水质之间发生反应而生成沉淀

表 6-29　建井和开采的各个不同阶段地层损害严重性相对大小

问题类型	建井阶段			油田开采阶段			
	钻井固井	完　井	修　井	增　产	中途测试	开　采	注液开采
钻井液固相颗粒堵塞	****	**	***	—	*	—	—
微粒运移	***	****	***	****	****	***	****
黏土膨胀	****	**	***	****	—	—	**
乳化堵塞	***	****	**	****	*	****	****
润湿反转	**	***	***	****	—	—	***
相对渗透率下降	**	***	****	***	—	**	—

问题类型	建井阶段			油田开采阶段			
	钻井固井	完 井	修 井	增 产	中途测试	开 采	注液开采
有机垢	*	*	***	****	—	****	—
无机垢	**	***	****	*	—	****	***
外来颗粒堵塞	—	****	***	***	—	—	****
细菌堵塞	**	**	**	—	—	**	****

由表 6-29 可知,在油田开采阶段,微粒运移、固相颗粒堵塞、水化膨胀、有机结垢、无机结垢以及敏感性问题是引起储集层损害的关键问题,接下来将对各损害类型的影响因素展开实验研究,为后续的模型建立奠定基础。

6.2.3　入井液损害诊断数学模型、模式识别及神经网络方法的建立与实现

6.2.3.1　确定损害因素

（1）固相颗粒损害:入井液液柱压力与地层孔隙压力之差(Δp, MPa)、储层渗透率(k, $10^{-3}\ \mu m^2$)、粒径小于 $k^{1/2}$ 的固相颗粒的平均粒径(r_2, μm)、粒径小于 $k^{1/2}$ 的固相颗粒体积占总颗粒体积的百分数(a, %)、入井液中固相颗粒含量(C_0, %);

（2）润湿损害:储层含水饱和度(S_w, %)、储层原始含水饱和度(S_{w0}, %)、水润湿指数(I_w)、油润湿指数(I_o);

（3）无机垢损害:储层原始孔隙度(ϕ_0, %)、钙离子质量浓度($\rho_{Ca^{2+}}$, mg/L)、钡离子质量浓度($\rho_{Ba^{2+}}$, mg/L)、锶离子质量浓度($\rho_{Sr^{2+}}$, mg/L)、硫酸根离子浓度($\rho_{SO_4^{2-}}$, mg/L)、碳酸根离子浓度(CO_3^{2-}, mg/L);

（4）有机垢损害:储层渗透率(k, $10^{-3}\ \mu m^2$)、储层原始孔隙度(ϕ_0, %)、原油中胶质-沥青的含量(%);

（5）乳化损害:储层原始孔隙度(ϕ_0, %)、初始乳状液质量浓度(ρ_0, mg/L)、乳状液质量浓度(ρ, mg/L)、乳状液分散相体积分数(φ_0, %)、入井液含水率(f_w, %)、储层渗透率(k, $10^{-3}\mu m^2$);

（6）细菌损害:腐生菌含量(个/mL)、储层渗透率(k, $10^{-3}\mu m^2$)、入井液总注入量(V, m^3)、储层厚度(h, m)、井眼半径(r_w, mm)、细菌损害半径(r_e, mm)、储层原始孔隙度(ϕ_0, %);

（7）液锁损害:储层原始孔隙度(ϕ_0, %)、储层渗透率(k, $10^{-3}\mu m^2$)、储层原始含水饱和度(S_{w0}, %)、油水界面张力(σ, mN/m)。

6.2.3.2　固相颗粒损害定量诊断示例

1）数学模型方法

固相颗粒诊断的数学模型如下:

$$L_{max}^{1.3147} = 0.1598 p^{0.1904}(r_1 - r_2)^{0.2378} a\rho_0$$

$$S = (\frac{k_{前}}{k_{后}} - 1)\ln\frac{r_d}{r_w}$$

$$L_d = -11.796\ln\frac{k_{前}}{k_{后}} + 20.32$$

其中，

$$r_d = L_d + r_w$$
$$r_1 = k^{1/2}$$

表 6-30　渗透率损害值计算结果表

序　号	p/MPa	r_1/μm	r_2/μm	$a\rho_0$/%	$L_{max}^{1.3147}$/m	L_d/m	$k_{前}/k_{后}$	渗透率损害值/%
1	3.430	6.00	1.28	9.8	2.864 087	2.226 370	4.636 118	78.43
2	2.058	9.60	2.10	12.0	3.552 447	2.622 694	4.482 941	77.69
3	3.430	7.04	1.30	3.5	1.071 603	1.054 010	5.120 559	80.47
4	2.058	5.34	1.28	2.3	0.588 426	0.668 068	5.290 864	81.10
5	2.740	7.77	2.10	12.0	3.510 005	2.598 827	4.492 020	77.74
6	2.058	8.96	1.30	3.4	1.011 592	1.008 805	5.140 220	80.55

2）模式识别方法

（1）用下式进行数据处理：

$$X'_{ij} = \frac{x_{ij} - x_{j\min}}{x_{j\max} - x_{j\min}} \qquad (i = 1, 2, \cdots, n; \; j = 1, 2, \cdots, n)$$

（2）构建固相颗粒损害的均值样板，如表 6-31 所示。

表 6-31　固相颗粒损害的均值样板

样板号	渗透率损害率/%	损害程度	Δp	k	r_2	a	ρ_0	R/%
G_1	0～20	很　小	0	0	0	0	0	0
G_2	20～40	小	0.678 689	0.153 291	0.241 390	1.000 000	0.649 123	38.465
G_3	40～60	中　等	0.858 361	0.260 207	0.162 704	0.635 187	0.792 982	51.152
G_4	60～80	大	0.540 273	0.248 594	0.258 000	0.447 884	0.471 491	73.050
G_5	80～100	很　大	0.307 104	0.358 503	0.625 234	0.018 578	0.571 846	90.362

（3）模式识别方法诊断结果如表 6-32 所示。

表 6-32　模式识别法用于固相颗粒损害诊断的结果

待测样本	隶属样本	预测值/%	实际值/%	准确率/%
u_1	G_4	73.05	79.70	91.66
u_2	G_2	38.47	42.37	90.79
u_3	G_5	90.36	80.49	87.74
u_4	G_3	51.15	54.71	93.50
u_5	G_4	73.05	80.35	90.92
u_6	G_5	90.36	80.67	87.98
u_7	G_3	51.15	52.47	97.49

3）神经网络方法

（1）确定输入层、输出层与隐层数，如表 6-33 所示。

表 6-33　输入层、输出层及隐层数

网络层	固相颗粒损害	润湿损害	无机垢损害	有机垢损害	乳化损害	细菌损害	液锁损害
输入层	5	4	6	3	6	7	4
隐　层	1	1	1	1	1	1	1
输出层	11	9	13	7	13	15	9

（2）确定网络参数进行测试。

以 Matlab 7.0 软件中的人工神经网络工具箱为平台，使用神经网络分别对各入井液损害类型进行预测，并与实验结果进行对比，检验神经网络方法在入井液损害预测中的应用。训练参数为：训练函数，trainlm；传递函数，tansig 和 logsig；训练次数，2 000；训练精度，0.001。试测结果如表 6-34 所示。结果表明，预测准确率超过 80%，准确性较高。

表 6-34　固相损害预测结果

序　号	实际值/%	预测值/%	准确率/%
1	64.11	56.04	85.6
2	80.47	67.74	81.2
3	75.25	86.10	87.4
4	79.26	88.96	89.1
5	70.76	64.39	90.1
6	59.23	49.52	80.4
7	64.39	77.95	82.6
8	72.47	63.68	86.2
9	42.37	35.52	80.7
10	78.78	66.54	81.6

6.2.4　入井液损害诊断多要素融合方法的建立与实现

采用数学模型法、神经网络法、模式识别法三种方法完成了对入井液损害的预测。从整体效果上来看，这三种方法对入井液损害的预测成功率均大于 80%，但是由于入井液损害问题具有复杂性、信息和数据多源性等特点，加之缺乏地层原始资料，所构建的网络训练集、均值样板仍不够完善。因此，使用多源信息融合技术对三种方法得到的预测结果与真实值间的内在规律进行综合研究，以三种方法所有可能的预测结果构成识别的样本空间，以损害指数为目标论域，利用证据合理论进行多层次空间信息融合，并以重要度作为三种方法对预测结果准确率贡献的不确定性量度，从而真正实现对入井液损害的准确定量预测。

（1）入井液损害"多要素融合法"预测数据库建立。

分别使用数学模型、模式识别及神经网络三种方法对用于"多要素融合"预测的各组待测样本进行了入井液各损害类型的预测。

（2）入井液损害"多要素融合法"预测结果。

研究中，对数学模型、模式识别及神经网络三种方法所预测的每种入井液损害结果进行了"多要素融合"。表6-35为固相损害"多要素融合法"预测结果。

表6-35　固相损害"多要素融合法"预测结果

序　号	实际渗透率损害率 / %	多要素融合法预测结果 / %	准确率 / %
1	64. 11	72. 58	86. 79
2	80. 47	92. 07	85. 58
3	75. 25	70. 98	94. 33
4	79. 26	91. 09	85. 07
5	70. 76	64. 03	90. 49
6	59. 23	62. 90	93. 80
7	64. 39	74. 54	84. 24
8	72. 47	65. 61	90. 53
9	42. 37	40. 33	95. 19
10	78. 78	84. 22	93. 09

预测结果表明，采用"多要素融合法"对入井液固相颗粒损害类型的10个测试数据的预测准确率全部达到80%以上，并且好于数学模型、模式识别及神经网络单一损害预测结果，这说明"多要素融合法"可以更好地应用于入井液损害预测，预测精度较高。

6.3 复杂结构井储层保护技术研究

6.3.1 适合中渗透储层的"零"损害油膜型钻井液新技术

6.3.1.1 两亲性聚合物基成膜性油层保护剂（LCM-8）研究

1）两亲性聚合物基成膜油层保护材料的研制思路及作用机理

制备的成膜油层保护材料包括四个组分：两亲性聚合物（A）、纤维素改性物（B）、一级搭桥剂（C）和二级搭桥剂（D）。下面逐组分说明其作用机理。

根据高分子化学理论和具体实验结果，制备了该油层保护剂主体——两亲性聚合物A。由于两亲性聚合物具有较强的形成分子有序体的能力，因此本身可以在一定温度和压力下自组织成膜，同时制备的两亲性聚合物A表面羟基密度高，而且羟基是三维的和多方向的，会对页岩产生抑制作用。纤维改性物B吸水溶胀后变软，能够在一定程度上调节钻井液黏度，并且在剪切过程中产生很大程度上的形变，更好自适应井壁孔径。一级搭桥剂C是一种柔韧的、不溶于水的、具有较宽尺寸分布的耐温材料,分散到钻井液中后能够悬浮于钻井液中可封堵较宽分布的孔喉。二级搭桥剂 D 为一种耐温耐盐的直链高分子,具有大量氨基,氨基与黏土矿物既有吸附作用,又能与黏土颗粒形成氢键,并且由于氨基电荷密度高,水化性强,对外界阳离子的进攻不敏感。

在搅拌过程中,二级搭桥剂 D 的直链分子链卷曲缠绕形成立体网状结构,并能够捕捉到大量两亲性聚合物 A、纤维改性物 B、一级搭桥剂 C 和钻井液颗粒,在网状结构表面和内部进行覆盖、穿插、缠绕,在一定的温度和压力作用下形成封堵层,即二级搭桥剂 D 形成立体网状结构为其他各组分发挥作用提供载体。以上分析说明,该体系能够有效成膜,并应该具有理想的降滤失效果。

2) 成膜性油层保护剂的制备

研制的油层保护剂主体是一种两亲性聚合物,通过无皂乳液聚合而成。与传统乳液合成相比,这种合成方法具有如下优势:

(1) 无皂乳液聚合以水为分散介质合成聚合物,降低污染。

(2) 传统的乳液聚合都要加入乳化剂,以促进体系稳定成核,但是不管采取什么样的方法清洗产品都很难完全除净乳化剂。而无皂乳液由于不使用乳化剂,不仅缩减了乳化剂的后处理工艺,使成本比传统乳液聚合低,而且聚合物的电性能、成膜性也有显著改变。

(3) 无皂乳液乳胶具有表面洁净、颗粒单粒径分散性好和尺寸均匀的特点。无皂聚合乳液的稳定性可以通过离子型引发残基、亲水性或离子型共聚单体等在乳胶粒表面形成带电层实现。

基于这些特点,无皂乳液聚合越来越多地受到关注,无皂乳液聚合进入了一个快速发展的阶段。因此利用无皂乳液聚合的方法制备油层保护剂主体——两亲性聚合物。

3) 产品理化性能评价及微观结构分析

(1) 两亲性聚合物粒径分布如图 6-5 所示。

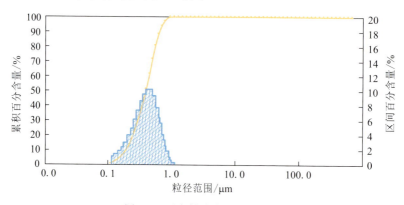

图 6-5　两亲性聚合物粒径分布

关键数据:中位径,0.31 μm;体积平均径 D,0.33 μm;面积平均径:0.27 μm。

(2) 两亲性聚合物红外谱图如图 6-6 所示。

出现在 3 455 cm^{-1} 的吸收峰,可能是聚丙烯酸丁酯中的羟基 —OH,这个吸收峰比较强烈,产生的原因可能是由于部分酯类发生了水解。芳环中 C＝C 的拉伸振动的吸收带在 1 601 cm^{-1} 处被观察到。2 922 cm^{-1} 处吸收峰强烈,是不对称的 C—H 振动吸收峰;对称的 C—H 拉伸振

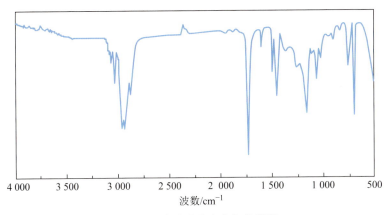

图 6-6　无皂乳液聚合物红外谱图

动吸收峰在 2 848 cm^{-1} 处。—CH$_2$— 非对称形变和剪振动的吸收带在 1 452 和 1 493 cm^{-1}。在 1 391 cm^{-1} 附近是甲基 —CH$_3$ 的对称伸缩振动吸收峰。由于 BA 基团中 C=O 的拉伸振动而显示的特征吸收在 1 733 cm^{-1}。C—O—C 的对称和非对称拉伸振动和脂肪族酯的 C—O 拉伸振动的吸收带在 1 116，1 256 和 1 165 cm^{-1}。同时，在这些光谱中 PS 的特征吸收带是确定的。735 cm^{-1} 附近的吸收峰是 C—H 面外弯曲振动吸收峰。C=C 的特征吸收峰在 1 650 cm^{-1} 消失，说明单体发生了聚合反应。

（3）两亲性聚合物成膜性验证如图 6-7～图 6-12 所示。

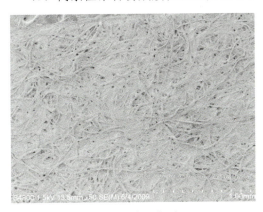

图 6-7　滤纸表面

图 6-8　两亲性聚合物在滤纸表面成膜

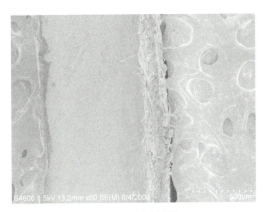

图 6-9　滤纸侧面

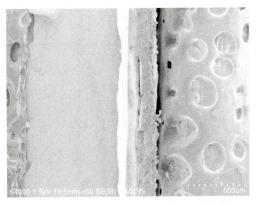

图 6-10　两亲性聚合物在滤纸侧面成膜

图 6-11　砂子表面

图 6-12　两亲性聚合物在砂子表面成膜

结果表明：自制的两亲性聚合物在滤纸和砂石表面具有良好的成膜性。

4）"油膜法"暂堵新理论

本技术的"油膜"是指在井壁或近井壁处形成一层具有良好油溶性和较高强度的膜状物。该膜状物阻止钻井液中的固相和液相侵入储层，实现广谱"油膜"暂堵，完钻后通过射孔或原油返排解堵，达到保护储层的目的，同时还解决了非均质储层的保护问题。

经研究，适合中渗透储层的"零"损害油膜型钻井液新技术组成为：上部钻井液＋（2～4）％油膜型储层保护新材料 LCM-8。

5）与其他储层保护技术的对比

（1）可视式砂床中压实验。

① 实验方法。

筛选 80 目或 20～40 目砂子，烘干后加入评价装置井筒中，摇平表面。取一定量的钻井液，加入计算好质量的自制的两亲性聚合物油层保护剂，高速剪切搅拌分散、溶解后，缓慢倒入降滤失评价装置中，加压 0.75 MPa，保压 7.5 min，记录钻井液侵入深度。

② 实验设备。

降滤失评价采用可视式砂床中压滤失仪，具体装置如图 6-13 所示。

图 6-13　可视式砂床中压滤失仪实物图

③ 该产品与国内其他产品的性能对比。

在 500 mL 钻井液中，添加不同量的成膜剂，压力 0.7 MPa 保持 7.5 min。各种条件下钻井液侵入深度如图 6-14 和图 6-15 所示。由图可知，LCM-8 的侵入深度低于所对比的样品，这表明 LCM-8 可在砂床上形成质量更高的膜状物。

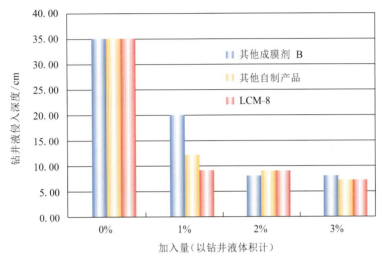

图 6-14　不同保护剂可视式砂床中压滤失性能对比

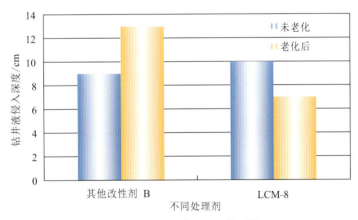

图 6-15　2% 成膜剂侵入量对比

（2）在基浆中的性能对比。

在基浆中分别加入不同类型的成膜剂，测试其流变性及 API 滤失量，结果如表 6-36 所示。由表 6-36 可知，在不同加量条件下，成膜性两亲性聚合物油层保护剂 LCM-8 对基浆的性能几乎没有影响；相同加量下，加 LCM-8 的基浆 API 滤失量更低。这表明两亲性聚合物油层保护剂 LCM-8 的成膜能力更佳，具有更强的封堵能力。

在基浆中加入不同的成膜剂，在 120 ℃ 下测试高温高压滤失量，其结果如表 6-37 所示。结果表明，与其他成膜剂相比，在同一条件下，LCM-8 的 HPHT 滤失量明显低于其他成膜材料。这表明两亲性聚合物油层保护剂 LCM-8 的成膜能力更佳，具有更强的封堵能力。

表6-36 不同加量下成膜剂性能评价

类 型	加量 /%	AV/(mPa·s)	PV /(mPa·s)	YP/Pa	YP/PV	API. V_f/ mL
其他成膜剂 A	0	10.00	5.0	5.00	1.00	34.0
	1	10.00	4.5	5.50	1.22	30.0
	2	17.50	8.5	9.00	1.06	26.4
	3	19.75	9.5	10.75	1.13	23.8
	4	22.50	8.0	14.50	1.81	20.4
	5	32.00	13.5	18.50	1.37	16.8
	6	35.00	18.0	17.00	0.94	14.2
其他成膜剂 D	0	10.00	5.0	5.00	1.00	34.0
	1	9.00	4.0	5.00	1.25	32.8
	2	12.75	7.5	5.25	0.70	30.8
	3	16.25	8.5	7.75	0.91	31.0
	4	18.50	9.5	9.00	0.95	27.6
	5	21.50	11.5	10.00	0.87	26.4
	6	24.00	12.0	12.00	1.00	27.0
其他成膜剂 B	0	10.00	5.0	5.00	1.00	34.0
	1	11.00	6.0	5.00	0.83	20.4
	2	13.25	7.5	5.75	0.77	17.4
	3	12.50	7.0	5.50	0.78	14.2
	4	13.00	6.5	6.50	1.00	11.6
	5	14.00	7.5	6.50	0.87	8.6
	6	17.50	8.5	9.00	1.06	8.0
LCM-8	0	10.00	5.0	5.00	1.00	34.0
	1	16.50	13.5	3.00	0.22	12.0
	2	38.00	27.0	11.00	0.41	8.0
	3	42.50	28.0	14.50	0.52	7.4
	4	55.00	34.0	21.00	0.62	6.8
	5	70.00	39.0	31.00	0.79	6.4
	6	86.50	41.0	45.50	1.11	5.6

注：AV—表现黏度；PC—塑性黏度；YP—动切力；API. V_f—中压滤失量。

表 6-37　不同加量下各成膜剂的高温高压滤失量对比（HTHP，V_f）

加量/%	0	1	2	3	4	5	6
FLC2000	90	64.0	56.0	44.0	37.0	32.0	25.0
LCM-8（本发明）	90	48.8	40.2	34.6	28.4	23.0	21.2
其他成膜剂 A	90	81.8	64.6	54.2	38.4	35.4	26.2
其他成膜剂 B	90	88.0	84.0	80.4	85.0	87.0	—

（3）储层保护效果室内实验。

分别测定了不同体系对岩心的封堵率及渗透率恢复值，其结果如图 6-16 和图 6-17 所示。从图中可以看出，无损害油膜暂堵方法较屏蔽暂堵及超低渗透体系具有更好的储层保护效果。

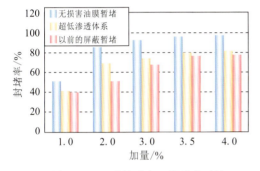

图 6-16　三种体系岩心封堵率对比

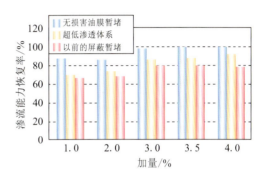

图 6-17　三种体系岩心渗流能力恢复率对比

（4）现场应用效果对比。

将不同钻井液体系，在渗透率相似的井中进行现场试验，其结果如表 6-38 所示。试验结果表明，采用"零"损害油膜暂堵技术，表皮系数均很低，产油量高出许多倍。这说明采用"零"损害油膜暂堵技术不仅起到堵的作用，而且实现了对储层的"零"损害。

表 6-38　不同体系现场测试效果对比

井　别	井　号	钻井液体系	矿场测试表皮系数	米采油指数 /（m³·d⁻¹·m⁻¹·MPa⁻¹）	米采油指数提高率/%
试验井	27-55	"零"损害油膜暂堵	0.01	0.048	71.43/54.84
对比井	25-51	其他储层保护技术	3.55	0.031	—
对比井	25-53	其他储层保护技术	3.26	0.028	—
试验井	393-1	"零"损害油膜暂堵	0.01	0.810	42.11
对比井	41×1	其他储层保护技术	3.41	0.510	—
试验井	393-1	"零"损害油膜暂堵	0.02	6.180	63.49
对比井	26-8	其他储层保护技术	3.45	3.780	—
试验井	76-13	"零"损害油膜暂堵	0.02	0.634	103.21
对比井	74-13	其他储层保护技术	5.33	0.312	—

6.3.2 "零"损害改善表面性质型钻井液新技术

低渗、特低渗储层一般具有泥质、胶结物含量高，毛细管压力高，孔喉细小，结构复杂，非均质性严重及油气流动阻力大等特点，在钻井过程中极易因外来流体侵入而产生水敏、水锁等损害，损害率高达70%～90%。低渗、特低渗储层保护效果的好坏成为低渗、特低渗油藏勘探开发成败的关键因素之一。

6.3.2.1 氟碳类表面活性剂FCS-08的制备与性能评价

1）氟碳类表面活性剂FCS-08的制备

首先将乳化剂A，$NaHCO_3$和水混合，高速搅拌30 min，然后缓慢加入单体混合物，并制成均匀的预乳液，最后转移到四颈反应烧瓶中，在搅拌的条件下加入引发剂，反应3 h后加入$NaHCO_3$调节pH值至中性，冷却至50 ℃以下，停止搅拌，将乳液过滤，倒出即得产品。该产品（表面活性剂FCS-08）的红外光谱如图6-18所示。从图中可以看出，聚合物的图谱在1 500～1 700 cm^{-1}处未出现C＝C的吸收峰，说明聚合过程单体已完全反应，产物呈现共聚物结构；3 350和3 440 cm^{-1}处为典型的羟基吸收峰；2 960 cm^{-1}的吸收峰呈现了—CH_3的特征；1 170，1 230和1 240 cm^{-1}处出现了C—F键伸缩振动峰，表明单体已参与了反应；690，735，827和839 cm^{-1}处为苯环C—H吸收峰。

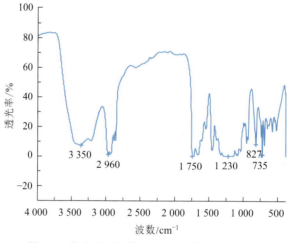

图6-18 特殊表面活性剂FCS-08的红外光谱图

2）产品性能评价

（1）岩心表面浸润性。

将溶胶处理的岩心在10%的表面活性剂中浸泡4 h，自然晾干，分别测蒸馏水、油田污水、十六烷和原油的接触角，结果如表6-39和图6-19所示。

表6-39　各介质在不同岩心表面的润湿角　　　　　单位：(°)

介　质	对　照	溶　胶	FCS-08
蒸馏水	2.52	0.00	139.79
油田污水	10.62	2.98	122.31
十六烷	2.20	4.70	65.46
原　油	35.35	39.41	85.68

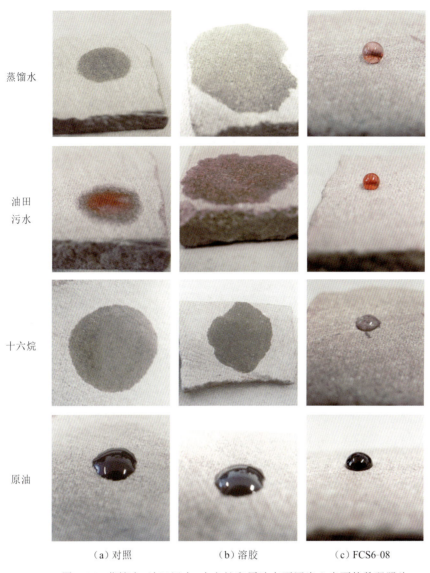

<table>
<tr><td>蒸馏水</td></tr>
<tr><td>油田
污水</td></tr>
<tr><td>十六烷</td></tr>
<tr><td>原油</td></tr>
</table>

（a）对照　　　　　　（b）溶胶　　　　　（c）FCS6-08

图 6-19　蒸馏水、油田污水、十六烷和原油在不同岩心表面的数码照片

由图 6-19 可知，经 FCS-08 处理的岩心表面，水的接触角达到 139.79°，并且其滚动角为 4.7°，其中接触角比对照明显增大了 137.27°；油田污水、十六烷和原油的接触角比对照也显著增大。总之，经 FCS-08 处理的岩心表面已由亲水亲油性转变为疏水疏油性，因此，其在钻井过程中不仅对滤液的侵入具有阻碍作用，而且润湿性改变后的岩石表面也阻碍了岩石与水分间的直接接触，避免了水化膨胀和水锁损害的发生。

（2）表面张力测试。

因为水锁损害程度不仅与储层岩性特征、胶结物类型及含量、孔隙结构、外来水性质有关，而且与岩心的气测渗透率、孔隙度、初始含水饱和度及外来流体侵入后的油水界面张力也存在密切的关系。从表 6-40 可知，特殊表面活性剂 FCS-08 的表面张力远低于其他表面活性剂。

表 6-40 常用表面活性剂溶液的表面张力

编　号	表面活性剂类型	表面张力/（mN·m⁻¹）
1	0.3% FCS-08	8.26
2	0.3% ABS	26.06
3	0.3% OP-10	26.59
4	0.3% Tween-40	30.25
5	0.3% OS-15	36.73
6	0.3% Span60	29.56
7	0.3% Tween-80	41.36
8	0.3% ABSN	25.50

6.3.2.2 "零"损害改善表面性质型钻井液新技术

针对低渗、特低渗储层特点，为了有效提高其保护效果，要求在泥饼形成之前，利用特殊表面活性剂（FCS-08）的强疏水强疏油属性，改变岩石表面性质，减少黏土水化膨胀、水锁等因素引起的储层损害，并有利于原油流动和工作液返排。在泥饼形成之后，采用新一代成膜剂（LCM-08）形成致密、韧性强、渗透性极低的屏障，保护储层。经研究，适合低渗、特低渗储层的超低损害改善表面性质型钻井液新技术组成为：上部钻井液＋（2～3）%油膜型储层保护新材料 LCM-8＋（0.2～0.4）%表面活性剂 FCS-08。将该技术进行现场应用，并与其他技术对比，结果如表 6-41 所示。由表可知，该技术可有效提高日产油量，降低含水率及产量月递减率，从而有效提高储层保护效果。

表 6-41 储层保护效果对比

井　号	保护措施	日液量/（t·d⁻¹）	日油量/（t·d⁻¹）	含水率/%	米采油指数/（t·m⁻¹·d⁻¹·MPa⁻¹）	月递减率/%
高 424-1	本技术	4.5	4.4	3	0.261 9	−13
高 424	国内其他最新技术	7.4	4.6	28	0.242 8	8
高 424-平 1	国内其他最新技术	1.1	1.0	9	0.015 8	6
纯 48-斜 17	本技术	9.1	8.3	10	0.231 1	3
纯 48-斜 11	国内其他最新技术	13.0	0.5	96	0.009 6	9
纯 48-13	国内其他最新技术	3.3	3.3	0	0.002 3	6
梁 20-斜 31	本技术	9.9	4.6	44	2.129 6	10
梁 20-17	国内其他最新技术	12.0	11.0	8	1.515 1	14

6.3.3 "零"损害协同增效型钻井液新技术

理想充填理论（IPT）是一种改善架桥效率的新方法，当颗粒累积体积分数与最大孔径的平方根呈线性关系时，可以实现理想充填[36-40]。如果储层孔喉尺寸分布呈线性，则该方法对于合理选择暂堵剂的尺寸分布是一个突破。但是，大部分油气藏的各层孔隙度、渗透率在横向、纵向、层内、层间的不均质程度均较高，根据局部储层的孔喉尺寸所选用的各种暂堵粒子，往往不能有效地封堵孔渗性严重不均质的储层。

研究认为，使用 IP-TBA 颗粒封堵大开度的孔喉和裂缝的同时，运用钻井液成膜技术使钻井液在井壁上迅速形成一层不透水的隔离膜，可以弥补 IPT 方法及钻井液成膜技术的不足，在近井壁带形成一种具有高承压能力的"颗粒群-膜复合封堵层"，起到"协同增效"的作用（图 6-20 和图 6-21），从而实现低伤害甚至无伤害钻井。

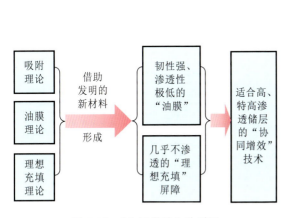

图 6-20　"协同增效"法原理

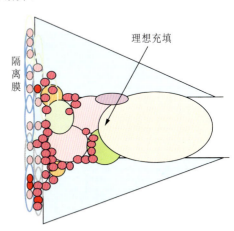

图 6-21　"协同增效"法示意图

选取渗透率相近的平行岩样 A 和 B（气测渗透率分别为 85.12×10^{-3} μm^2 和 82.56×10^{-3} μm^2），利用 JHMD-II 型高温高压动态损害评价仪，分别用蒸馏水 + 3% LCM-08（隔离膜）和蒸馏水 + 4% IP-TBA + 3% LCM-08（协同增效）对岩样进行动态污染，然后将岩心夹持器从高温高压动态损害评价仪上取下，接入承压能力实验仪，开启平流泵，逐渐加压直至滤液接收杯中有液滴，此时平流泵压力即为岩心的承压能力。实验结果如图 6-22 和图 6-23 所示。

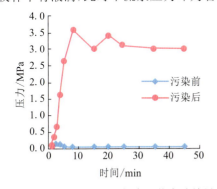

图 6-22　隔离膜承压能力评价实验结果

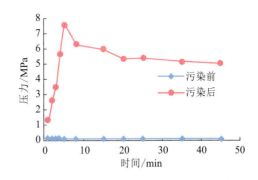

图 6-23　协同增效复合封堵层承压能力评价实验结果

由实验结果可以看出，隔离膜能提高岩心承压能力 3.5 MPa，而同等条件下协同增效复合封堵层可提高 7.48 MPa。这说明协同增效复合封堵层能更有效地阻止或减缓液相通过储层，减小地层孔隙压力传递（PPA），有助于保护储层和井壁稳定。

在保护复杂结构井储层典型钻井液配方中加入成膜剂 LCM-08 和理想充填复合暂堵剂

后,能够显著降低动滤失量,初滤失基本上实现了"零滤失"的目标,成膜效果良好,如图6-24所示。

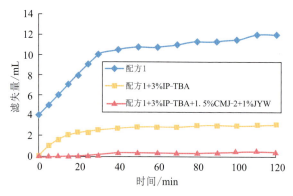

图6-24　协同增效钻井液动态滤失曲线

将协同增效钻井液技术应用于高渗储层,并与其他储层保护技术进行对比,由对比结果可知,该技术可有效提高米采油指数,增加产量(表6-42)。

表6-42　储层保护效果对比

井　号	米采油指数 /(m³·m⁻¹·d⁻¹·MPa⁻¹)	可对比井的井号	米采油指数 /(m³·m⁻¹·d⁻¹·MPa⁻¹)	增产倍数
中 30-斜更 533	0.952	中 31-更 533	0.452	2.11
中 31-斜 530	0.855	中 33-531	0.858	≈ 1.00
中 32-斜 533	0.580	中 31-斜 533	0.452	1.28
中 30-斜更 528	0.733	中 31-斜 529	0.085	8.62
中 31-排 532	1.103	中 31-531	0.108	10.21
中 33-排 528	0.269	中 33-更 529	0.223	1.21
中 35-斜 528	0.451	中 33-526	0.348	1.30

6.4　复杂结构井损害评价方法研究

复杂结构井可以分为直井段 N_1、水平段 N_2 和斜井段 N_3,因此研究复杂结构井的储层损害,必须将各井段损害评价方法阐述清楚。下面分别说明直井、水平井和斜井损害评价方法及复杂结构井损害评价方法。

6.4.1　直井损害评价方法研究

对于直井来说,储层中的油气向井眼内渗流属于径向渗流,其渗流能力的大小主要取决于生产压力梯度和水平平面上的渗透率。当储层被钻(完)井液损害后,会引起渗透率降低,从而影响其渗流能力。目前,在实验室内通常采用岩心受钻(完)井液污染前后径向渗透率的变化来评价钻(完)井液对储层的损害程度。

6.4.2　水平井损害评价方法研究

对于水平井来说,储层中的油气向井眼内渗流具有三维渗流特点,因而受到储层渗透率在各方向上的非均一性,即所谓各向异性(β)的影响。对于大多数油气藏来说,平均水平渗透率是垂向渗透率的 9～10 倍。当钻(完)井液损害水平井储层时,钻(完)井液向储层内部的渗透也呈三维渗透,从而导致储层渗透率在各方向的损害程度互不相同。同时,水平井又具有油层井段长、渗流阻力小、泄流面积大等特点,钻(完)井液对储层损害后,损害带对水平井产能的影响将比直井更为严重。因此,在本研究中,利用前面建立的数学模型,并综合考虑渗透率变化的各向异性、损害带半径以及水平井段长度等各种因素的影响,建立了水平井储层损害的评价方法[41-45]。

6.4.2.1　渗透率各向异性指数的测定和表皮系数的计算

1）各向异性指数的测定

由于水平井存在三维渗流特点,水平井储层渗透率的各向异性成为决定水平井产能的一个重要因素。渗透率各向异性指数(β)定义为:

$$\beta = (k_{\mathrm{h}}/k_{\mathrm{v}})^{1/2} \tag{6-16}$$
$$k_{\mathrm{h}} = (k_x k_y)^{1/2}$$

式中　k_{v}——垂向渗透率,μm^2;

k_{h}——平均水平渗透率,μm^2。

2）表皮效应

（1）表皮系数的计算。

无论是水平井还是直井,储层损害通常认为是由视表皮效应引起的。表皮系数越大,油气层受到钻井液污染和堵塞的程度也越大。表皮系数的数学表达式为:

$$s = (k/k_{\mathrm{s}}-1)\ln(r_{\mathrm{s}}/r_{\mathrm{w}}) \tag{6-17}$$
$$r_{\mathrm{s}} = L_{\mathrm{t}} + r_{\mathrm{w}}$$

式中　k——损害前储层渗透率,μm^2;

k_{s}——损害后储层渗透率,μm^2;

r_{s}——损害带半径,cm;

L_{t}——地层损害带宽度;

r_{w}——当量井眼半径,m。

由于水平井中各个方向上的渗透率值互不相同,且完井液浸泡水平段各点的时间也互不相等,因而计算出的在各个方向上和水平段各点上的表皮系数值也互不相等,呈椭圆柱分布形式。

（2）等价表皮系数的计算。

利用呈椭圆柱分布的表皮系数值来判断水平井的储层损害程度具有一定的困难,但如果将这种表皮系数值的大小折合成"等价"表皮系数 s_{eq},则可以相对地比较水平井的储层损害程度。同时,计算出水平井的等价表皮系数 s_{eq} 后,还可进而计算出该水平井的流动效率值。同样,s_{eq} 值越大,储层损害程度也越大。等价表皮系数 s_{eq} 表达式如下:

$$s_{eq} = \left(\frac{k}{k_s} - 1\right) \ln\left\{\frac{1}{\beta + 1}\left[\frac{4}{3}\left(\frac{a_{hmax}^2}{r_w^2} + \frac{a_{hmax}}{r_w} + 1\right)\right]^{1/2}\right\}$$ (6-18)

式中 s_{eq}——水平井的等价表皮系数，无因次；

a_{hmax}——水平井中椭圆形损害的水平平面上的最大损害半径，m；

其余符号的意义同前。

6.4.2.2 水平井储层损害程度的评价方法

1）流动效率法

流动效率是指在相同产能条件下，油气层受到损害之后的实际采油指数与未受损害的理想采油指数之比。Genard 和 Joshi 等研究了非压缩流体在均质、非均质介质中稳定流动的假设条件，得到了水平井流动效率（E_h）的表达式：

$$E_h = \frac{L \cdot \text{arcosh}(X)/h\beta + \ln(h/2\pi r_w')}{L \cdot \text{arcosh}(X)/h\beta + \ln(h/2\pi r_w') + s}$$ (6-19)

$$r_w' = [(1+\beta)/2\beta]r_w$$

式中 E_h——水平井的流动效率，无因次；

L——水平井的水平段长，m；

h——油层厚度，m；

X——参数，取决于某井泄流区域的形状和维数；

s——水平井的表皮系数，无因次；

其余符号的意义同前。

当储层未被损害时，流动效率 $E_h = 1$；当储层被钻井液损害后，流动效率 $E_h < 1$。

2）条件比法

条件比（CR）是指在储层受到污染与堵塞时，油气井供给半径（泄流半径）之内的平均有效渗透率与远离井底附近地带储层未受到污染与堵塞的有效渗透率之比值。该比值愈接近1，表明储层受污染与堵塞的程度愈小。

在大多数情况下，水平井所钻遇的储层渗透率都具有各向异性，水平渗透率 k_h 几乎都大于垂向渗透率 k_v，这种储层的平均有效渗透率 k_1 定义为：

$$k_1 = (k_h k_v)^{1/2}$$ (6-20)

当完井液对这种各向异性储层产生损害后，储层的平均水平渗透率、平均垂直渗透率和平均有效渗透率可由下式求得：

$$k_h = \frac{k_{hs}k_h \ln(r_{eh}/r_w)}{k_h \ln[(r_w + d_v)/r_w] + k_{hs} \ln[r_{eh}/(r_w + d_h)]}$$ (6-21)

$$k_v = \frac{k_{vs}k_v \ln[h/(2r_w)]}{k_v \ln[(r_w + d_v)/r_w] + k_{vs} \ln[h/(2r_w + 2d_v)]}$$ (6-22)

$$k_2 = (k_h k_v)^{1/2}$$ (6-23)

式中 k_{hs}——储层损害后,损害带内水平方向渗透率,μm^2;

k_{vs}——储层损害后,损害带内垂直方向渗透率,μm^2;

d_h——完井液滤液在水平方向的侵入深度,m;

d_v——完井液滤液在垂直方向的侵入深度,m;

r_{eh}——水平方向泄油半径;

k_h——储层损害后,储层的平均水平渗透率,μm^2;

k_v——储层损害后,储层的平均垂直渗透率,μm^2;

k_2——储层损害后,储层的平均有效渗透率,μm^2;

其余符号的意义同前。

可由下式求得条件比 CR 之值:

$$CR = \frac{k_2}{k_1} \tag{6-24}$$

3)产能比法

产能比(PR)是指在相同生产压差条件下,油气层受到污染与堵塞时的产能与未受到污染与堵塞时的产能之比。当油气层未受到污染与堵塞时,$PR = 1.0$;而受到污染与堵塞时,$PR < 1.0$。由下式确定 PR 的大小:

$$PR = \frac{q_d}{q_h} \tag{6-25}$$

式中 q_d——水平井受损害后的产能,m^3/d;

q_h——水平井未受损害时的理想产能,m^3/d。

6.4.3 斜井损害评价方法研究

与直井相比,斜井由于井斜产生的拟表皮系数 s_θ 和由于储层损害产生的真表皮系数 s_d 有很大不同,流体在储层中的渗流过滤和流入井筒时的运移状态也不尽相同。根据对倾斜井眼周围储层的渗流规律的分析,通过空间坐标变换,将渗透率各向异性介质转换为各向同性介质,求出单相流井眼倾斜条件下 s_θ 的表达式,然后通过对倾斜井筒周围储层损害分布区域形状的分析,求出由于储层损害而产生的真表皮系数 s_d 的关系式,最后推导出完全穿透油层的斜井(包含 s_θ 和 s_d)的产能表达式。

6.4.3.1 拟表皮系数 s_θ 的求解方法

1)油藏各向同性

图 6-25 为无限大板状油藏完全钻穿的定向斜井示意模型。油层厚度为 h,孔隙度为 ϕ,渗透率为 k,原油黏度为 μ,井眼半径为 r_w,有效生产层段长为 L,井斜角为 θ,油层上下界面没有流体流过。

Giger 在研究水平井产能时,提出了稳态流井底完善时水平井无因次压力 p_{dh} 的表达式:

$$p_{dh} = \ln\frac{4r_e}{L} + \frac{h}{L}\ln\frac{h}{2\pi r_w \cos(\pi e/h)} \tag{6-26}$$

式中 r_e——表示水平井井眼中部到恒压边界的距离,且 $r_e \gg L$;

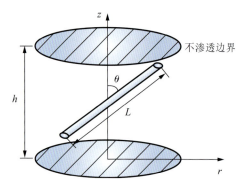

图 6-25 无限大板状油藏完全钻穿的定向斜井示意图

L——水平井水平段长度；

e——偏心距，表示水平井眼轴线与油藏中心线垂直距离。

垂直井在相同条件下的无因次压力表达式为：

$$p_{dv} = \ln \frac{r_e}{r_w} \tag{6-27}$$

令 $s_{gh} = p_{dh} - p_{dv}$，表示因井筒由垂直变为水平而产生的拟表皮系数，则有：

$$s_{gh} = \ln \frac{4r_w}{L} + \frac{h}{L} \ln \left[\frac{h}{2\pi r_w} \frac{1}{\cos(\pi e/h)} \right] \tag{6-28}$$

水平井处于油藏中心时，有：

$$s_{gh} = \ln \frac{4r_w}{L} + \frac{h}{L} \ln \frac{h}{2\pi r_w} \tag{6-29}$$

Rosa 用电模拟法研究了斜井的产能，通过改变 L/h 和井眼倾角 θ 的值，证明了下式的成立：

$$s_\theta - s_{gh} = \ln \frac{\pi}{2} + \frac{1}{2} \ln \frac{L}{h} \tag{6-30}$$

由于 $h/L = \cos\theta$，将式（6-29）代入式（6-30）可得：

$$s_\theta = (1 - \cos\theta) \ln \frac{4r_w}{L} + \frac{1}{2} \cos\theta \ln \cos\theta \tag{6-31}$$

此式适用于单相稳定流各向同性无限大板状油藏井底完善的大斜度斜井。

2）s_θ 的求解方法

当油藏渗透率 $k_x \neq k_y \neq k_z$ 时，坐标系渗透率张量可以表示为：

$$\boldsymbol{k} = \begin{bmatrix} k_x & 0 & 0 \\ 0 & k_y & 0 \\ 0 & 0 & k_z \end{bmatrix}$$

令转换因子为：

$$\boldsymbol{T} = \begin{bmatrix} a & 0 & 0 \\ 0 & b & 0 \\ 0 & 0 & c \end{bmatrix} \tag{6-32}$$

其中，

$$a = \frac{\sqrt{k_y k_z}}{\sqrt[3]{k_x k_y k_z}}, \quad b = \frac{\sqrt{k_x k_z}}{\sqrt[3]{k_x k_y k_z}}, \quad c = \frac{\sqrt{k_x k_y}}{\sqrt[3]{k_x k_y k_z}} \tag{6-33}$$

转换之后新坐标系渗透率的表达式为：

$$\boldsymbol{k'} = \begin{bmatrix} a^2 & 0 & 0 \\ 0 & b^2 & 0 \\ 0 & 0 & c^2 \end{bmatrix} \cdot \boldsymbol{k} \tag{6-34}$$

可以证明，引入转换因子 $\boldsymbol{T}$ 后，新坐标系与原坐标系的单位流量相等，新旧坐标系中各参数满足以下关系：

$$\begin{cases} k' = k_{\mathrm{h}}^{2/3} k_{\mathrm{v}}^{1/3} \\ h' = \beta^{2/3} h \\ \tan \theta' = (1/\beta) \tan \theta \\ L' = \beta^{2/3} \gamma L \\ r_{\mathrm{w}}' = \dfrac{r_{\mathrm{w}}}{\beta^{1/3}} \dfrac{1 + 1/\gamma}{2} \\ \beta = \sqrt{k_{\mathrm{h}}/k_{\mathrm{v}}} \\ \gamma = \sqrt{\cos^2 \theta + \dfrac{1}{\beta^2 \sin^2 \theta}} \end{cases} \tag{6-35}$$

对比式（6-31），考虑各向异性对 s_θ 的影响时，有：

$$s_\theta = \left(1 - \frac{\cos\theta}{\gamma}\right) \ln\left(\frac{4r_{\mathrm{w}}}{L} \frac{1}{\beta\gamma}\right) + \frac{\cos\theta}{\gamma} \ln\frac{2\sqrt{\gamma\cos\theta}}{1+\gamma} \tag{6-36}$$

6.4.3.2 真表皮系数 s_{d} 的求解方法

1）井眼周围储层损害带的区域分布

由于斜井段中接近上部直井段的部分井筒浸泡在钻井液、完井液中的时间比下部井段长，其损害深度要大一些，而接近井底的井筒周围储层的损害深度要小一些，因此整个井筒周围的损害区域形成一个圆锥体。斜井井筒周围储层损害区域分布还与钻井液、完井液滤液在储层中侵入时的流动方向有关（比如在水平和垂直方向上具有不同渗透率），所以在各向异性油藏中，损害区域的截面是一个椭圆，其长轴在渗透率最大的方向上，短轴在渗透率最小的方向上，这已被试验所证实。渗透率各向异性越大，则椭圆越扁。

2）s_d 的求解方法

真表皮系数 s_d 描述的是近井地带渗透率发生变化的储层中产生附加压降的情况。Hawkins 基于图 6-26 中左图的圆柱形损害模型，提出了经典的垂直井表皮系数表达式：

$$S_v = (k/k_s - 1)\ln(r_s/r_w) \tag{6-37}$$

式中 k —— 未受损害区域油藏的渗透率；

k_s —— 损害区域油藏的渗透率；

r_s —— 污染带半径；

r_w —— 井眼半径。

斜井井筒周围损害区域的分布形状如图 6-26 中右图所示。

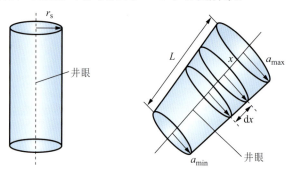

图 6-26 垂直井与斜井井筒周围储层损害带的区域分布

在各向同性介质中，由于渗透率 k 在各方向都相同，因此垂直于锥形体的截面为圆，其半径就是钻井液、完井液的侵入深度。设最大侵入深度为 a_{max}，最小侵入深度为 a_{min}，则离钻井液、完井液最大侵入深度所在平面的垂直距离为 x 的圆面积为：

$$A(x) = \pi a(x)^2 = \pi\left[a_{max} - \frac{x}{L}(a_{max} - a_{min})\right]^2 \tag{6-38}$$

整个圆锥体的体积为：

$$\int_0^L A(x)dx = \int_0^L \pi\left[a_{max} - \frac{x}{L}(a_{max} - a_{min})\right]^2 dx \tag{6-39}$$

令与此圆锥体体积相等的圆柱体的半径为 r_{seq}，则有：

$$r_{seq} = \sqrt{\frac{1}{3}\left(a_{max}^2 + a_{max}a_{min} + a_{min}^2\right)} \tag{6-40}$$

考虑实际各向异性介质的影响，类似前面的坐标变换，考虑到 $a'_{min} = r'_w$，式（6-40）变为：

$$r'_{seq} = \sqrt{\frac{1}{3}\left(a'^2_{max} + a'_{max}r'_w + r'^2_w\right)} \tag{6-41}$$

将上式中各变量转换成真实介质中的变量，有：

$$\begin{cases} a'_{max} = \dfrac{a_{max}}{\beta^{1/3}}\dfrac{1+1/\gamma}{2} \\ r'_w = \dfrac{r_w}{\beta^{1/3}}\dfrac{1+1/\gamma}{2} \end{cases} \tag{6-42}$$

将式(6-42)代入式(6-41)，有：

$$r'_{\text{seq}} = \sqrt{\frac{1+1/\gamma}{6\beta^{1/3}}\left(a_{\max}^2 + a_{\max}r_{\text{w}} + r_{\text{w}}^2\right)} \tag{6-43}$$

将 Hawkins 公式(6-37)应用于各向异性介质，则有：

$$s'_{\text{d}} = \left(k'/k'_{\text{s}} - 1\right)\ln\left(r'_{\text{seq}}/r'_{\text{w}}\right) \tag{6-44}$$

由于 $k'/k'_{\text{s}} = \left(k_{\text{h}}^{2/3}k_{\text{v}}^{1/3}\right)/\left(k_{\text{sh}}^{2/3}k_{\text{sv}}^{1/3}\right) = k/k_{\text{s}}$，所以：

$$\frac{r'_{\text{seq}}}{r'_{\text{w}}} = \sqrt{\frac{2\beta^{1/3}}{3(1+1/\gamma)}\left(\frac{a_{\max}^2}{r_{\text{w}}^2} + \frac{a_{\max}}{r_{\text{w}}} + 1\right)} \tag{6-45}$$

将公式(6-45)代入公式(6-44)，有：

$$s_{\text{d}} = \left(\frac{k}{k_{\text{s}}} - 1\right)\ln\sqrt{\frac{2\beta^{1/3}}{3(1+1/\gamma)}\left(\frac{a_{\max}^2}{r_{\text{w}}^2} + \frac{a_{\max}}{r_{\text{w}}} + 1\right)} \tag{6-46}$$

此式适用于各向异性单相稳态流无限大板状油藏的斜井。

6.4.4　复杂结构井损害评价方法研究

复杂结构井可以分为直井段 N_1、水平段 N_2 和斜井段 N_3，根据复杂结构井储层损害特殊性及以上阐述的各井型的储层损害评价方法等，建立了采用"等价表皮系数、流动效率、条件比、产能比、产能损失比"综合评价复杂结构井储层损害程度的方法和评价规范。复杂结构井损害评价可以先对各井段进行评价，计算出相应的表皮系数、等价表皮系数、流动效率、产能损失比等参数，然后综合各段的储层损害评价参数，即可得到复杂结构井的储层损害程度。根据复杂结构井储层损害评价结果，实施相应的解除储层损害的作业。

6.5　结论与建议

（1）通过复杂结构井储层损害程度评价方法研究，并根据创建的"多要素融合"法，建立了复杂结构井储层损害定量预测与诊断新方法，其定量诊断准确率大于 90%，同时开发了相应的定量预测与诊断软件各 1 套。

（2）研发了适合不同渗透性储层的新一代保护储层新材料——广谱"油膜"暂堵剂（GPJ–8）、成膜性两亲性聚合物油层保护剂（LCMJ–8）、特殊表面活性剂（FCSJ–08），其储层保护效果优于目前国内外其他储层保护材料（如国外最新材料 FLC2000）。

（3）提出了油膜理论、改善岩石表面性质理论和理想充填理论，利用发明的保护储层新材料，创建了适合不同渗透性储层的油膜型、改善岩石表面性质型和协同增效型储层保护新方法，渗透率恢复值大于 90%，现场测试表明达到了"零"损害目标，显著提高了油井产量。

（4）根据复杂结构井储层损害特殊性及不同井段的储层损害评价方法，建立了采用

水平井储层改造科学评价与控制压裂技术

陈勉 金衍 张广清 等

摘 要

本章重点介绍控制裂缝弯曲的地层力学参数空间分布预测技术、压裂岩石力学参数三维精细预测计算方法、水平井水力裂缝转向预测与工艺技术等,以及各种技术在塔里木、长庆等油田的应用情况。

主题词

水平井;储层改造;科学评价;压裂控制

引 言

随着勘探开发领域的扩大,在陕甘宁盆地、东部各油田和西部油田,越来越多的非连续非均质各向异性低渗透储层被发现。这些储层基质低渗、特低渗,存在微细天然裂缝或潜在性天然裂缝,储层介质类型与岩体岩性复杂。对于这一类型储层的有效开发及压裂增产技术的发展与应用遇到了前所未有的困难,在 20 世纪 90 年代初大多以失败告终,如塔里木塔中Ⅰ号构造带、准噶尔盆地达坂城次凹柴窝堡构造等。同时,油田开发进入中后期,由于水力裂缝壁面岩石失稳引起裂缝闭合或油层污染导致泄流通道失效,严重影响了开采效果,但常规压裂技术不能形成有效的水力裂缝,老油田面临抛弃的困境。针对以上问题,复杂井和增产改造技术可解决这一难题。在掌握孔、缝复合储层复杂应力环境的基础上,控制水力裂缝在储层的起裂位置、时机及空间扩展形态,避开水层,并有效沟通富含油气的孔、洞、缝,提供最有效的油气泄流通道,达到有效开采,提高单井产量,将具有重要的理论和工程意义。

通过水平井增产改造设计与控制技术,提出了水平井非平面水力裂缝起裂、扩展理论,建立了一套水平井增产改造设计方法,实现了四个突破:① 突破了目前国内外油气开发中普遍使用的静态地应力理论,建立了水平井井周动态干扰地应力场精细预测技术;② 突破了单一水力裂缝设计方法的局限,建立了水平井水力裂缝防干扰工艺技术;③ 突破了油气藏改造短期见效的局限,形成水平井长期有效改造工艺技术;④ 提出了集射孔、压裂、隔离于一体的水力喷射压裂增产措施。

7.1 水平井增产改造研究方法

针对岩性复杂储层介质,结合复杂井的开采难题,精确掌握了水力裂缝波及空间(近井地带和远离井眼未钻区域)的物理力学特征,为控制压裂设计、施工及保持水力裂缝的长期有效性提供了科学的基础;通过解决水力裂缝起裂、扩展过程中岩石受力、变形与断裂等关键问题,建立了控制压裂设计方法,并形成设计软件;建立了控制压裂实时监测方法,形成了适合不同储层特征的控制压裂增产技术,实现了设计控制下的水力裂缝延伸和转向,并取得大幅度增产效果。

针对控制压裂需要精确掌握的水力裂缝波及空间(近井地带和远离井眼未钻区域)的物理力学特征,建立了 I-II 型断裂韧性实验方法和原始地应力的复合测试技术,提出了区域动态地应力的三维精细预测方法,为控制压裂设计、施工及保持水力裂缝的长期有效性提供了基础数据。

7.1.1 压裂储层力学参数测试方法

地层破裂压力的大小和地应力的大小密切相关。根据多孔介质弹性理论,可得岩石发生拉伸破坏时井内钻井液柱压力(即地层破裂压力)为:

$$p_f = 3\sigma_h - \sigma_H - \alpha p_p + S_t \tag{7-1}$$

式中　p_f——地层破裂压力;

　　σ_H——最大地应力;

　　σ_h——最小地应力;

　　α——有效应力系数;

　　p_p——地层孔隙压力;

　　S_t——抗拉强度。

结合上式,只要通过地层破裂试验测得地层的破裂压力、瞬时停泵压力和裂缝重张压力,结合地层孔隙压力,就可确定出地层某深度处的最大、最小水平主地应力。但在钻井过程中,地层破裂后一般就不进行后续的试验,因此不能确定地应力状态。

如果地层破裂试验层段有岩心,那么结合差应变实验,可较好地确定地应力的大小。令式(7-1)为:

$$3\sigma_h - \sigma_H = M \qquad (7\text{-}2)$$

其中，

$$M = p_f + \alpha p_p - S_t$$

岩石的抗拉强度可通过巴西实验测得或结合石油测井数据和经验公式获取[1]。

差应变实验在等围压仓中进行。将野外取来的岩心加工成圆柱形状，然后把圆柱面切取成两个相互垂直的面，这两个面要与圆柱的两个端面相互垂直，这样试件至少有三个彼此正交的平面。在每个平面上贴一个应变花（由三个应变片组成），其中两片与棱平行，第三个应变片位于前两个应变片的角平分线上，与前两个应变片的夹角均为45°，如图7-1所示。

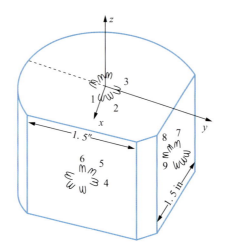

图7-1 差应变分析实验示意图

岩心密封后，放入围压仓中。每个围压下的应变测试都可以给出九个应变值，这九个应变值足以描述该时刻的应变状态，构成一个应变张量 $\boldsymbol{\varepsilon}$：

$$\boldsymbol{\varepsilon} = \begin{bmatrix} \varepsilon_1 & \varepsilon_2 - (\varepsilon_1 + \varepsilon_2)/2 & \varepsilon_8 - (\varepsilon_7 + \varepsilon_9)/2 \\ \varepsilon_2 - (\varepsilon_1 + \varepsilon_2)/2 & \varepsilon_3 & \varepsilon_5 - (\varepsilon_4 + \varepsilon_6)/2 \\ \varepsilon_8 - (\varepsilon_7 + \varepsilon_9)/2 & \varepsilon_5 - (\varepsilon_4 + \varepsilon_6)/2 & \varepsilon_6 \end{bmatrix} \qquad (7\text{-}3)$$

在实验室内估算野外应力值，需要确定野外状态的应变值。若确定了应变值，此时的三向主应力之比为：

$$\sigma_H : \sigma_h : \sigma_V = [\mu(\varepsilon_h + \varepsilon_V) + (1-\mu)\varepsilon_H] : [\mu(\varepsilon_V + \varepsilon_H) + (1-\mu)\varepsilon_h] : [\mu(\varepsilon_H + \varepsilon_h) + (1-\mu)\varepsilon_V] \qquad (7\text{-}4)$$

式中 ε_H——水平最大地应力方向应变量；

ε_h——水平最小地应力方向应变量；

ε_V——垂向地应力方向应变量；

μ——泊松比。

确定野外状态应变值的实验方法如下：① 在加工差应变实验试样余下的柱状钻井岩心上钻取直径为25 mm、长度为50 mm的柱状体，作为波速实验试样，将试样按三轴强度实验的要求放入三轴实验机，等压测试加围压过程的岩石弹性波速，找出测量波速接近野外波速

时的围压 p_c；② 差应变实验中，围压线性加压至主应力比基本不变，采用最小二乘法分别回归出各个通道的应变值和围压的函数关系，将围压值 p_c 代入回归的关系式，确定出野外状态应变值。

野外波速是试样所处地层的岩石弹性波速，可由石油声波速度测井资料获得。声速测井是对油井深度剖面自下而上连续测量岩石的弹性波速。

令式（7-4）为：

$$\sigma_H : \sigma_h = m : n \tag{7-5}$$

其中，

$$m = \mu(\varepsilon_H + \varepsilon_V) + (1-\mu)\varepsilon_H$$
$$n = \mu(\varepsilon_V + \varepsilon_H) + (1-\mu)\varepsilon_h$$

结合式（7-2）得：

$$\sigma_H = \frac{m(p_f + \alpha p_p - S_t)}{3n - m} \tag{7-6}$$

$$\sigma_h = \frac{n(p_f + \alpha p_p - S_t)}{3n - m} \tag{7-7}$$

再结合式（7-4），可确定垂向应力 σ_V。

将岩心加工成两个端面平整的 40 mm 左右的圆柱体，使用金刚石切片机沿平行于圆柱体轴向方向切出两个垂直的平面，形成三个互相垂直的平面。对端面不平的部分使用砂轮机磨平，再用刚玉砂布将端面磨平，要求依次使用 60～400 目刚玉砂布，直至平面光滑平整为止，然后使用丙酮去除平面上的沙粒，使用"502"瞬间强力胶分别在这三个平面的交点相对贴上三个电阻应变花。试件上的数据线采用打印机接口，这样数据采集系统在试件以外的线路就可以在每次实验中都保持固定不变；测试试件上有 18 条数据线，加上补偿试件上 2 条数据线，共有 20 条数据线，10 个通道应变。图 7-2 是本次实验所加工的试件。试件加工完成后，使用"914"胶或环氧树脂与聚酰胺树脂混合液密封，防止加压时液压油渗透进入岩心以及岩心和应变片的结合面而导致实验失败。

图 7-3 是差应变实验设备示意图，主要有数据采集系统、MTS816 岩石实验系统（伺服增压器）、围压泵、围压缸和高压氮气源等。首先把岩样置于实验围压缸中，通过打印机接口与数据采集系统连接，把每条动态电阻应变仪通道调零，同时启动数据记录计算机并运行采集程序；然后使用围压泵向围压缸中充填液压油，当围压缸充满以后，关闭围压泵，把围压缸与 MTS816 系统的伺服增压器连接，采用 MTS 伺服增压器进行增压，这样就可以很好地控制加压，实现线性加载与线性卸载；实验完毕后，关闭数据采集程序，使用高压氮气源排出围压缸中的液压油，继续进行下一次实验。

图 7-2 差应变分析实验试样

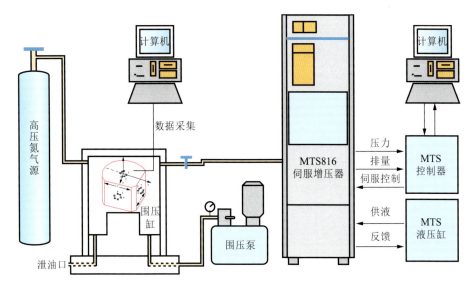

图 7-3　差应变实验装置示意图

岩石的断裂韧性是水力压裂模型中的重要参数之一。水力压裂中涉及 Ⅰ 型、Ⅱ 型以及 Ⅰ-Ⅱ 复合型断裂问题。Ⅰ 型断裂韧性控制水力裂缝平面延伸，Ⅱ 型断裂韧性控制水力裂缝转向弯曲，而控制压裂所涉及的水力裂缝延伸机制的一般是 Ⅰ-Ⅱ 复合型断裂问题。根据岩石力学理论，建立了岩石断裂韧性测量方法和测井解释模型，用于解决裂缝转向扭曲扩展问题。该方法被国外同行专家引用[2-8]。

H. Awaji 和 S. Sato[9] 在 1978 年首先提出使用圆盘形试件测试 Ⅰ 和 Ⅱ 型断裂韧性的方法，圆盘的半径为 R，厚度为 B，初始裂缝的长度为 2a。C. Atkinson 等[10] 得出圆盘形试件测试断裂韧性的计算公式：

$$\begin{cases} K_{\text{Ⅱ}} = \dfrac{p\sqrt{a}}{\sqrt{\pi}RB} N_{\text{Ⅱ}} \\ N_{\text{Ⅱ}} = [2 + (8\cos^2\theta - 5)(\alpha/R)^2]\sin 2\theta \end{cases}$$ （7-8）

式中　$K_{\text{Ⅱ}}$——岩石 Ⅱ 型断裂韧性；

　　　a——无因次切口长度，$a = \alpha/R$；

　　　$N_{\text{Ⅱ}}$——无因次应力强度因子，其大小与无因次切口长度和预制裂缝与加载方向的夹角 θ 有关；

　　　p——施加的径向载荷。

Atkinson 发现，给定 α 可计算出发生纯剪切状态时预制裂缝与加载方向的夹角 θ，并可依此确定角度加工预制裂缝；利用实验得到的试样破坏压力数据可计算出 Ⅱ 型应力强度因子 $K_{\text{Ⅱ}}$，即岩石 Ⅱ 型断裂韧性 $K_{\text{ⅡC}}$。

根据 SNBD 试件计算应力强度因子的原理及孙宗颀等[11-13] 的研究成果，设计组建一套测试岩石 Ⅱ 型断裂韧性的系统，主要由断裂韧性测试装置、MTS816 岩石测试系统和 Locan AT 声发射测试系统等三个主要部分组成（图 7-4）。

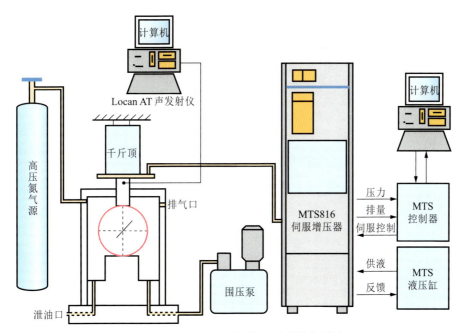

图 7-4　岩石Ⅱ型断裂韧性测试系统装置图

将直径 100 mm 左右的油田岩心加工成端面平行、柱面光滑、厚度在 25 mm 左右的圆盘形试样（图 7-5），然后在圆盘中心钻取直径约为 5 mm 的贯穿孔，最后通过中心孔预制初始裂缝。初始预制裂缝长度和试件直径比约为 0.3 左右。

把表面涂有硅胶的试件放入围压缸，将其固定在底座上，使初始裂缝与轴向加载 p 方向呈预先确定的角度，然后使用围压泵给围压缸增压至预定围压；加载至试件破裂，记录破裂压力；岩样破裂后，打开泄油口，放出液压油，使围压降至零，然后把围压缸与高压氮气源接通，使用高压氮气把围压缸中的液压油吹出，取出岩心，进行下一轮实验。

图 7-5　SNBD 试件

通过采用多元非线性回归方法，得到岩石Ⅱ型断裂韧性与围压、抗拉强度之间的关系：

$$K_{\mathrm{IIC}} = 0.046\ 6p_{\mathrm{c}} + 0.167\ 4S_{\mathrm{t}} - 0.185\ 1 \tag{7-9}$$

若已知地层深处岩石所受围压与抗拉强度，则可利用式（7-9）来确定岩石的断裂韧性。

围压与抗拉强度可根据测井资料确定。

假设岩石为各向同性无限弹性体,根据纵波和横波速度求得动态弹性模量:

$$\begin{cases} E_d = \dfrac{\rho v_s^2 (3v_p^2 - 4v_s^2)}{v_p^2 - 2v_s^2} \\ \mu_d = \dfrac{v_p^2 - 2v_s^2}{2(v_p^2 - v_s^2)} \end{cases} \qquad (7\text{-}10)$$

式中　E_d——动态弹性模量,MPa;

　　　μ_d——动态泊松比;

　　　v_p——纵波速度,km/s;

　　　v_s——横波速度,km/s;

　　　ρ——密度,g/cm³。

D. U. Deere 和 R. P. Miller[15] 根据大量的室内实验结果建立了砂泥岩的单轴抗压强度 σ_c 和动态弹性模量以及岩石的泥质含量(体积分数)V_{cl} 之间的关系:

$$\sigma_c = (0.004\ 5 + 0.003\ 5V_{cl})E_d \qquad (7\text{-}11)$$

岩石抗拉强度 S_t 与单轴抗压强度 σ_c 一般存在如下关系[16]:

$$S_t = \frac{\sigma_c}{K} \qquad (7\text{-}12)$$

即:

$$S_t = \frac{0.004\ 5E_d(1 - V_{cl}) + 0.008V_{cl}E_d}{K} \qquad (K = 12.26) \qquad (7\text{-}13)$$

自然伽马测井是在井内测量岩层中自然存在的放射性核素核衰变过程放射出来的 γ 射线的强度,可用于划分岩性,估算地层泥质含量 V_{cl}:

$$V_{cl} = \frac{2^{GCUR \cdot I_{GR}} - 1}{2^{GCUR} - 1} \qquad (7\text{-}14)$$

式中　V_{cl}——泥质的体积分数;

　　　$GCUR$——希尔奇指数,与地质时代有关,可根据取心分析资料与自然伽马测井值进行统计确定,对于第三系地层取 3.7,老地层取 2;

　　　I_{GR}——泥质含量指数,$I_{GR} = \dfrac{GR - GR_{min}}{GR_{max} - GR_{min}}$;

　　　GR,GR_{min},GR_{max}——目的层、纯泥岩层和纯砂岩层的自然伽马值。

围压 p_c 可由下式近似得到:

$$p_c = \sigma_h - \alpha p_p \qquad (7\text{-}15)$$

式中　σ_h——最小水平地应力;

　　　α——有效应力系数;

　　　p_p——孔隙压力。

σ_h 的计算方法如下:假定在沉积后期地质构造运动过程中,所钻井构造单元层系内地层与地层之间不发生相对位移,所有地层两水平方向的应变均为常数,则最小水平地应力 σ_h 与最大地应力 σ_H 预测模型为:

$$\sigma_h = \frac{\mu_s}{1-\mu_s}(\sigma_z - \alpha p_p) + \frac{\varepsilon_h E_s}{1-\mu_s^2} + \frac{\mu_s \varepsilon_H E_s}{1-\mu_s^2} + \alpha p_p \tag{7-16}$$

$$\sigma_H = \frac{\mu_s}{1-\mu_s}(\sigma_z - \alpha p_p) + \frac{\varepsilon_H E_s}{1-\mu_s^2} + \frac{\mu_s \varepsilon_h E_s}{1-\mu_s^2} + \alpha p_p \tag{7-17}$$

式中 $\varepsilon_H, \varepsilon_h$ ——应力构造系数,由地应力实测,式(7-16)和式(7-17)中构造系数视为常数;

σ_z ——垂向地应力,由密度测井数据积分计算获得;

μ_s, E_s ——地层静态泊松比和弹性模量,可由动态泊松比和弹性模量转换得到。

综上所述,模型中的地层密度 ρ、纵波时差或波速 v_p 以及泥质含量 V_{cl},均可由测井资料求得。这样根据声波测井、密度测井、伽马测井资料可求得地层抗拉强度 S_t 和围压 p_c,最后求得岩石断裂韧性 K_{IIC}。

7.1.2 压裂储层力学参数预测方法

地应力与断裂韧性是控制水力裂缝转向、延伸的关键因素。水力裂缝延伸时遇到天然裂缝(孔洞)后会重新起裂,因此需要掌握远井处破裂压力、地应力与断裂韧性;考虑到水力裂缝壁面在地应力作用下不坍塌并保持裂缝通道的有效性,还需要掌握远离井眼处储层的坍塌压力。

采用的岩石力学参数测井解释模型都是在某一区域某一层位多组实验的基础上总结的经验公式,具有很强的区域性和层位性,因此在工程实际应用中会产生两个问题:① 应用区域和层位不同,模型的经验系数应不同,固定经验系数的模型将带来不准确,甚至是错误的地层参数;② 即使模型的经验系数允许层位或区域变化,但获得这些系数需要适量的实验,这在实际工程应用中是不切实际的,因为实验成本和地层取心都不允许这样做。

对于一个新的应用区域或层位,通过分别对隔层、产层进行一个点的实验或通过钻井资料、压裂的压力曲线等反算岩石力学参数,可获得各层某一深度的水平最大、最小地应力和上覆压力($\sigma_H^i, \sigma_h^i, \sigma_V^i$)、静态泊松比(μ_s^i)、静态弹性模量(E_s^i)、抗拉强度(S_t^i)和断裂韧性(K_{IC}^i),同时还可获得各层某一深度根据固定系数模型计算的水平最大、最小地应力和上覆压力($\sigma_{H0}^i, \sigma_{h0}^i, \sigma_{V0}^i$)、静态泊松比(μ_{s0}^i)、静态弹性模量(E_{s0}^i)、抗拉强度(S_{t0}^i)和断裂韧性(K_{IC0}^i),则自适应岩石力学参数测井解释模型可表示为:

$$\sigma_H = \frac{\sigma_H^i}{\sigma_{H0}^i}\left[\frac{\mu_s}{1-\mu_s}(\sigma_V - \alpha p_p) + \frac{\varepsilon_H E_s}{1-\mu_s^2} + \frac{\mu_s \varepsilon_h E_s}{1-\mu_s^2} + \frac{\alpha_T E_s \Delta T}{1-\mu_s} + \alpha p_p\right] \tag{7-18}$$

$$\sigma_h = \frac{\sigma_h^i}{\sigma_{h0}^i}\left[\frac{\mu_s}{1-\mu_s}(\sigma_V - \alpha p_p) + \frac{\varepsilon_h E_s}{1-\mu_s^2} + \frac{\mu_s \varepsilon_H E_s}{1-\mu_s^2} + \frac{\alpha_T E_s \Delta T}{1-\mu_s} + \alpha p_p\right] \tag{7-19}$$

$$\mu_s = \frac{\mu_s^i}{\mu_{s0}^i}\left(A_1 + K_1 \mu_d\right) \tag{7-20}$$

$$E_s = \frac{E_s^i}{E_{s0}^i}\left(A_2 + K_2 E_d\right) \tag{7-21}$$

$$S_t = \frac{S_t^i}{S_{t0}^i} \frac{0.004\,5E_d(1-V_{cl})+0.008V_{cl}E_d}{K} \tag{7-22}$$

$$K_{IC} = \frac{K_{IC}^i}{K_{IC0}^i}(0.217\,6p_c + 0.005\,9S_t^3 + 0.092\,3S_t^2 + 0.517S_t - 0.332\,2) \tag{7-23}$$

式中　a_T——地应力不均匀系数;

　　A_1,K_1——动、静态泊松比转换系数;

　　A_2,K_2——动、静态弹性模量转换系数。

利用地震、测井和地质资料综合反演区域三维岩石物理参数。

地震反演是利用地表观测地震资料,以已知地质规律和钻井、测井资料为约束,对地下岩层空间和物理性质进行成像的过程。地震资料中包含丰富的岩性、物性信息,经过地震反演可以把界面型的地震信息转换为岩层型的测井数据,使其能与钻井、测井资料直接对比,以岩层为单元进行地质分析,建立起用于勘探开发的地质、力学和油藏模型,充分发挥地震资料在横向上信息量大的优势。

约束稀疏脉冲反演技术以测井资料为约束条件,以地震解释的层位作为控制,从井点出发,首先完成井旁道反演,再由井旁道开始对所有地震道进行外推内插来完成波阻抗反演。这样可克服地震分辨率的限制,最佳地逼近测井分辨率,同时又可使反演结果保持较好的横向连续性。约束稀疏脉冲反演方法的主要原理是:① 通过最大似然反褶积求得一个具有稀疏特性的反射系数序列;② 通过最大似然反演导出宽带波阻抗。该方法的主要优点是:能获得宽频带的反射系数,是一种基于模型的反演,具有多种建模方法,对所建模型进行比较分析可使地质模型更趋合理,反演结果更加真实可靠。最大似然反褶积对地层的假设为:地层的反射系数是较大的反射界面的反射和具有高斯背景的小反射叠加组合而成的。根据这种假设导出一个最小的目标函数:

$$J = \sum_{K=1}^{L}\frac{R^2(K)}{R^2} + \sum_{K=1}^{L}\frac{N^2(K)}{N^2} - 2M\ln\lambda - 2(L-M)\ln(1-\lambda) \tag{7-24}$$

式中　$R(K)$——第K个采样点的反射系数;

　　M——反射层数;

　　L——采样总数;

　　N——噪音变量的平方根;

　　K——给定反射系数的似然值。

最大似然反演就是通过转换反射系数导出宽带波阻抗的过程。如果从最大似然反褶积中求得的反射系数是$R(t)$,则波阻抗为:

$$Z(i) = Z(i-1)\frac{1+R(t)}{R(t)} \tag{7-25}$$

反演工作流程大体分为两大部分,即对地震资料和测井资料的处理工作。其中地震资料的处理工作主要包括地震资料的重处理和重采样、层位的解释;测井资料的处理工作主要包括测井资料的标准化、子波的提取、合成地震记录;而基于两者资料结合起来的工作主要包括层位的标定、初始模型的建立、三维体的反演以及对反演结果的效果分析。如果反演结果满足实际要求的精度,则可作为正式结果应用。

地层的纵波速度可以由声波时差测井资料得到:

$$v_p = \frac{304.8}{\Delta t} \tag{7-26}$$

式中 v_p——纵波速度,km/s;

Δt——声波时差测井值,μs/ft(1 ft = 0.304 8 m)。

根据对饱含水的不同岩石所进行的大量纵、横波速度测定,发现纵、横波速度存在如下良好的经验关系:

$$v_s = \sqrt{11.44 v_p + 18.03} - 5.686 \tag{7-27}$$

式中 v_p——纵波速度,km/s;

v_s——横波速度,km/s。

声波在岩石中的传播速度与岩石的性质、孔隙度和孔隙液体等有关。研究声波在岩石中的传播速度或传播时间,可以确定岩石的性质和孔隙度。利用声波测井资料确定孔隙度通常使用下式:

$$\phi = \frac{\Delta t - \Delta t_{ma}}{\Delta t_f - \Delta t_{ma}} \tag{7-28}$$

式中 ϕ——岩石孔隙度;

Δt——岩石声波时差测井值,μs/ft;

Δt_{ma}——岩石骨架声波时差值,μs/ft;

Δt_f——岩石孔隙流体声波时差值,μs/ft。

大量实验证明,声波速度、孔隙度和泥质含量之间存在良好的线性关系,这种关系随地质区块和地质层段的差异而有所不同。因此可以将声波速度、孔隙度和泥质含量代入下式,建立适合于本地区不同层系的孔隙度和泥质含量计算模型:

$$\begin{cases} \phi = a_1 + a_2 v_p + a_3 v_s \\ V_{cl} = b_1 + b_2 v_p + b_3 v_s \end{cases} \tag{7-29}$$

式中 ϕ——孔隙度;

V_{cl}——泥质含量;

v_s——横波速度,km/s。

将利用本区块已钻井测井资料解释得到的声波速度、孔隙度和泥质含量代入式(7-29)中,通过多元线性回归的方法确定 a_1、a_2、a_3、b_1、b_2、b_3,从而得到适用于该区块的孔隙度和泥质含量计算模型。

建立上覆地层压力计算模型,首先要求确定上覆地层压力梯度。上覆地层压力梯度可以由密度测井的散点数据计算得到:

$$G_{0i} = \frac{\sum \rho_i \Delta h_i + \rho_0 h_0}{\sum \Delta h_i + h_0} \tag{7-30}$$

式中　G_{0i}——某深度的上覆地层压力梯度，MPa/m；

　　　ρ_i——该深度上部各层的密度平均值，g/cm³；

　　　Δh_i——该深部上部各层的层间深度间隔，m；

　　　ρ_0——上部无密度测井数据层段的平均密度，g/cm³。

　　　h_0——上部无密度测井数据层段的厚度，g/m。

由上覆地层压力梯度可计算各深度的上覆地层压力：

$$p_{0i} = 0.01 G_{0i} h_i \tag{7-31}$$

式中　p_{0i}——地下某点上覆地层压力，MPa；

　　　G_{0i}——该点上覆地层压力梯度，MPa/m；

　　　h_i——该点深度，m。

通常利用已钻井密度测井的散点数据将上覆地层压力梯度回归为深度的函数。研究认为将上覆地层压力梯度回归为下式效果最好：

$$G_0 = a_1 + a_2 h + a_3 \exp a_4^h \tag{7-32}$$

地层孔隙压力预测的理论基础是饱和多孔介质的有效应力定律：

$$p_e = p_o - p_p \tag{7-33}$$

式中　p_e——垂直有效应力；

　　　p_o——上覆地层压力；

　　　p_p——地层孔隙压力。

从上式可知，在已知上覆地层压力的情况下，只要求得垂直有效应力就可以计算出地层孔隙压力，所以建立地层孔隙压力计算模型实际上就是建立垂直有效应力计算模型。

大量的岩心测试实验证明，影响声波在岩石中传播速度的主要因素是岩性、孔隙度和垂直有效应力，因此可以将声波速度表示为岩性、孔隙度和垂直有效应力的函数：

$$v = f\left(V_{cl}, \phi, p_e\right) \tag{7-34}$$

式中　v——声波速度；

　　　V_{cl}——泥质含量；

　　　ϕ——孔隙度；

　　　p_e——垂直有效应力。

实验工作表明，建立如下模型来表征上面的函数关系最为理想：

$$v_p = a_1 + a_2 \phi + a_3 \sqrt{V_{cl}} + a_4 \left[p_e - \exp(a_5 p_e) \right] \tag{7-35}$$

在建立垂直有效应力计算模型时，v_p 的值由声波时差测井资料直接计算，孔隙度和泥质含量利用已建立的该地区的孔隙度和泥质含量计算模型计算。

利用已建立的该区块的上覆地层压力模型和静液压力或实测压力可确定用于建模的垂直有效应力：

$$p_e = p_o - g_w h \tag{7-36}$$

式中　g_w——静液压力梯度，一般取 0.010 5 MPa/m。

将 v_p, ϕ, V_{cl}, p_e 分层数据代入式(7-35)中,利用多元非线性回归的方法计算出 a_1, a_2, a_3, a_4, a_5, 从而建立该区块的地层孔隙压力计算模型。地应力可以用前述模型计算。

7.1.3 储层地应力场随钻井、开采不同时期的动态预测方法

1)储层应力场动态变化的影响因素分析

油田生产过程实际上是一个地层变形和流体流动的耦合问题。在生产过程中,地层中的流体流动,同时压力发生变化,使得地层变形,这主要体现在水平两个主应力的变化上。对于垂向,由于地面没有约束,可以自由变形,因而垂向应力一般来说不受注水和油井生产的影响。地层的地应力发生变化后,会改变地层渗流参数,如渗透率、孔隙度、压缩系数等,进而影响流体的流动规律。因此这两个过程是同时发生的,必须同时考虑。

由于各种原因,储层的温度会发生变化,多数岩石随温度的增加而膨胀,受围岩的限制,膨胀应变将变为应力:

$$\sigma_{x3} = 2G \frac{1+\mu}{1-2\mu} \alpha^T (T - T_0) \qquad (7-37)$$

$$\sigma_{y3} = 2G \frac{1+\mu}{1-2\mu} \alpha^T (T - T_0) \qquad (7-38)$$

式中 G——剪切模量;

α^T——温度引起的膨胀系数;

T_0——初始地层温度;

T——当前地层温度;

σ_{x3}, σ_{y3}——温度升降在水平 x, y 方向引起的附加应力。

2)地层应力场动态预测模型

将边界考虑成封闭边界,给模型一个初始的地层压力,初始地层压力场采用地层测试得到的地层压力,然后改变地层压力,模拟地层压力变化导致的地应力变化。模拟时盖层没有地层压力,只在中间两层的储层段加地层压力。采用时间顺序耦合的方法模拟固体变形和流体流动,不但能够保证分析的精度,而且求解速度比较快,耦合算法流程如图7-6所示。

基本假设:

(1)油藏为二维油水两相渗流,油层水平;

(2)油藏渗透率各向异性;

(3)油藏流体微可压缩,且压缩系数保持不变。

3)区域储层地应力场动态变化研究思路

研究区域储层地应力场动态变化规律的技术路线如图7-7所示。

4)储层地应力场动态变化规律研究

分析了大北1井区地层压力分别变化 3.27%, 5.52%, 7.77%, 10.02%, 15.65% 和 21.27% 时的地应力变化规律,结果如表7-1和图7-8所示,地应力场区域变化云图如图7-9~图7-13所示。

从表7-1和图7-8可以看出,水平最大地应力、水平最小地应力随地层压力近似呈线性变化,地层压力降低,两个水平地应力降低。

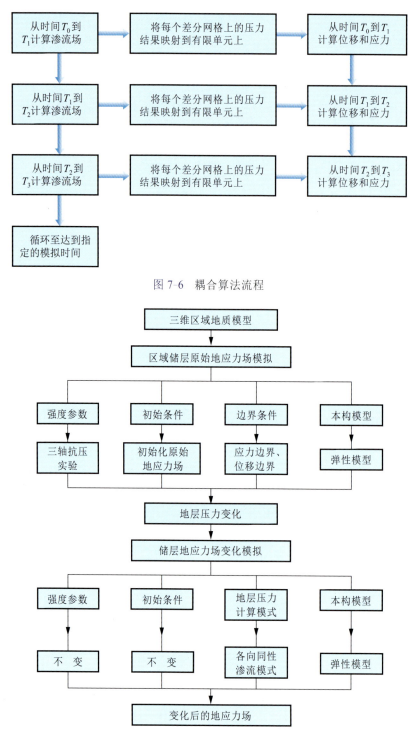

图 7-6 耦合算法流程

图 7-7 地应力变化预测技术路线

从图 7-11～图 7-13 可以看出,大北 1 井区原始地层压力主要分布在 89～99 MPa 之间,原始水平最大地应力主要分布在 140～154 MPa 之间,原始水平最小地应力主要分布在 118～130 MPa 之间;当地层压力降低 3.27％时,原始水平最大地应力主要分布在

138.5～151.7 MPa 之间,原始水平最小地应力主要分布在 116～128 MPa 之间;当地层压力降低 10.02% 时,原始水平最大地应力主要分布在 135～148 MPa 之间,原始水平最小地应力主要分布在 112～124 MPa 之间;当地层压力降低 15.65% 时,原始水平最大地应力主要分布在 131～145 MPa 之间,原始水平最小地应力主要分布在 109～121 MPa 之间;当地层压力降低 21.27% 时,原始水平最大地应力主要分布在 130～141 MPa 之间,原始水平最小地应力主要分布在 106～118 MPa 之间。

表 7-1   不同地层压力下地应力变化值

水平最大地应力/MPa	水平最小地应力/MPa	地层压力/MPa	地层压力变化率/%
144.82	122.54	88.91	0.00
141.64	119.36	84.00	3.27
140.34	118.06	82.00	5.52
142.93	120.65	86.00	7.77
139.04	116.76	80.00	10.02
135.80	113.52	75.00	15.65
132.55	110.27	70.00	21.27

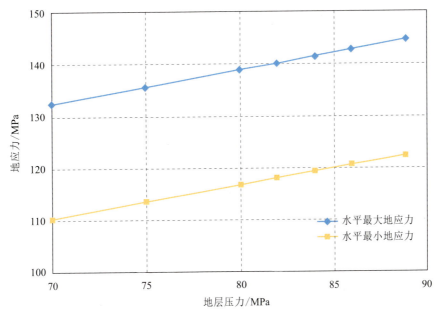

图 7-8   地应力随地层压力变化曲线

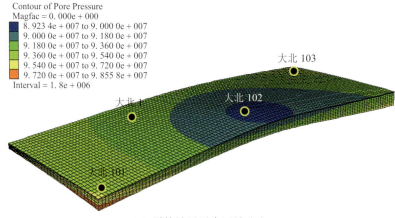

（a）原始地层压力区域分布

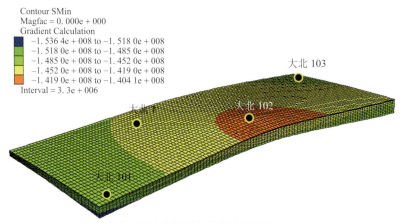

（b）原始水平最大地应力区域分布

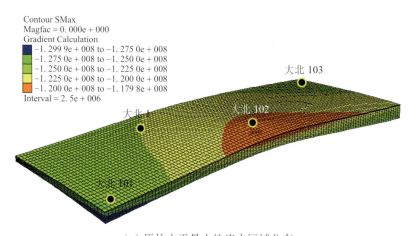

（c）原始水平最小地应力区域分布

图7-9　大北1井区储层原始地层压力和最大、最小地应力区域分布

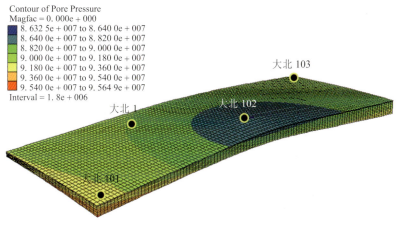

（a）地层压力区域分布

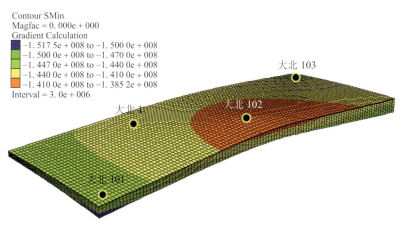

（b）水平最大地应力区域分布

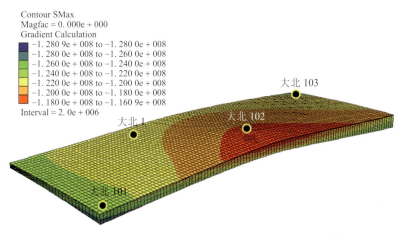

（c）水平最小地应力区域分布

图 7-10　大北 1 井区地层压力降低 3.27%时地层压力和最大、最小地应力区域分布

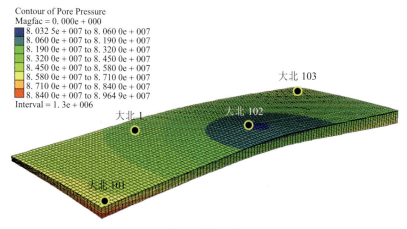

（a）地层压力区域分布

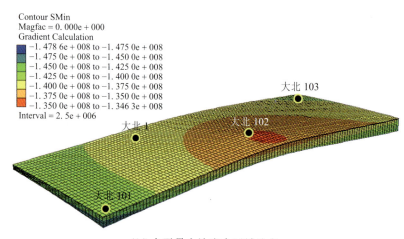

（b）水平最大地应力区域分布

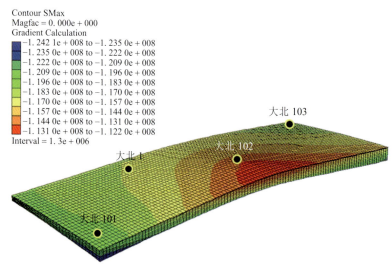

（c）水平最小地应力区域分布

图 7-11　大北 1 井区地层压力降低 10.02％时地层压力和最大、最小地应力区域分布

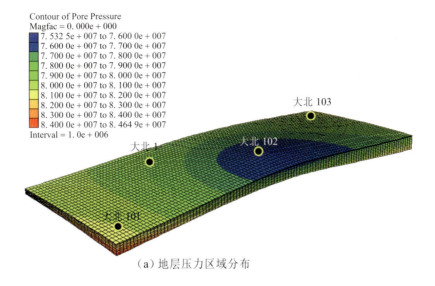

（a）地层压力区域分布

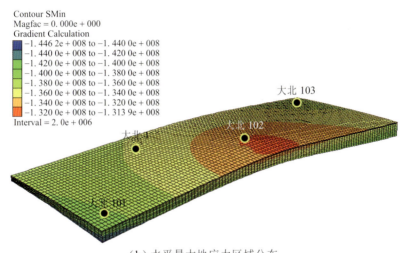

（b）水平最大地应力区域分布

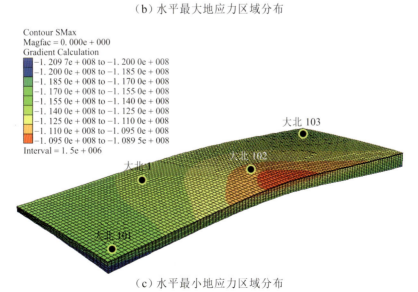

（c）水平最小地应力区域分布

图 7-12　大北 1 井区地层压力降低 15.65％时地层压力和最大、最小地应力区域分布

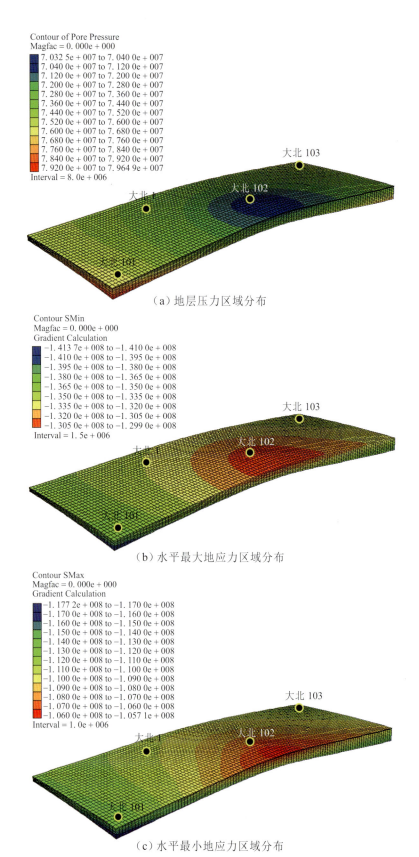

Contour of Pore Pressure
Magfac = 0. 000e + 000
■ 7. 032 5e + 007 to 7. 040 0e + 007
■ 7. 040 0e + 007 to 7. 120 0e + 007
7. 120 0e + 007 to 7. 200 0e + 007
7. 200 0e + 007 to 7. 280 0e + 007
7. 280 0e + 007 to 7. 360 0e + 007
7. 360 0e + 007 to 7. 440 0e + 007
7. 440 0e + 007 to 7. 520 0e + 007
7. 520 0e + 007 to 7. 600 0e + 007
7. 600 0e + 007 to 7. 680 0e + 007
7. 680 0e + 007 to 7. 760 0e + 007
7. 760 0e + 007 to 7. 840 0e + 007
7. 840 0e + 007 to 7. 920 0e + 007
7. 920 0e + 007 to 7. 964 9e + 007
Interval = 8. 0e + 006

大北 103
大北 102
大北 1
大北 101

（a）地层压力区域分布

Contour SMin
Magfac = 0. 000e + 000
Gradient Calculation
■ −1. 413 7e + 008 to −1. 410 0e + 008
■ −1. 410 0e + 008 to −1. 395 0e + 008
−1. 395 0e + 008 to −1. 380 0e + 008
−1. 380 0e + 008 to −1. 365 0e + 008
−1. 365 0e + 008 to −1. 350 0e + 008
−1. 350 0e + 008 to −1. 335 0e + 008
−1. 335 0e + 008 to −1. 320 0e + 008
−1. 320 0e + 008 to −1. 305 0e + 008
−1. 305 0e + 008 to −1. 299 0e + 008
Interval = 1. 5e + 006

大北 103
大北 102
大北 1
大北 101

（b）水平最大地应力区域分布

Contour SMax
Magfac = 0. 000e + 000
Gradient Calculation
■ −1. 177 2e + 008 to −1. 170 0e + 008
−1. 170 0e + 008 to −1. 160 0e + 008
−1. 160 0e + 008 to −1. 150 0e + 008
−1. 150 0e + 008 to −1. 140 0e + 008
−1. 140 0e + 008 to −1. 130 0e + 008
−1. 130 0e + 008 to −1. 120 0e + 008
−1. 120 0e + 008 to −1. 110 0e + 008
−1. 110 0e + 008 to −1. 100 0e + 008
−1. 100 0e + 008 to −1. 090 0e + 008
−1. 090 0e + 008 to −1. 080 0e + 008
−1. 080 0e + 008 to −1. 070 0e + 008
−1. 070 0e + 008 to −1. 060 0e + 008
−1. 060 0e + 008 to −1. 057 1e + 008
Interval = 1. 0e + 006

大北 103
大北 102
大北 1
大北 101

（c）水平最小地应力区域分布

图 7-13　大北 1 井区地层压力降低 21. 27% 时地层压力和最大、最小地应力区域分布

7.2 水平井控制压裂关键技术

7.2.1 水平井压裂起裂模型

1）水平井井周应力场分布

水平井地应力坐标系与柱坐标系的关系如图 7-14 所示。

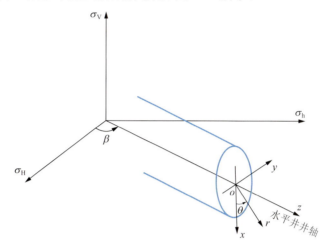

图 7-14 水平井地应力坐标系与柱坐标系的关系

视含节理的井壁地层为连续介质体,微小水平井方位与正北的夹角为 β_1,水平最大地应力方位与正北的夹角为 θ_H,相对井斜方位角 $\beta = \beta_1 - \theta_H$,则井壁岩石所受的应力 σ_{ij} 是地应力(水平最大应力 σ_H、水平最小地应力 σ_h 和上覆压力 σ_V)、地层孔隙压力 $p(r,t)$ 和井内液柱压力 p_m 联合作用的结果,井壁上的应力分量 σ_r、σ_θ、σ_z、$\tau_{r\theta}$、$\tau_{\theta z}$、τ_{rz} 在柱坐标系中可表示为:

$$\sigma_r = p_m - \delta\phi[p_m - p(r,t)] \tag{7-39}$$

$$\sigma_\theta = \left[(1+2\cos 2\theta)\cos^2\beta\right]\sigma_h + \left[(1+2\cos 2\theta)\sin^2\beta\right]\sigma_H + \\ \left[1-2\cos 2\theta\right]\sigma_V + (\xi-1)p_m - \xi p(r,t) \tag{7-40}$$

$$\sigma_z = (\sin^2\beta + 2\mu\cos 2\theta\cos^2\beta)\sigma_h + (\cos^2\beta + 2\mu\cos 2\theta\sin^2\beta)\sigma_H - \\ 2\mu\cos 2\theta\sigma_V + \xi[p_m - p(r,t)] \tag{7-41}$$

$$\tau_{\theta z} = \sin 2\beta\cos\theta(\sigma_H - \sigma_h) \tag{7-42}$$

$$\tau_{r\theta} = \tau_{rz} = 0 \tag{7-43}$$

$$\xi = \delta\left[\frac{\alpha_1(1-2\mu)}{1-\mu} - \phi\right] \tag{7-44}$$

式中　θ——井周角(相对于 x 轴);

　　δ——井壁不可渗透时为 0,井壁可渗透时为 1;

　　μ——泊松比;

　　α_1——有效应力系数;

　　ϕ——孔隙度。

井壁处的主应力可表示为：

$$\sigma_i = \sigma_r = p_{\mathrm{m}} - \delta\phi[p_{\mathrm{m}} - p(r,t)] \qquad (7\text{-}45)$$

$$\sigma_j = \frac{1}{2}[A - 2\xi p(r,t) + (2\xi - 1)p_{\mathrm{m}}] + \frac{1}{2}\sqrt{(B - p_{\mathrm{m}})^2 + C} \qquad (7\text{-}46)$$

$$\sigma_k = \frac{1}{2}[A - 2\xi p(r,t) + (2\xi - 1)p_{\mathrm{m}}] - \frac{1}{2}\sqrt{(B - p_{\mathrm{m}})^2 + C} \qquad (7\text{-}47)$$

其中，

$$A = \left[1 + 2(1+\mu)\cos 2\theta\cos^2\beta\right]\sigma_{\mathrm{h}} + \left[1 + 2(1+\mu)\cos 2\theta\sin^2\beta\right]\sigma_{\mathrm{H}} + \qquad (7\text{-}48)$$
$$\left[1 - 2(1+\mu)\cos 2\theta\right]\sigma_{\mathrm{V}}$$

$$B = \left[\cos^2\beta - \sin^2\beta + 2(1-\mu)\cos 2\theta\cos^2\beta\right]\sigma_{\mathrm{h}} + \left[\sin^2\beta - \cos^2\beta + \qquad (7\text{-}49)\right.$$
$$\left. 2(1-\mu)\cos 2\theta\sin^2\beta\right]\sigma_{\mathrm{H}} + \left[1 - 2(1-\mu)\cos 2\theta\right]\sigma_{\mathrm{V}}$$

$$C = 4\left[(-\sin 2\beta\cos\theta - \sin^2\beta\sin\theta)\sigma_{\mathrm{h}} + (\sin 2\beta\cos\theta - \cos^2\beta\sin\theta)\sigma_{\mathrm{H}} + \sigma_{\mathrm{V}}\sin\theta\right]^2 \quad (7\text{-}50)$$

2）水力裂缝的起裂位置角

假设：地层无限大且均质，材料各向同性，三向远场地应力作用，井筒内壁作用液体压力。

图 7-15 中 x，y 和 z 为整体直角坐标系，x'，y' 和 z' 为井筒局部直角坐标系，r，θ 为井筒局部圆柱坐标系。α 为井眼轴线相对于 x 轴的方位角，σ_{H} 和 σ_{h} 分别为最大、最小水平主地应力，σ_{V} 为垂向主地应力。通过坐标变换，可以求出远场地应力和液体压力作用下井筒附近的应力场分布；再通过求解应力状态的特征方程，可以得到空间任一点的主应力值及相应的特征向量。

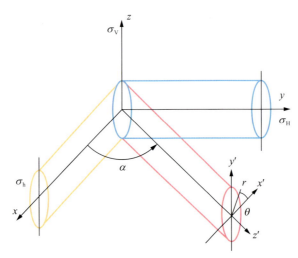

图 7-15　水平井坐标系

将井筒笛卡尔直角坐标系下的应力转换到远场应力场所在的整体笛卡尔坐标系中的应力场得：

$$
\begin{bmatrix} 0 & -\sin\alpha & \cos\alpha \\ 0 & -\cos\alpha & \sin\alpha \\ -1 & 0 & 0 \end{bmatrix} \begin{bmatrix} \sigma_{xx} & \sigma_{xy} & \sigma_{xz} \\ \sigma_{yx} & \sigma_{yy} & \sigma_{yz} \\ \sigma_{zx} & \sigma_{zy} & \sigma_{zz} \end{bmatrix} \begin{bmatrix} 0 & 0 & -1 \\ -\sin\alpha & \cos\alpha & 0 \\ \cos\alpha & \sin\beta\sin\alpha & 0 \end{bmatrix} \tag{7-51}
$$

式中　σ_{xx}, σ_{yy}, σ_{zz}, τ_{xy}, τ_{yz}, τ_{xz}——井筒直角坐标下井壁上的应力分量，MPa。

井壁上的应力状态为：

$$
\begin{cases} \sigma_z = \sigma_{zz} - 2\mu(\sigma_{xx} - \sigma_{yy})\cos 2\theta - 4\mu\tau_{xy}\sin 2\theta \\ \sigma_\theta = (\sigma_{xx} + \sigma_{yy}) - 2(\sigma_{xx} - \sigma_{yy})\cos 2\theta - 4\tau_{xy}\sin 2\theta - p_w \\ \tau_{\theta z} = 2(-\tau_{xz}\sin\theta + \tau_{yz}\cos\theta) \end{cases} \tag{7-52}
$$

式中　μ——泊松比，无量纲；

p_w——井筒内压，MPa。

井壁上的最大拉伸应力为：

$$
\sigma_{\max} = \frac{1}{2}(\sigma_z + \sigma_\theta) + \sqrt{\left[\frac{1}{2}(\sigma_z + \sigma_\theta)\right]^2 + \tau_{\theta z}^2} \tag{7-53}
$$

将式(7-52)代入式(7-53)，对角 θ 求导，令导数为零，可求得 θ。则在整体笛卡尔直角坐标系中水力裂缝起裂的位置为：

$$
\begin{Bmatrix} x_0 \\ y_0 \\ z_0 \end{Bmatrix} = \begin{Bmatrix} -r\sin\alpha + z\cos\alpha \\ z\sin\alpha + r\cos\alpha\sin\theta \\ -r\cos\theta \end{Bmatrix} \tag{7-54}
$$

7.2.2　水平井压裂转向扩展模型

本部分采用最大主应力准则，提出一种新的斜井井筒附近水力压裂裂缝转向模型，不考虑裂缝的垂向尺寸和射孔完井，重点研究斜井井筒附近水力压裂裂缝转向部分的形状和基本规律。

1）模型的建立

裂缝扩展包括两个方面，即裂缝生成和扩展方向。裂缝扩展准则主要包括：J 积分准则、最小畸变能密度系数准则以及 CTOD（Crack Tip Openning Displacement）矢量准则。

模型假定：地层无限大且均质，材料各向同性，三向远场地应力作用，井筒内壁作用液体压力。

取一般斜井坐标系，其中 α 为井眼轴线相对于 x 轴的方位角；β 为井眼轴线相对于 z 轴的井斜角；σ_H，σ_h 分别为最大、最小水平主地应力，σ_V 为垂向主地应力。通过坐标变换，可以求出远场地应力和液体压力作用下井筒附近的应力场分布；再通过求解应力状态的特征方程，可以得到空间任一点的主应力值及相应的特征向量。

2）起裂位置角及方位角

（1）起裂位置角。

井壁上的应力状态为：

$$\sigma_z = \sigma_{zz} - 2\mu(\sigma_{xx} - \sigma_{yy})\cos 2\theta - 4\mu\tau_{xy}\sin 2\theta \tag{7-55}$$

$$\sigma_\theta = \sigma_{xx} + \sigma_{yy} - 2(\sigma_{xx} - \sigma_{yy})\cos 2\theta - 4\tau_{xy}\sin 2\theta - p_{\mathrm{w}} \tag{7-56}$$

$$\tau_{\theta z} = 2\left(-\tau_{xz}\sin\theta + \tau_{yz}\cos\theta\right) \tag{7-57}$$

式中 σ_{xx}, σ_{yy}, σ_{zz}, τ_{xy}, τ_{yz}, τ_{xz}——井筒直角坐标下井壁上的应力分量，MPa;

σ_z, σ_θ, $\sigma_{\theta z}$——井筒柱坐标下井壁上的应力分量，MPa;

μ——泊松比，无量纲;

θ——井筒柱坐标系下井壁上任意点与参考点的夹角，(°);

p_{w}——井筒内压，MPa。

井壁上的最大拉伸应力为：

$$\sigma_{\max} = \frac{\sigma_z + \sigma_\theta}{2} + \sqrt{\left(\frac{\sigma_z - \sigma_\theta}{2}\right)^2 + \tau_{\theta z}^2} \tag{7-58}$$

将式(7-55)~式(7-57)代入式(7-58)，得：

$$\begin{aligned}
\sigma_{\max} = \frac{1}{2}(&-p_{\mathrm{w}} + \sigma_{xx} + \sigma_{yy} + \sigma_{zz} + 2(\mu+1)(\sigma_{yy} - \sigma_{xx})\cos 2\theta - 4(1+\mu)\tau_{xy}\sin 2\theta) + \\
&\left\{\frac{1}{4}\left[p_{\mathrm{w}} - \sigma_{xx} - \sigma_{yy} + \sigma_{zz} + 2(\mu-1)(\sigma_{yy} - \sigma_{xx})\cos 2\theta - 4(\mu-1)\tau_{xy}\sin 2\theta\right]^2 + \right. \\
&\left. 4(\tau_{xz}\sin\theta - \tau_{yz}\cos\theta)^2\right\}^{\frac{1}{2}}
\end{aligned} \tag{7-59}$$

将式(7-59)对角 θ 求导数：

$$\begin{aligned}
\frac{\partial\sigma_{\max}}{\partial\theta} = 2(\mu+1)&(\sigma_{xx} - \sigma_{yy})\sin 2\theta - 4\tau_{xy}(1+\mu)\cos 2\theta + \left\{-2\left[(\mu-1)(\sigma_{xx} - \sigma_{yy})\sin 2\theta - \right.\right. \\
&2\tau_{xy}(\mu-1)\cos 2\theta\left]\left[\sigma_{xx} - p_{\mathrm{w}} - 2(\mu-1)(\sigma_{xx} - \sigma_{yy})\cos 2\theta + \sigma_{yy} - \sigma_{zz} + \right.\right. \\
&\left.\left. 4\tau_{xy}(\mu-1)\sin 2\theta\right] + 8(\tau_{xz}\sin\theta - \tau_{yz}\cos\theta)(\tau_{xz}\cos\theta + \tau_{yz}\sin\theta)\right\}\Big/ \\
&2\left\{\frac{1}{4}\left[p_{\mathrm{w}} - \sigma_{xx} - \sigma_{yy} + \sigma_{zz} + 2(\mu-1)(\sigma_{yy} - \sigma_{xx})\cos 2\theta - 4\tau_{xy}(\mu-1)\sin 2\theta\right]^2 + \right. \\
&\left. 4(\tau_{xz}\sin\theta - \tau_{yz}\cos\theta)^2\right\}^{\frac{1}{2}}
\end{aligned} \tag{7-60}$$

令 $\dfrac{\partial\sigma_{\max}}{\partial\theta} = 0$，可求得 θ。则在整体笛卡尔直角坐标系中起裂的位置为：

$$\begin{Bmatrix} x_0 \\ y_0 \\ z_0 \end{Bmatrix} = \begin{Bmatrix} -r\sin\alpha\sin\theta + r\cos\beta\cos\alpha\cos\theta + z\sin\beta\cos\alpha \\ r\cos\beta\sin\alpha\cos\theta + z\sin\beta\sin\alpha + r\cos\alpha\sin\theta \\ -r\sin\beta\cos\theta + z\cos\beta \end{Bmatrix} \tag{7-61}$$

式中 r——离开井眼轴线的半径，m。

（2）起裂方位角。

$$\gamma = \frac{1}{2}\arctan\frac{2\tau_{\theta z}}{\sigma_\theta - \sigma_z} \tag{7-62}$$

3) 裂缝扩展过程

得到起裂位置(x_0, y_0, z_0)后,就可以计算出裂缝第一步扩展的位置(x_1, y_1, z_1),如此循环可以得到整个裂缝扩展的空间曲面。假定裂缝始终沿着垂直于最小主应力的方向扩展,那么确定裂缝扩展下一步位置的坐标就等价于求函数$D = \sqrt{x^2 + y^2 + z^2}$在如下所示约束条件下的极值对应的坐标。约束条件为:

$$\begin{cases} \sigma_3 L_1(x-x_0) + \sigma_3 L_2(y-y_0) + \sigma_3 L_3(z-z_0) = 0 \\ (x-x_0)^2 + (y-y_0)^2 + (z-z_0)^2 - R^2 = 0 \end{cases}$$

式中 L_1, L_2, L_3——方向余弦;

R——球体半径,m;

σ_3——最小主应力,MPa。

构造拉格朗日函数:

$$\begin{aligned} F = x^2 + y^2 + z^2 &+ \lambda_1 \left[\sigma_3 L_1(x-x_0) + \sigma_3 L_2(y-y_0) + \sigma_3 L_3(z-z_0) \right] + \\ &\lambda_2 \left[(x-x_0)^2 + (y-y_0)^2 + (z-z_0)^2 - R^2 \right] \end{aligned} \tag{7-63}$$

由拉格朗日乘子法得:

$$\begin{cases} \dfrac{\partial F}{\partial x} = 0 \\[6pt] \dfrac{\partial F}{\partial y} = 0 \\[6pt] \dfrac{\partial F}{\partial z} = 0 \\[6pt] \dfrac{\partial F}{\partial \lambda_1} = 0 \\[6pt] \dfrac{\partial F}{\partial \lambda_2} = 0 \end{cases} \tag{7-64}$$

方程组(7-64)存在两组解。

第一组解为:

$$\begin{cases} \lambda_1 = -2(x_0 L_1 + y_0 L_2 + z_0 L_3) \\[6pt] \lambda_2 = -1 - \dfrac{m}{R} \\[6pt] x = x_0 - \dfrac{R\left[L_1 \left(y_0 L_2 + z_0 L_3 \right) - x_0 (L_2^2 + L_3^2) \right]}{m} \\[6pt] y = y_0 + \dfrac{R\left[-L_2 \left(x_0 L_1 + z_0 L_3 \right) + y_0 (L_1^2 + L_3^2) \right]}{m} \\[6pt] z = z_0 + \dfrac{R\left[-L_3 \left(x_0 L_1 + z_0 L_2 \right) + z_0 (L_1^2 + L_2^2) \right]}{m} \end{cases} \tag{7-65}$$

第二组解为：

$$\begin{cases} \lambda_1 = -2(x_0 L_1 + y_0 L_2 + z_0 L_3) \\ \lambda_2 = -1 + \dfrac{m}{R} \\ x = x_0 + \dfrac{R\left[L_1\left(y_0 L_2 + z_0 L_3\right) - x_0\left(L_2^2 + L_3^2\right)\right]}{m} \\ y = y_0 - \dfrac{R\left[-L_2\left(x_0 L_1 + z_0 L_3\right) + y_0\left(L_1^2 + L_3^2\right)\right]}{m} \\ z = z_0 + \dfrac{R\left[L_3\left(x_0 L_1 + z_0 L_2\right) - z_0\left(L_1^2 + L_2^2\right)\right]}{m} \end{cases} \tag{7-66}$$

其中，

$$m = \sqrt{z_0^2(L_1^2 + L_2^2) - 2x_0 z_0 L_1 L_3 - 2y_0 L_2(x_0 L_1 + z_0 L_3) + y_0^2(L_1^2 + L_3^2) + x_0^2(L_3^2 + L_2^2)} \tag{7-67}$$

对比两组解的 $x^2 + y^2 + z^2$ 的大小。

第一组解：$x^2 + y^2 + z^2 = R^2 + x_0^2 + y_0^2 + z_0^2 + 2mR$，对应极大值；

第二组解：$x^2 + y^2 + z^2 = R^2 + x_0^2 + y_0^2 + z_0^2 - 2mR$，对应极小值。

4）计算思路和程序框图

计算程序框图如图 7-16 所示。

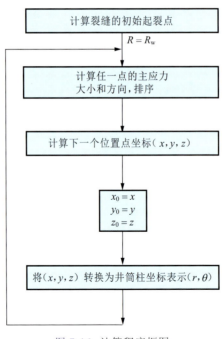

图 7-16　计算程序框图

5）模拟结果

模拟过程中所用到的参数为：地应力、方位角、井斜角、井筒内压、井半径和泊松比。

（1）垂直井。

垂直井模拟结果如图7-17、图7-18和图7-19所示。

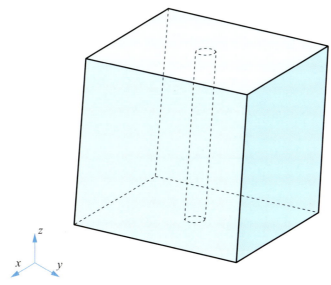

图 7-17　垂直井情况（井轴线沿 z 轴方向）

已知输入参数：

SIG1 = 46. 1	beta = 0. 0	（β）
SIG2 = 56. 1	pw = 64. 2	（p_w）
SIG3 = 89. 4	Rmu = 0. 36	（μ）
alpha = 0. 0	rw = 60. 0	（r_w）

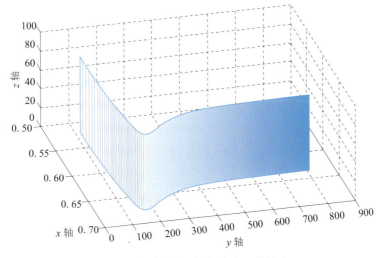

图 7-18　起始点附近解的波动（x 轴放大）

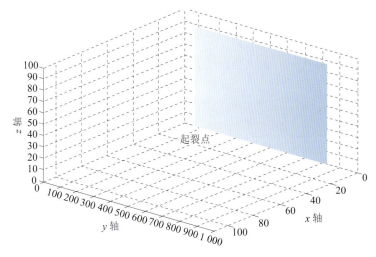

图 7-19 同一尺度下裂缝始终沿 y 轴扩展

(图中的图形代表裂缝形状，y 轴为缝长方向，x 轴为缝宽方向，z 轴为缝高方向)

（2）水平井(a)：方位角为 0°；井斜角为 90°。

水平井(a)模拟结果如图 7-20、图 7-21 和图 7-22 所示。

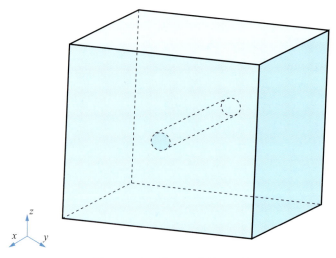

图 7-20　水平井(a)(井轴沿 x 轴方向)

输入参数：

SIG1 = 46.1	beta = 90.0
SIG2 = 56.1	pw = 60.2
SIG3 = 89.4	Rmu = 0.36
alpha = 0.0	rw = 60.0

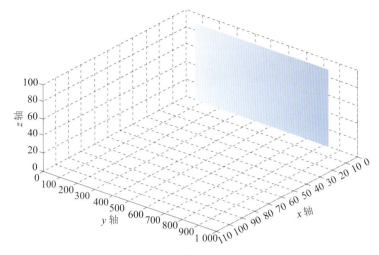

图 7-21　裂缝沿 y 轴扩展

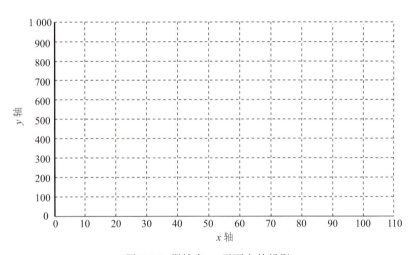

图 7-22　裂缝在 xy 平面上的投影

（3）水平井（b）：方位角为 90°；井斜角为 90°。

水平井（b）模拟结果如图 7-23、图 7-24 和图 7-25 所示。

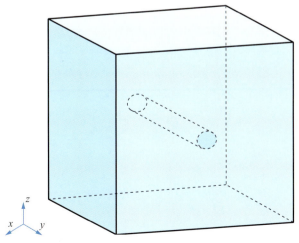

图 7-23　水平井（b）（井轴沿 y 轴方向）

输入参数：

SIG1 = 46. 1	beta = 90. 0
SIG2 = 56. 1	pw = 64. 2
SIG3 = 89. 4	Rmu = 0. 36
alpha = 90. 0	rw = 60. 0

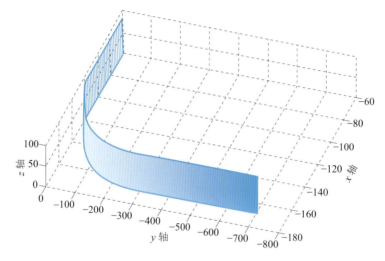

图 7-24 裂缝扩展空间曲面

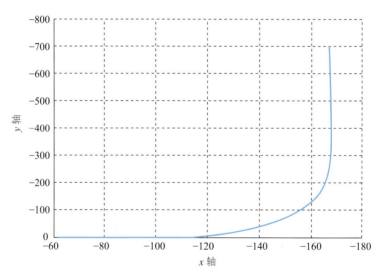

图 7-25 裂缝在 xy 平面上的投影

（4）水平井(c)：方位角为45°；井斜角为90°。

水平井(c)模拟结果如图7-26、图7-27和图7-28所示。

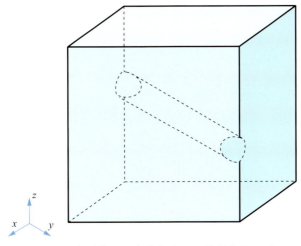

图7-26　水平井(c)(方位角为45°；井斜角为90°)

输入参数：

SIG1 = 46. 1	beta = 90. 0
SIG2 = 56. 1	pw = 68. 2
SIG3 = 79. 4	Rmu = 0. 36
alpha = 45. 0	rw = 60. 0

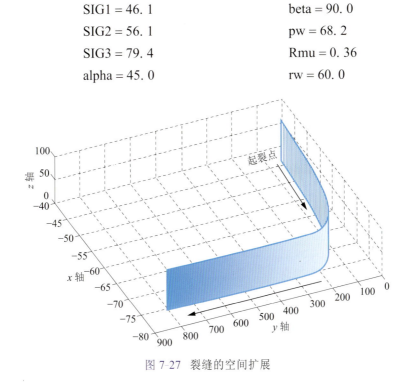

图7-27　裂缝的空间扩展

通过对水平井水力压裂井筒附近裂缝空间转向数值模拟结果的分析，得到如下主要结论：

（1）最终扩展位置点上的三个主应力和相应的特征向量分别与给定的远场应力场一

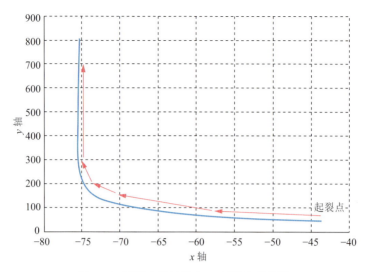

图 7-28 裂缝空间扩展在 xy 平面上的投影

致,表明裂缝最终要转向至垂直于远场最小地应力的方向扩展,同时也验证了计算结果的合理性。

(2)对于垂直井和水平井等特殊情况,裂缝扩展计算结果与人们的认识和本次实验部分的结果相一致。

(3)裂缝转向在井筒起裂点处已经开始,一般在离开井壁1倍左右井筒直径处开始明显,在离开井筒3倍左右井筒直径处转到与远场最小主地应力基本相垂直的方向。也就是说,裂缝转向一般发生在井筒3倍左右井筒直径的范围内。

6)水平井水力裂缝起裂、转向延伸的影响

已知:弹性模量,40×10^3 MP/a;泊松比,0.231;水平最大地应力,45.9 MPa;水平最小地应力,43.9 MPa;垂向地应力,56.125 MPa。

(1)地应力对水平井水力裂缝起裂、转向延伸的影响。

地应力对于水平井水力裂缝的影响主要体现在最终裂缝的形态上。假定三个地应力方向互相垂直,并且水平井筒与其中一个水平方向的地应力方位一致,变化三个方向地应力的相对大小,根据前面的计算程序,确定水力裂缝的起裂和延伸规律。

初始模型如图7-29所示。中间浅色部分为产层,上下深色部分为隔层,假设水平井筒位于产层中间。

① 最小地应力水平,井筒沿着水平最小地应力方向形成垂直缝(图7-30)。

② 最小地应力水平,井筒沿着水平最大地应力方向形成垂直缝(图7-31)。

③ 垂直主应力为最小地应力,形成水平缝(图7-32)。

由此可以发现,水力裂缝在产层内延伸时,起裂和延伸主要受到三个主应力的影响。

(2)井眼方位对水平井水力裂缝起裂、转向延伸的影响。

改变井筒方位与最小水平地应力的相对夹角,分析水力裂缝起裂和延伸规律的变化(图7-33和图7-34)。

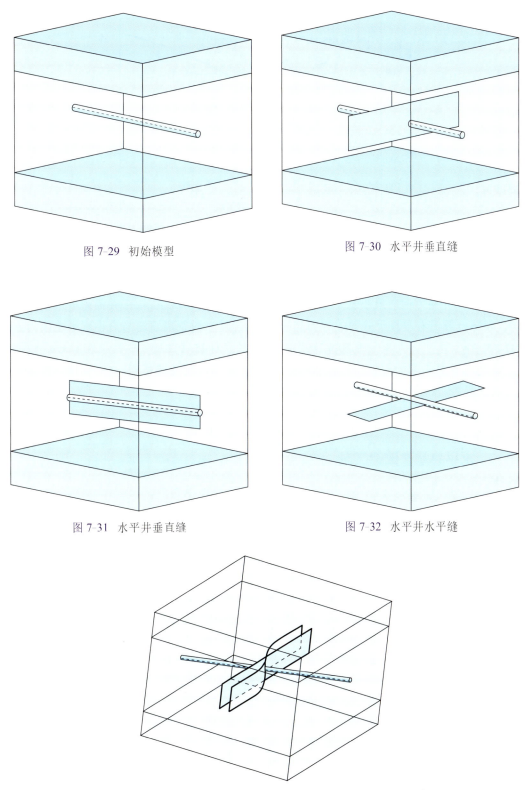

图 7-29 初始模型

图 7-30 水平井垂直缝

图 7-31 水平井垂直缝

图 7-32 水平井水平缝

图 7-33 井筒方位与最小水平地应力夹角 20° 时水力裂缝的延伸

7.3.2　水平井长期有效改造工艺

1）支撑人工缝受力模型

地层经过酸化压裂后，由于酸液对地层的腐蚀作用，在裂缝壁面一定的距离范围内地层岩石内部产生了一定数量的酸蚀通道，如图 7-36 所示。

由于酸蚀通道的形成，这部分岩石的力学性质和渗流性质发生了明显的变化。经试验发现，岩石力学参数中的强度一般能够减小一半以上，而泊松比的增加不是十分明显，同时岩石渗透率能够提高 5～10 倍以上。

如果酸压的同时再加砂，与常规加砂压裂相似，排液后会在水力裂缝内部形成具有一定厚度的支撑裂缝，如图 7-36 所示。

由于岩石的力学参数性质和渗流性质的变化，在排液过程中地层附近应力场的分布会产生明显的影响。

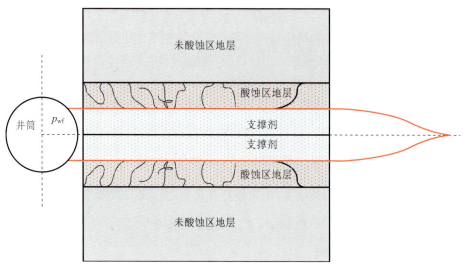

图 7-36　酸压后裂缝地层系统的俯视图（假定加砂）

分析图 7-36 发现，为了简化问题，可以将酸压后的对称裂缝及作用区域取出一半进行研究，如图 7-37 所示。地层远处作用远场应力 σ_h，缝内壁面作用液体压力 p，地层压力为 p_i，井底压力为 p_{wf}。需要注意的是，在裂缝内，支撑剂和缝内压力共同承担地层的作用力；而在酸蚀区内，酸蚀后的地层和地层压力共同承担地层的作用力。

试油时通过降低井底压力 p_{wf} 引起裂缝内部液体压力的降低，在地层压力的作用下使得流体流向井筒，从而达到试油作业的目的。在这一过程中，缝内压力的降低使得远场应力作用于酸蚀地层和支撑剂上的应力逐渐增加，而当这一应力数值增加时，酸蚀地层和支撑剂的渗流参数会逐渐下降。当裂缝附近应力增加超过某临界值时，酸蚀地层会发生强度破坏而支撑剂也会发生破碎，从而引起酸蚀地层和支撑剂的渗流参数大幅度不可恢复的减小，可称之为试油伤害。显然，在达到试油目的的前提下最大限度减小这种人为伤害是非常必要的。

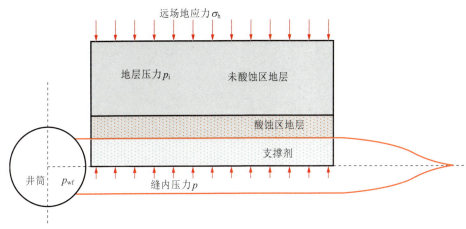

图 7-37　对称分析简化模型

为了研究排液过程中裂缝壁面局部区域内应力场的分布,在建立力学模型时需要同时考虑应力和流动压力的相互影响,以及由于酸液腐蚀作用引起的地层参数改变的影响。

2）地层压力分布模型及结果

排液过程中,井底压力的降低引起水力裂缝及地层内的压力波动,从而引起流动。由于排液过程持续时间一般为几天或十几天,流动主要以单相流动为主,且为双线性流动,如图7-38所示。

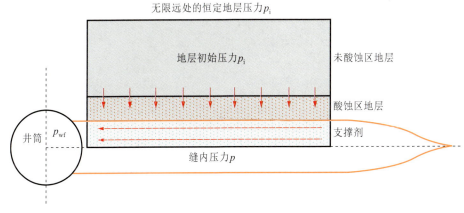

图 7-38　试油排液过程中的双线性流动

主要的流动参数和力学参数如表 7-2 所示,几何参数如表 7-3 所示。

表 7-2　主要流动参数及力学参数

参　数	取　值
未酸蚀区地层渗透率/($10^{-3}\ \mu m^2$)	1
未酸蚀区地层孔隙度/%	11
酸蚀区地层渗透率/($10^{-3}\ \mu m^2$)	15
支撑缝的渗透率/μm^2	150

参　数	取　值
地层初始压力/MPa	60
井筒压力/MPa	10～40
未酸蚀区强度/MPa	98
酸蚀区地层强度/MPa	45～50
支撑缝强度/MPa	75

表 7-3　主要几何参数

参　数	取　值
裂缝长度/m	160
裂缝宽度/mm	3
酸蚀区厚度/mm	5

（1）流体流动方程。

由于排液的过程持续时间一般为 1 d 左右，此时可以将混合流体当作一种流体成分。对于均质各向同性地层，单相流体平面不稳定渗流的微分方程为：

$$\frac{\partial^2 p}{\partial x^2}+\frac{\partial^2 p}{\partial y^2}=\frac{1}{\eta}\frac{\partial p}{\partial t} \tag{7-84}$$

式中　p——地层压力；

η——导流系数，$\eta=\dfrac{k}{\phi\mu C}$。

取试探函数 $\overline{p}(x,y)=\overline{p}(x,y,p_1,p_2,\cdots,p_n)$，其中 n 为总节点数目。应用 Galerkin 方法，可得如下方程：

$$\iint_{\Omega} N_i\left(\frac{\partial^2 \overline{p}}{\partial x^2}+\frac{\partial^2 \overline{p}}{\partial y^2}-\frac{1}{\eta}\frac{\partial p}{\partial t}\right)\mathrm{d}A=0 \quad (i=1,2,\cdots,n) \tag{7-85}$$

其中，$N_i=\dfrac{\partial \overline{p}}{\partial p_i}$，$\Omega$ 为积分区域。

为了方便书写，在以下的推导中，用 p 取代 $\overline{p}$。应用 Green–Gauss 公式，将式（7-85）变换为如下形式：

$$\iint_{\Omega}\left(\frac{\partial N_i}{\partial x}\frac{\partial p}{\partial x}+\frac{\partial N_i}{\partial y}\frac{\partial p}{\partial y}\right)\mathrm{d}A-\int_{\Gamma} N_i\frac{\partial p}{\partial r}\mathrm{d}s+\iint_{\Omega} N_i\frac{1}{\eta}\frac{\partial p}{\partial t}\mathrm{d}A=0 \quad (i=1,2,\cdots,n) \tag{7-86}$$

式（7-86）是用有限元方法计算平面不稳定渗流问题的基本方程，其中 Γ 为 Ω 的边界。对于复杂边界的问题来说，直接求解式（7-86）仍然十分困难，所以有限元法把区域 Ω 划分为有限数目的单元和节点，并将连续的压力场离散到每个节点上去，最后求解得到各个节点的压力。

用任意三角形单元划分求解区域，每个节点和单元用数字进行编号。对于每个单元的

三个定点用 i, j, h 按照逆时针方向进行编号。对于内部单元，一般把 i 编号放在序号最小的节点上；对于边界单元，规定边界单元只有一条边位于边界上。值得注意的是，在可能的条件下，尽量不要把单元划成钝角三角形，因为计算精度受到单元的最长边与最短边长度之比的影响。

区域被划成小的单元后，每个单元上的压力分布可以用线性函数来表示：

$$p = a_1 + a_2 x + a_3 y \tag{7-87}$$

式中的 a_1, a_2, a_3 是待定系数，可由节点上的压力值来确定，为此将节点坐标和压力代入式（7-87）中，得到：

$$\begin{cases} p_i = a_1 + a_2 x_i + a_3 y_i \\ p_j = a_1 + a_2 x_j + a_3 y_j \\ p_k = a_1 + a_2 x_k + a_3 y_k \end{cases} \tag{7-88}$$

上面线性代数方程组可以写成矩阵形式：

$$\begin{bmatrix} 1 & x_i & y_i \\ 1 & x_j & y_j \\ 1 & x_k & y_k \end{bmatrix} \begin{bmatrix} a_1 \\ a_2 \\ a_3 \end{bmatrix} = \begin{bmatrix} p_i \\ p_j \\ p_k \end{bmatrix} \tag{7-89}$$

利用矩阵求逆的方法可以把未知数 a_1, a_2, a_3 解出，即：

$$\begin{bmatrix} a_1 \\ a_2 \\ a_3 \end{bmatrix} = \begin{bmatrix} 1 & x_i & y_i \\ 1 & x_j & y_j \\ 1 & x_k & y_k \end{bmatrix}^{-1} \begin{bmatrix} p_i \\ p_j \\ p_k \end{bmatrix} \tag{7-90}$$

$$\begin{bmatrix} a_1 \\ a_2 \\ a_3 \end{bmatrix} = \frac{1}{\begin{vmatrix} 1 & x_i & y_i \\ 1 & x_j & y_j \\ 1 & x_k & y_k \end{vmatrix}} \begin{bmatrix} x_j y_k - x_k y_j & x_k y_i - x_i y_k & x_i y_j - x_j y_i \\ y_j - y_k & y_k - y_i & y_i - y_j \\ x_k - x_j & x_i - x_k & x_j - x_i \end{bmatrix} \begin{bmatrix} p_i \\ p_j \\ p_k \end{bmatrix} \tag{7-91}$$

设：

$$\begin{cases} a_i = x_j y_k - x_k y_j, b_i = y_j - y_k, c_i = x_k - x_j \\ a_j = x_k y_i - x_i y_k, b_j = y_k - y_i, c_j = x_i - x_k \\ a_k = x_i y_j - x_j y_i, b_k = y_i - y_j, c_k = x_j - x_i \end{cases} \tag{7-92}$$

$$\begin{vmatrix} 1 & x_i & y_i \\ 1 & x_j & y_j \\ 1 & x_k & y_k \end{vmatrix} = (b_i c_j - b_j c_i) = 2\Delta \tag{7-93}$$

则有：

$$\begin{bmatrix} a_1 \\ a_2 \\ a_3 \end{bmatrix} = \frac{1}{2\Delta} \begin{bmatrix} a_i & a_j & a_k \\ b_i & b_j & b_k \\ c_i & c_j & c_k \end{bmatrix} \begin{bmatrix} p_i \\ p_j \\ p_k \end{bmatrix} \tag{7-94}$$

即有：

$$\begin{cases} a_1 = \dfrac{1}{2\Delta}(a_i p_i + a_j p_j + a_k p_k) \\ a_2 = \dfrac{1}{2\Delta}(b_i p_i + b_j p_j + b_k p_k) \\ a_3 = \dfrac{1}{2\Delta}(c_i p_i + c_j p_j + c_k p_k) \end{cases} \tag{7-95}$$

可得：

$$p = \frac{1}{2\Delta}(a_i p_i + a_j p_j + a_k p_k) + \frac{1}{2\Delta}(b_i p_i + b_j p_j + b_k p_k)x + \frac{1}{2\Delta}(c_i p_i + c_j p_j + c_k p_k)y \tag{7-96}$$

将上式展开整理得到：

$$p = \frac{1}{2\Delta}\left[(a_i + b_i x + c_i y)p_i + (a_j + b_j x + c_j y)p_j + (a_k + b_k x + c_k y)p_k\right] \tag{7-97}$$

上式通常将简化为：

$$p = N_i p_i + N_j p_j + N_k p_k \tag{7-98}$$

或者

$$p = \begin{bmatrix} N_i & N_j & N_k \end{bmatrix}\begin{bmatrix} p_i \\ p_j \\ p_k \end{bmatrix} \tag{7-99}$$

写成矩阵形式：

$$p = \boldsymbol{N}\boldsymbol{P}^e \tag{7-100}$$

其中，

$$\boldsymbol{N} = \begin{bmatrix} N_i & N_j & N_k \end{bmatrix}$$

$$\begin{cases} N_i = \dfrac{1}{2\Delta}(a_i + b_i x + c_i y) \\ N_j = \dfrac{1}{2\Delta}(a_j + b_j x + c_j y) \\ N_k = \dfrac{1}{2\Delta}(a_k + b_k x + c_k y) \end{cases} \tag{7-101}$$

$$\boldsymbol{P}^e = \begin{bmatrix} p_i \\ p_j \\ p_k \end{bmatrix} \tag{7-102}$$

式中 N_i, N_j, N_k——形函数。

式(7-101)适用于整个单元区域,但是对于单元边界可以根据线性插值的概念得到:

$$p = (1-\xi)p_j + \xi p_k \qquad (0 \leqslant \xi \leqslant 1) \tag{7-103}$$

单元内的积分式为:

$$\iint_\Omega \left(\frac{\partial N_l}{\partial x}\frac{\partial p}{\partial x} + \frac{\partial N_l}{\partial y}\frac{\partial p}{\partial y} \right)\mathrm{d}x\mathrm{d}y - \int_{jk} N_l \frac{\partial p}{\partial r}\mathrm{d}s + \iint_\Omega N_l \frac{1}{\eta}\frac{\partial p}{\partial t}\mathrm{d}x\mathrm{d}y = 0 \qquad (l=i,j,k) \tag{7-104}$$

对于边界 jk ,插值函数可以写为: $p = (1-\xi)p_j + \xi p_k, 0 \leqslant \xi \leqslant 1$;那么 jk 的边长就可以与式中边界弧长联系起来: $s = s_i\xi$ 。对于内部单元,式(7-105)中的线积分项可以删去,对于第一和第二项积分,可得:

$$\begin{bmatrix} K_{ii} & K_{ij} & K_{ik} \\ K_{ji} & K_{jj} & K_{jk} \\ K_{ki} & K_{kj} & K_{kk} \end{bmatrix}\begin{bmatrix} p_i \\ p_j \\ p_k \end{bmatrix} + \begin{bmatrix} C_{ii} & C_{ij} & C_{ik} \\ C_{ji} & C_{jj} & C_{jk} \\ C_{ki} & C_{kj} & C_{kk} \end{bmatrix}\begin{bmatrix} \dfrac{\partial p_i}{\partial t} \\[2mm] \dfrac{\partial p_j}{\partial t} \\[2mm] \dfrac{\partial p_k}{\partial t} \end{bmatrix} - \begin{bmatrix} F_i \\ F_j \\ F_k \end{bmatrix} = 0 \tag{7-105}$$

$$\boldsymbol{K}^e \boldsymbol{P}^e + \boldsymbol{C}^e \frac{\partial \boldsymbol{P}^e}{\partial t} - \boldsymbol{F}^e = 0 \tag{7-106}$$

其中,

$$\begin{cases} K_{ii} = \dfrac{K}{4\Delta\mu}(b_i^2 + c_i^2), K_{jj} = \dfrac{K}{4\Delta\mu}(b_j^2 + c_j^2), K_{kk} = \dfrac{K}{4\Delta\mu}(b_k^2 + c_k^2) \\[3mm] K_{ij} = K_{ji} = \dfrac{K}{4\Delta\mu}(b_i b_j + c_i c_j), K_{ik} = K_{ki} = \dfrac{K}{4\Delta\mu}(b_i b_k + c_i c_k) \\[3mm] K_{jk} = K_{kj} = \dfrac{K}{4\Delta\mu}(b_j b_k + c_j c_k) \\[3mm] C_{ii} = C_{jj} = C_{kk} = \dfrac{\Delta\phi C_t}{6} \\[3mm] C_{ij} = C_{ji} = C_{jk} = C_{kj} = C_{ki} = C_{ik} = \dfrac{\Delta\phi C_t}{12} \\[3mm] F_i = F_j = F_k = 0 \end{cases} \tag{7-107}$$

对于第一类边界单元, $N_i = 0$,由于 p_j 和 p_k 已知,所以 N_j 和 N_k 没有定义。对于第二类边界单元,式(7-104)可以写成:

$$\iint_\Omega \frac{K}{\mu}\left(\frac{\partial N_l}{\partial x}\frac{\partial p}{\partial x} + \frac{\partial N_l}{\partial y}\frac{\partial p}{\partial y} \right)\mathrm{d}x\mathrm{d}y - \int_{jk} N_l v\mathrm{d}s + \iint_\Omega N_l C_t \phi \frac{\partial p}{\partial t}\mathrm{d}x\mathrm{d}y = 0 \qquad (l=i,j,k) \tag{7-108}$$

式中 v ——边界处的径向渗流速度。

计算线积分,可以得到一个与式(7-107)相类似的方程组:

$$\begin{cases} K_{ii} = \dfrac{K}{4\Delta\mu}(b_i^2 + c_i^2),\ K_{jj} = \dfrac{K}{4\Delta\mu}(b_j^2 + c_j^2),\ K_{kk} = \dfrac{K}{4\Delta\mu}(b_k^2 + c_k^2) \\[2mm] K_{ij} = K_{ji} = \dfrac{K}{4\Delta\mu}(b_i b_j + c_i c_j),\ K_{ik} = K_{ki} = \dfrac{K}{4\Delta\mu}(b_i b_k + c_i c_k) \\[2mm] K_{jk} = K_{kj} = \dfrac{K}{4\Delta\mu}(b_j b_k + c_j c_k) \\[2mm] C_{ii} = C_{jj} = C_{kk} = \dfrac{\Delta\phi C_t}{6} \\[2mm] C_{ij} = C_{ji} = C_{jk} = C_{kj} = C_{ki} = C_{ik} = \dfrac{\Delta\phi C_t}{12} \\[2mm] F_i = 0,\ F_j = F_k = -\dfrac{vs_i}{2} \end{cases} \qquad (7\text{-}109)$$

在单元分析的基础上进行总体刚度矩阵的合成,以形成总体代数方程组:

$$\boldsymbol{K} = \sum_e \boldsymbol{K}^e,\ \boldsymbol{C} = \sum_e \boldsymbol{C}^e,\ \boldsymbol{F} = \sum_e \boldsymbol{F}^e \qquad (7\text{-}110)$$

对于所有的节点都进行总体合成以后,可以得到总体代数方程组的矩阵形式:

$$\boldsymbol{KP} + \boldsymbol{C}\frac{\partial \boldsymbol{P}}{\partial t} = \boldsymbol{F} \qquad (7\text{-}111)$$

式中 $\boldsymbol{K}$——总体刚度矩阵;

$\boldsymbol{C}$——质量矩阵;

$\boldsymbol{F}$——等式右侧项组成的等效列向量;

$\boldsymbol{P}$——节点压力值的列向量。

关于边界条件的处理,此处仅可处理第一类边界和第二类边界条件。第一类边界条件是指边界上的压力已知的条件;第二类边界条件是指边界上的流量已知的条件,即 $\partial p/\partial n$ 为定值。如果在边界上 $\partial p/\partial n = 0$,即边界上的流量为零,则对应封闭边界。

对于第一类边界条件,由于边界节点的压力值已知,可以采用常规的最大数法得到修正的代数方程组形式。

对于第二类边界条件,需要将达西定律 $v = -\dfrac{k}{\mu}\dfrac{\partial p}{\partial n}$ 代入方程(7-104),从而得到方程(7-106)的形式。对于特殊的第二类边界条件——封闭边界条件,没有必要进行特殊处理,因为在形成虚位移形式时自动考虑。

(2)压力分布规律。

地层原始压力为 60 MPa,井底压力为 39 MPa,计算得到三段地层内的压力分布如图 7-39 所示。由图 7-39 可知,未酸蚀区地层内地层压力基本上均匀降低;在酸蚀区和支撑缝内,由于渗透率大大增加,压力变化不大。当降低井底压力时,支撑缝内压力和酸蚀区内压力迅速降低,而远处的地层压力下降幅度较小。

这样,由于地层和内部压力共同承担远处地层的作用力,随着支撑缝和酸蚀区内压力的迅速降低,大部分的地层作用力将由支撑剂和酸蚀后的地层承担,当超过支撑剂和酸蚀地层的强度时,支撑剂和酸蚀区就会发生压实和塑性破坏。

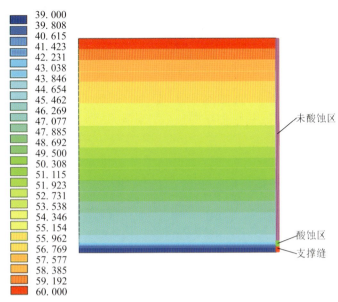

39.000	
39.808	
40.615	
41.423	
42.231	
43.038	
43.846	
44.654	
45.462	
46.269	未酸蚀区
47.077	
47.885	
48.692	
49.500	
50.308	
51.115	
51.923	
52.731	
53.538	
54.346	
55.154	
55.962	酸蚀区
56.769	支撑缝
57.577	
58.385	
59.192	
60.000	

图 7-39 井底压力为 39 MPa 时三段地层内压力的分布

3）地层应力场分布模型

有效应力平衡方程为：

$$\begin{cases} \dfrac{\partial(\sigma_{xx}-\alpha p)}{\partial x}+\dfrac{\partial \sigma_{xy}}{\partial y}+f_x=0 \\[3mm] \dfrac{\partial \sigma_{xy}}{\partial x}+\dfrac{\partial(\sigma_{yy}-\alpha p)}{\partial y}+f_y=0 \end{cases} \tag{7-112}$$

采用线弹性小应变假设，应用虚功原理：

$$\int_{\Omega}\left[\varepsilon_{xx}\frac{E(1-v)}{(1+v)(1-2v)}-\alpha p\right]\delta\varepsilon_{xx}\mathrm{d}\Omega+\int_{\Omega}\left[\varepsilon_{yy}\frac{E(v)}{(1+v)(1-2v)}-\alpha p\right]\delta\varepsilon_{xx}\mathrm{d}\Omega+$$

$$\int_{\Omega}\left[\varepsilon_{xx}\frac{E(v)}{(1+v)(1-2v)}-\alpha p\right]\delta\varepsilon_{yy}\mathrm{d}\Omega+\int_{\Omega}\left[\varepsilon_{yy}\frac{E(v)}{(1+v)(1-2v)}-\alpha p\right]\delta\varepsilon_{yy}\mathrm{d}\Omega+ \tag{7-113}$$

$$\int_{\Omega}\varepsilon_{xy}\frac{E(0.5-v)}{(1+v)(1-2v)}\delta\varepsilon_{xy}\mathrm{d}\Omega=\int_{\Omega}\left(f_x\delta u+f_y\delta v\right)\mathrm{d}\Omega+\int_{\Gamma}\left(T_x\delta u+T_y\delta v\right)\mathrm{d}\Gamma$$

采用四边形单元，将二次形函数代入位移插值函数，最终得到单元刚度矩阵：

$$\boldsymbol{k}=\int_{v}\boldsymbol{B}^{\mathrm{T}}\boldsymbol{D}\boldsymbol{B}\mathrm{d}v \tag{7-114}$$

以及面力和体力的等效节点力：

$$\boldsymbol{Q}=\int_{v}\boldsymbol{N}^{\mathrm{T}}\boldsymbol{q}\mathrm{d}v \tag{7-115}$$

$$\boldsymbol{P}=\int_{s}\boldsymbol{N}^{\mathrm{T}}\boldsymbol{p}\mathrm{d}A \tag{7-116}$$

经过单元刚度矩阵的集成,得到整体求解域的离散总方程组:

$$KU=p \qquad (7-117)$$

根据求解的位移值,可以求得应力和应变。

TZ825 井井深 5 265 m,地层原始压力为 60 MPa,井底压力为 39 MPa,地层最小水平地应力约为 80 MPa。计算得到三段地层内的有效应力分布如图 7-40 所示。

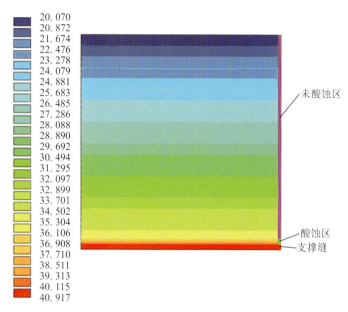

图 7-40 井底压力为 39 MPa 时三段地层内有效应力分布

由图 7-40 可知,自远处到裂缝内部地层内有效应力的分布呈现上升的趋势,并且这种上升趋势的幅度随着井底压力的降低而增加。为了更加直观地表示不同井底压力下有效应力的数值,自裂缝中心开始到地层远处取一条直线,将有效应力随着直线距离增加的变化规律以曲线表示,如图 7-41 所示。由图 7-41 可见,自裂缝中心开始到地层远处,有效应力的分布呈现分段式降低,作用于裂缝内支撑剂和酸蚀区内的有效应力相对较高,在未受影响的地层内有效应力的分布逐渐减小。

当井底压力为 39 MPa 时,作用于支撑剂上的有效应力为 40～41 MPa,作用于酸蚀地层上的有效应力为 35～40 MPa。结合三段地层的力学强度参数,此时支撑剂和酸蚀区仅受到压实作用,并未发生破坏。

当进一步降低井底压力时,作用于支撑剂和酸蚀区上的有效应力会相应增加。如井底压力为 29 MPa 时,作用于支撑剂上的有效应力为 50～51 MPa,作用于酸蚀地层上的有效应力为 45～50 MPa。根据支撑剂和酸蚀区的强度测试结果,此时还未达到支撑剂的强度,但已经达到酸蚀区的强度,即酸蚀区会发生破坏。因此应该将排液时对应的井底压力控制在 29 MPa 以上,即试油压差小于 31 MPa,否则会由于支撑剂和酸蚀区的破坏而引起壁面渗透率降低,从而引起不可恢复的"应力伤害"。

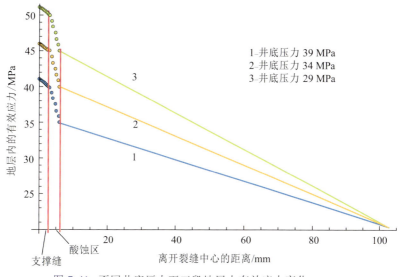

图 7-41 不同井底压力下三段地层内有效应力变化

4）人工裂缝壁面失稳模型

裂缝壁面有效应力为 σ_e，酸蚀裂缝壁面岩石抗压强度为 UCS，壁面岩石抗压入强度为 I_s，如果 $\sigma_e \geqslant I_s(UCS)$，则酸蚀区壁面破坏，引起壁面渗透率降低，从而引起不可恢复的"应力伤害"；如果 $\sigma_e < I_s(UCS)$，则酸蚀区仅受到压实作用。

5）不同深度的临界安全井底试油压力推荐图版

不同储层深度的临界安全井底试油压力推荐图版如图 7-42 和图 7-43 所示。

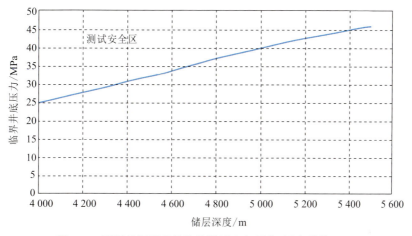

图 7-42 不同储层深度的临界测试安全压力（压力系数 1.4）

7.4 现场试验与应用研究

7.4.1 塔里木油田现场试验与应用研究

塔中Ⅰ号坡折带储层以礁滩相颗粒灰岩为主，储集空间主要为裂缝-孔（洞）型。油气主

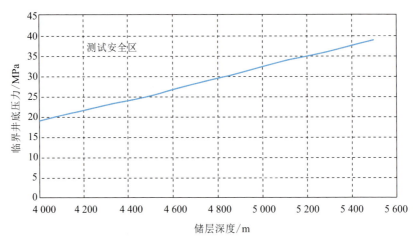

图 7-43　不同储层深度的临界测试安全压力(压力系数 1.2)

要分布在Ⅰ号坡折带和塔中主垒带潜山，Ⅰ号坡折带油气显示段及油气流产层主要分布的奥陶系良里塔格组，厚度为 80～150 m。沉积相表现出礁滩为主要储集体。储层一般占储层段地层厚度的 30%～50%，礁滩体储层基质孔隙度低，主要集中在 1.0%～1.8% 之间，渗透率集中在 $(0.01～0.1) \times 10^{-3} \mu m^2$ 之间，储层的渗透性较差，一般需要进行储层改造才能实现高产。有效储集空间为孔、洞，溶洞在测井上多有响应，常见录井漏失及放空现象。油气分布不受构造控制，底水不活跃，准层状油藏。另外，近年来在鹰山组岩溶储层的勘探也取得了丰硕成果，并见洞穴型和裂缝-孔洞型储层。

通过工区铸体薄片分析、岩心描述和缝洞统计及研究，工区奥陶系碳酸盐岩储集空间类型主要有孔、洞、缝三大类，宏观储集空间以溶洞、溶孔、裂缝为主。微观储集空间以粒内溶孔、粒间溶孔、晶间溶孔、微裂缝为主。塔中Ⅰ号气田区域构造位置如图 7-44 所示。依据划分标准，塔中Ⅰ号气田以裂缝-孔洞型为主，占 53.8%，典型井有 TZ62-1 井、TZ62-2 井、TZ82 井和 TZ721 井；孔洞-裂缝型次之，占 30.8%，典型井有 TZ26 井、TZ623 井；孔洞型两口，占 1.4%，典型井为 TZ62 井。

随着钻井技术的发展及开发需求的提高，塔里木油田在多个碳酸盐岩区块尝试采用水平井开发，其主要目的有：

（1）碳酸盐岩储层非均质性强，缝洞等有利储层分布连续性差，特别是对洞穴型、裂缝-孔洞型储层等，利用水平井井眼可钻遇或接近(靠储层改造沟通)缝洞发育体(图 7-45 左)，提高单井控制储量，增加单井累计产量，从而实现经济开发；

（2）对天然裂缝发育且分布较为均匀的储层，利用水平井可沟通更多的天然裂缝(图 7-45 右)，从而极大地提高单井产量；

（3）由于塔里木油田碳酸盐岩储层高角度缝发育，使得垂向渗透率大于水平渗透率，根据渗流机理，此类储层适合采用水平井开发，以缓解渗透率的各向异性。

碳酸盐岩水平井主要部署在塔中Ⅰ号坡折带英买力地区(特别是英买 32 井区等)、和田河气田及轮古油田等。根据储层特点和前期试采情况，英买力地区具有大底水，出水后油气产量下降快；轮古地区溶洞发育且对产量贡献大，产量下降较快；塔中Ⅰ号坡折带，特别是塔

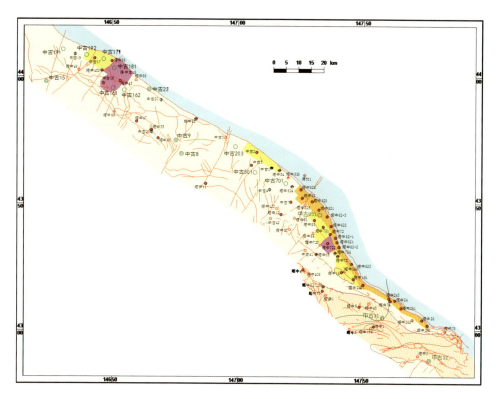

图 7-44 塔中 I 号气田区域构造位置图

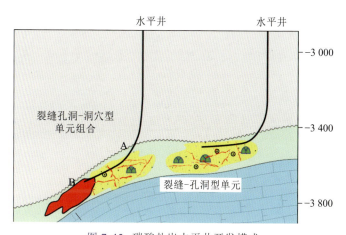

图 7-45 碳酸盐岩水平井开发模式

中 62 及塔中 24～26 井区、和田河气田储层均质性相对较好,水平井油气产量相对稳定,特别是塔中 62 井区底水能量弱且储层分布呈长条状,适合水平井开发,因此将塔中 I 号坡折带作为该项目的重点研究区域。

根据塔里木碳酸盐岩储层特点,水平井储层改造主要针对缝洞型非均质性且底水不发育储层(以塔中 62 井区为代表),以沟通缝洞发育有利储层为主要目标,因此酸压设计以沟通多个缝洞发育系统为基本原则。

1) 塔中地区地应力方向及裂缝方向

塔中 62 试验区地应力及天然裂缝发育方向如图 7-46 和表 7-4 所示。从表中可以看出,塔中62号礁滩体最大主应力方向大致为北东—南西向，天然裂缝走向大致为北东—南西向，天然裂缝倾角为10°～85°。最大主应力方向与天然裂缝发育方向一致，这对裂缝起裂及延伸有较大影响。

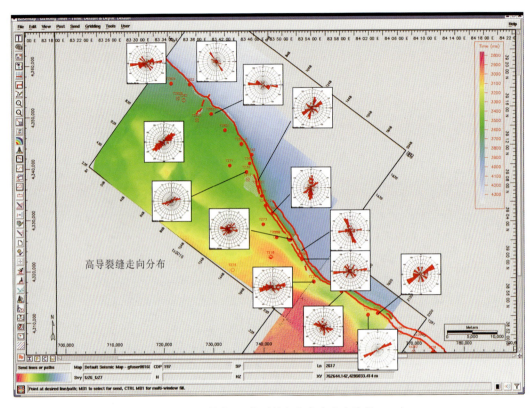

图 7-46 塔中 62 井区最大主应力方向统计

表 7-4 塔中 62 井区最大主应力、天然裂缝发育情况统计

井号 项目	塔中 62 （4 702～4 758 m）	塔中 623 （奥陶良 2）	塔中 621 （4 859～4 888 m）	塔中 62-1 （奥陶良 2）	塔中 62-3 （奥陶良 2）
最大主应力走向 （双井径分析）	—	北 东	—	—	北 东
最大主应力走向 （诱导缝分析）	北东—南西	北东—南西	北东东—南西西	北东—南西	—
最大主应力走向 （DSI 解释）	北东—南西	北 东	北 东	—	—
天然裂缝走向	北北东—南南西	北 东	北西—南东、北东—南西	北北东—南南西、北西—南东、北西西—南东东	北 东
天然裂缝倾向	北西西	南 东	散乱多方向	北西西、南西、南南西	南 西
天然裂缝倾角/（°）	20～70	20～80	10～50	10～60	60～85

2）水平井分段压裂设计优化

（1）裂缝条数优化。

渗透率小于 $0.1 \times 10^{-3}\ \mu m^2$ 时，优化裂缝条数为 $7 \sim 8$ 条；渗透率为 $(0.1 \sim 1.0) \times 10^{-3}\ \mu m^2$ 时，优化裂缝条数为 $6 \sim 7$ 条；渗透率为 $(1.0 \sim 10.0) \times 10^{-3}\ \mu m^2$ 时，优化裂缝条数为 $4 \sim 6$ 条；渗透率大于 $10.0 \times 10^{-3}\ \mu m^2$ 时，优化裂缝条数为 $2 \sim 3$ 条，如图 7-47 所示。

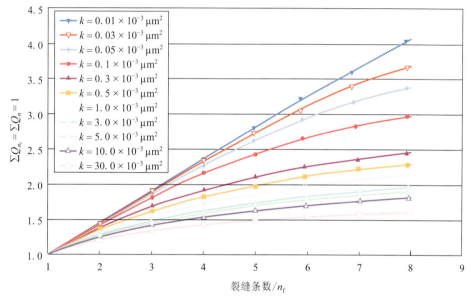

图 7-47　不同渗透率条件下裂缝条数优化

参照裂缝条数优化时的渗透率区间，渗透率小于 $0.1 \times 10^{-3}\ \mu m^2$ 时，优化裂缝半长为 $250 \sim 300\ m$；渗透率为 $(0.1 \sim 1.0) \times 10^{-3}\ \mu m^2$ 时，优化裂缝半长在 $150 \sim 250\ m$ 之间；渗透率为 $(1.0 \sim 10.0) \times 10^{-3}\ \mu m^2$ 时，优化裂缝半长在 $100 \sim 150\ m$ 之间；渗透率大于 $10.0 \times 10^{-3}\ \mu m^2$ 时，优化裂缝半长为 $50 \sim 100\ m$，如图 7-48 所示。

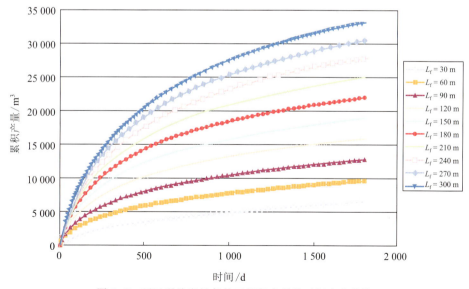

图 7-48　不同裂缝半长条件下累积产量随时间变化曲线

储层渗透率较低时,增加裂缝长度有利于提高产量。从理论上讲,在低渗透储层中,裂缝越长,裂缝内由节流表皮效应而产生的压降就越小,也就越有利于提高产量,但实际上,由于受工艺技术和成本的限制,裂缝长度不可能太长。就塔中储层条件而言,渗透率小于 $0.3 \times 10^{-3} \mu m^2$ 时,建议采用大型酸压改造(或加砂)措施,尽量造长缝;渗透率大于 $3.0 \times 10^{-3} \mu m^2$ 时,建议采用小型酸压改造措施,可以满足模拟要求。

(2)水平井压裂选段。

塔中 62-11H 井水平井段处于储层发育区,成藏条件有利,从本井区地应力、天然裂缝走向来看,井眼轨迹与本区最大地应力方向近似垂直,水力裂缝基本是垂直井身方向横向开启和延伸,横切井筒的人工裂缝有利于沟通天然裂缝。根据油气显示、地质录井、测井解释情况,对塔中 62-11H 井水平段采用尾管悬挂器 + 遇油膨胀封隔器分层管柱分六段进行改造(图 7-49)。

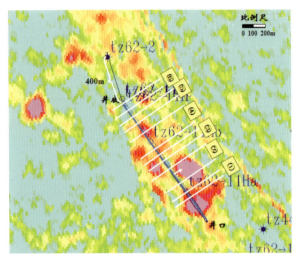

图 7-49　塔中 62-11H 井预测有利储层分布情况

该井井眼轨迹与溶洞发育方向一致,根据地震标定情况,在第二改造层段和第六改造层段正下方分别存在距离井眼 33 和 45 m 的串珠状反射,同时第五改造层段侧面北东向约 30 m 处存在强反射储集体。

(3)水平井分段压裂施工参数。

塔中 62-11H 井各段压裂施工参数如表 7-5 所示。

表 7-5　各段用液量及施工参数

施工层段	压裂液交联/m³	基液/m³	10%交联酸/m³	20%交联酸/m³	胶凝酸/m³	总液量/m³	排量/(m³·min⁻¹)	压力/MPa
第一段	158.6	88.3	50.0	50.1	20.0	367.0	1.1～5.8	0.6～78.4
第二段	230.9	88.0	70.0	100.0	60.0	549.7	2.0～6.9	12.0～91.8
第三段	178.2	20.9	40.0	40.0	40.0	319.0	2.0～7.0	12.3～79.5
第四段	210.1	20.0	20.0	40.0	60.1	350.2	2.0～7.05	6.8～84.1
第五段	229.1	20.0	40.0	70.3	40.0	399.4	2.0～7.0	6.2～81.05
第六段	300.0	25.3	80.1	90.5	60.2	556.1	2.0～6.8	15.0～86.05

对第一改造段 5 691.58～5 843 m 采用中等规模前置液酸压,第二改造段 5 489.98～5 685.65 m 采用大规模前置液交联酸两级酸压,第三改造段 5 393.29～5 489.98 m 采用中规模前置液酸压,第四改造段 5 228.44～5 387.36 m 采用小规模前置液酸压,第五改造段 5 035.81～5 222.51 m 采用大规模前置液交联酸两级酸压,第六改造段 4 861～5 029.88 m 采用大规模交联酸两级酸压。

(4)施工效果。

酸压后至 2009 年 4 月 25 日 8:50 用 10 mm 油嘴自喷生产,累计产油 311 m³,累计产气 193 891 m³,4 月 26 日 20:20 开始气举,12 mm 油嘴,油压 18 MPa 左右,折日产油 80 m³ 左右,日产气 2.6 × 10⁴ m³ 左右;至 4 月 30 日 7:30 累计产油 767 m³,累计产气 773 371 m³,排液 390.4 m³,排液求产曲线如图 7-50 所示。

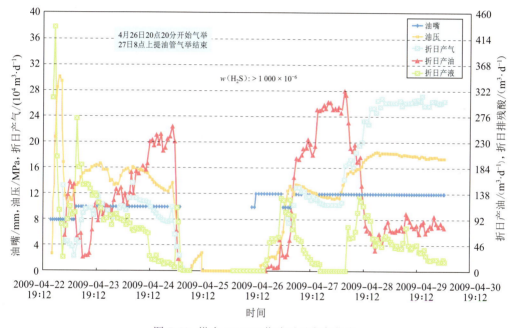

图 7-50 塔中 62-11H 井酸压后生产曲线

7.4.2 长庆油田现场试验与应用研究

苏平 14-2-10 井位于苏里格气田苏 14 井区。该井导眼井于 2009 年 8 月 3 日开钻,2009 年 9 月 3 日完钻,导眼井钻遇上古盒 8$\frac{1}{下}$,有效砂体厚度为 10.5 m;2009 年 9 月 18 日,于井深 3 080 m 处开窗造斜,斜深 3 768 m(垂深 3 512.4 m)处成功入靶,靶前距 349.9 m;2009 年 11 月 16 日钻至 4 731.5 m,层位盒 8$\frac{1}{下}$完钻。水平段长 963.5 m,水平段钻遇砂岩 776.1 m,钻遇率 80.6%;解释气层 631 m,含气层 124 m,气层、含气层钻遇率 78.36%。

(1)地应力方向及裂缝方向。

原始数据受甲方保密要求,此处不列出。

(2)水平井段压裂空间相关参数的空间描述。

原始数据受甲方保密要求,此处不列出。

（3）水平井分段压裂设计优化。

苏平14-2-10井水平井段采用裸眼封隔器分五段压裂，一点法求产。建议五个压裂井段如下：① 4 540～4 550 m；② 4 350～4 360 m；③ 4 160～4 170 m；④ 3 905～3 915 m；⑤ 3 776～3 786 m（图7-51）。

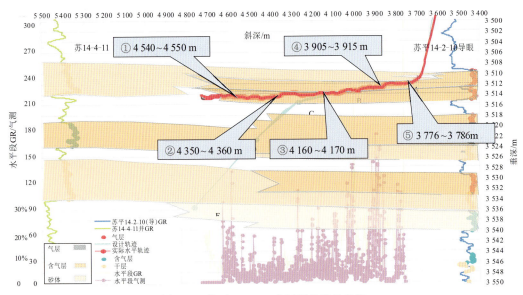

图7-51 苏平14-2-10井压裂井段示意图

表7-6 分段压裂施工参数表

层位	前置液量 /m³	携砂液量 /m³	顶替液量 /m³	施工排量 /(m³·min⁻¹)	支撑剂量 /m³	含砂浓度 /(kg·m⁻³)	平均砂比 /%	平衡压力 /MPa	液氮 /m³
第一段 4 540～4 560 m	103.0	155.0	16.0	3.5	35.86	402	22.6	≤25	7.0
第二段 4 350～4 360 m	89.0	133.0	15.0	3.5	30.63	402	22.6	≤25	7.0
第三段 4 160～4 170 m	89.0	133.0	14.0	3.5	30.63	402	22.6	≤25	7.0
第四段 3 905～3 915 m	103.0	155.0	13.0	3.5	35.86	402	22.6	≤25	12.5
第五段 3 776～3 790 m	89.0	133.0	12.0	3.5	30.63	402	22.6	≤25	11.2
合计	473.0	709.0	70.0	—	163.61	—	—	—	44.7

（4）水平井分段压裂效果。

原始数据受甲方保密要求，此处不列出。苏平14-2-10井分段压裂效果如表7-7所示。

表 7-7 苏平 14-2-10 井天然气分析成果表

层　次	取样井段（段数）/m	取样日期	取样地点	分析日期	相对密度	体积分数/%							甲烷化系数	$w(H_2S)$	临界压力/MPa	临界温度/K
						甲烷/乙烷	丙烷/异丙烷	正丁烷/异戊烷	正戊烷	二氧化碳/空气	氮/氢	氢/含烃				
盒8$_{下}^1$	377.00～4 550.00 (5)	2010 04-03	井口		0.610 1	92.664/4.346	1.667/0.576	0.669/0.000	0.004 0				0.928	—	4.69	201.155

7.5 结论与建议

（1）从精细识别储层力学参数入手,建立了水平井增产改造科学评价方法和储层动态预测方法;对水平井压力裂缝参数进行了优化,为水平井工艺设计提供了依据。

（2）研究了水平井井周应力场及水平裂缝起裂,建立了水平井压裂裂缝转向扩展模型,并研发了压裂优化设计软件。

（3）研究了水平井缝间干扰技术,完成了二分支井压裂设计的室内实验,建立了水平井长期导流能力评价模型和不同深度的临界安全井底压力推荐图版。

（4）研究成果在塔里木油田及长庆油田进行了现场应用与试验,结果表明所建立的模型合理,提出的优化方案可行,且均取得了较高的产量。

（5）建议对水平井的缝间干扰问题进行研究,建立井型与储改及产能的关系,为指导井型设计及储改优化提供依据。

参考文献

[1] Whittaker B N, Singh R N, Sun G. Rock Fracture Mechanics[M]. London: Elsevier, 1992: 21-22.

[2] Nasseri M H B, Schubnel A, Young R P. Coupled Evolutions of Fracture Toughness and Elastic Wave Velocities at High Crack Density in Thermally Treated Westerly Granite[J]. International Journal of Rock Mechanics and Mining Sciences, 2007, 44(4): 601-616.

[3] Al-shayea N A, Khan K, Abduljauwad S N. Effects of Confining Pressure and Temperature on Mixed-Mode（Ⅰ-Ⅱ）Fracture Toughness of A Limestone Rock[J]. International Journal of Rock Mechanics and Mining Sciences, 2000, 37(4): 629-643.

[4] Brown G J, Reddish D J. Experimental Relations between Rock Fracture Toughness and Density [J]. International Journal of Rock Mechanics and Mining Sciences, 1997, 34(1):153-155.

[5] 陈治喜,陈勉,金衍,等. 水压致裂法测定岩石的断裂韧性[J]. 岩石力学与工程学报, 1997, 16(1): 59-64.

Chen Zhixi, Chen Mian, Jin Yan. Determination of Rock Fracture Toughness with Hydraulic Fracturing Method[J]. Chinese Journal of Rock Mechanics and Engineering, 1997, 16(1):59-64.

[6] Chen Z X, Chen M, Jin Y, et al. Laboratory Measurement and Interpretation of the Fracture Toughness of Formation Rocks at Great Depth[J]. Journal of Petroleum Science and Engineering, 2004, 41(1/3):221-231.

[7] Chen Z X, Chen M, Jin Y, et al. Determination of Rock Fracture Toughness and Its Relationship with Acoustic Velocity[J]. International Journal of Rock Mechanics and Mining Sciences, 1997, 34(3):701.

[8] 金衍,陈勉. 利用测井资料预测深部地层岩石断裂韧性[J]. 岩石力学与工程学报,2001,20(4):454-456.
Chen Mian, Jin Yan. Determination of Fracture Toughness for Deep Well Rock with Geophysical Logging data[J]. Chinese Journal of Rock Mechanics and Engineering, 2001, 20(4):454-456.

[9] Awaji H, Sato S. Combined Mode Fracture Toughness Measure by Disk Test[J]. Journal of Engineering Materials and Technology, 1978, 100:175-182.

[10] Atkinson C, Smelser R E, Sanchz J. Combined Mode Fracture Via the Cracked Brazilian Disk[J]. International Journal of Fracture, 1982, 18(4):279-291.

[11] 孙宗颀,饶秋华,王桂尧. 剪切断裂韧度(K_{IIc})确定的研究[J]. 岩石力学与工程学报,2002,(2):199-203.
Sun Zongqi, Rao Qiuhua, Wang Guiyao. Study on Determination of Shear Fracture Toughness(K_{IIc})[J]. Chinese Journal of Rock Mechanics and Engineering, 2002,(2):199-203.

[12] 黎立云,黎振兹,孙宗颀. 岩石的复合型断裂试验及分析[J]. 岩石力学与工程学报,1994,13(2):134-140.
Li Liyun, Li Zhenzi, Sun Zongqi. Experiments Research and Theoretical Analyses in Brittle fractuke of Rock under Mixed-Mode Loads[J]. Chinese Journal of Rock Mechanics and Engineering, 1994, 13(2):134-140.

[13] 徐平,夏熙伦. 花岗岩 I-II 复合型断裂试验及断裂数值分析[J]. 岩石力学与工程学报,1996,15(1):62-70.
Xu Ping, Xia Xilun. Fracture Test of I-II Mixed Mode and Numerical Analysis for Granite[J]. Chinese Journal of Rock Mechanics and Engineering, 1996, 15(1):62-70.

水力喷射与分段压裂一体化技术

李根生 田守嶒 黄中伟 盛茂 范鑫 等

摘　要

本章系统深入地研究了水力喷射压裂一体化技术的压裂机理、水力参数优化、压裂工艺及配套工具、现场试验等内容；揭示了水力喷射分段压裂机理，包括射流孔内增压机理、环空自封隔机理和裂缝起裂与扩展机理等；建立了水力喷射压裂一体化水力参数及施工工艺设计方法；建立了水力喷砂射孔参数优化设计和水力喷射分段压裂设计方法；研制了滑套式不动管柱水力喷射压裂技术井下工具，成功地解决了不动管柱喷射分段的关键工具难题。

主题词

水力喷射；分段压裂；机理；工具；现场试验

引　言

我国中低渗透油气储量所占的比例越来越高，以中国石油天然气集团公司所属区域为例，其探明中低渗油气储量所占比例从"八五"期间的 59％ 增长到"九五"期间的 67％，"十五"期间则占到了 70％ 左右。近年来，水平井等复杂结构井越来越多地应用于低渗储层的开发。

水力压裂技术是经济开发低渗透油气藏的重要手段；随着水平井钻井技术的发展和建井成本的降低，水平井技术亦成为有效开采低渗透油藏等难动用储量的重要手段之一。通常人们认为，与直井相比，水平井一般不需要实施压裂酸化等增产措施。然而事实证明，许多未实施增产的低渗透油藏水平井的产量不尽如人意,往往低于已实施增产的直井产量。近年来,国内外的专家学者在压裂液、支撑剂、压裂工艺等多方面的研究,虽取得了长足进展,但仍然面临许多问题。常规水平井(特别是裸眼水平井)压裂增产技术会带来多余的多重压裂裂缝,并且所获得的裂缝常常仅出现在水平段的两端,大部分水平井段未能得到改造,裂缝的导通率依然很低。另外,其施工过程中需要封隔装置,施工时间长,不安全因素较多。因而急需提出一种新的增产方法以应用于低渗透油藏水平井(特别是裸眼水平井)的生产中。部分油气田存在多个产层,且部分产层跨距较大,除单层开采具有经济效益外,其他油气层天然气产量普遍较低,因而需进行多层合采,合采油气产量大大高于单层油气产量,从而达到较好的经济开采效益。目前常用的分层(段)压裂方法主要有机械封隔法、限流法、投球暂堵法、砂塞充填法等。机械封隔分层压裂主要适用于易发生砂卡的套管井中。限流法压裂适合于薄层压裂,但需要精确的孔眼摩阻计算模型,并要提前制定合理的射孔方案。投球暂堵法适用性较广,但该方法难以精确控制裂缝的起裂位置。砂塞充填法施工周期一般较长,作业成本较高。采用常规手段进行逐层压裂是一项技术难题,需要寻求新的水力压裂技术。

水力喷射压裂技术是综合水力喷射射孔、水力压裂、酸化等多种工艺的新技术[1]。与常规水力压裂相比,水力喷射压裂技术可以较准确地造缝,无需机械封隔,简化作业程序,降低作业风险,适用于多产层、薄层的直井逐层压裂改造,同样也是裸眼水平井增产改造有效可行的方法,对开发低渗透油气藏等难动用储量具有重要的意义和广阔的前景。

本章针对水力喷射压裂的新思路和新方法,开展了水力喷射分段压裂机理和参数研究,形成了较为完整的水力喷射压裂理论,建立了一套适合于油气井水力喷射分段压裂的工艺程序,设计研制出适用于水力喷射分段压裂井下工具组合,实施了水力喷射分段压裂的现场试验。本研究为低渗透油藏的增产改造探索了新方法,进一步丰富和发展了高压水射流技术在石油工业的应用领域,为我国难动用低渗透油田的高效开发形成一项拥有自主知识产权的新技术。

8.1 水力喷射压裂机理

水力喷射压裂运用水动力学原理,在一趟起下管柱中,完成水力喷砂射孔,之后通过两套泵压系统分别向油管和环空中泵入流体共同完成压裂。压裂完一层后,拖动管柱至下一产层,重复进行水力射孔和压裂,整个工艺过程不需要机械封隔装置[2]。

水力喷射射孔是将工作液体加压,通过油管泵送至井下,液体经喷射工具的喷嘴,将高压势能转换成动能,产生高速射流,冲击(或切割)套管及岩石,形成一定直径和深度的射孔孔眼。为了达到较好的射孔效果,一般在工作流体中加入石英砂、陶粒等磨料。室内实验和数值模拟结果分析表明,与聚能炮弹射孔相比,水力喷砂射孔未形成压实带污染,可减轻近井筒地带的应力集中,喷射出的孔道较深,容易实现射孔方向与最大水平主应力方向一致,从而避免多裂缝和裂缝弯曲,提高射孔和压裂效率。实验室和现场数据显示,水力喷射孔眼直径一般为喷嘴直径的 4～8 倍,每一个水力喷射孔眼的过液面积是用射孔枪获得孔眼的5～10 倍。

水力喷砂射孔后,高速流体的冲击作用在水力射孔孔道顶端产生许多微裂缝,微裂缝的存在降低了地层起裂压力[3]。射流继续进入射孔孔道中,形成增压。关闭环空,喷射流体增压和环空压力的叠加超过破裂压力,瞬间将射孔孔眼顶端处地层压开,如图8-1所示。裂缝形成后,同时向环空中泵入压裂流体,环空流体在高速射流的带动下进入射孔通道和裂缝中,维持裂缝充分扩展,从而获得较大的裂缝。控制喷射工具,压裂液和动能都聚焦于井筒的某一特定位置,因而制造裂缝的位置方向可以准确地选择。控制环空压力低于地层的延伸压裂,水力喷射压裂过程中不会把已经压开层段的裂缝重新开启。整个过程实现水力封隔,不需要其他机械封隔措施。

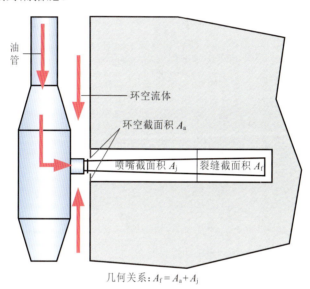

几何关系:$A_f = A_a + A_j$

图 8-1　水力喷射压裂原理和几何模型示意图

水射流产生的增压大小影响着水力喷射压裂工具、油井套管和裂缝几何模型的建立(图8-1),假设压裂过程中满足以下条件:

(1)压裂液是不可压缩流体;

(2)忽略压裂液向地层中的滤失;

(3)忽略流体重力的影响。

射孔孔眼中的增压如下定义:

$$p_b = p_t - p_a \tag{8-1}$$

式中　p_b——喷射压力;

　　　p_t——喷点处套管环空压力;

　　　p_a——环空增压。

在裂缝入口截面上,由质量守恒定律可得:

$$W_j + W_a = W_f \tag{8-2}$$

式中　W_j——喷射流体质量流量;

　　　W_a——环空卷吸流体质量流量;

　　　W_f——进入裂缝流体质量流量。

定义环空质量流量比率 M（简称环空流率）为：

$$M = \frac{W_a}{W_a + W_j} \tag{8-3}$$

在裂缝入口截面上取控制体，满足动量定理，假设水平向右为正方向，则表达如下：

$$-p_b A_f = \rho A_f v_f^2 - (\rho A_a v_a^2 + \rho A_j v_j^2) \tag{8-4}$$

假设裂缝缝宽是一个定值，且裂缝入口截面的几何关系为：

$$A_f = A_j + A_a \tag{8-5}$$

质量流量表达式为：

$$W_a = \rho A_a v_a g, \quad W_j = \rho A_j v_j g, \quad W_f = \rho A_f v_f g \tag{8-6}$$

可得：

$$p_b = \frac{M^2}{(1-M)^2} \frac{W_j^2}{\rho g^2 (A_f - A_j) A_f} + \frac{W_j^2}{\rho g^2 A_f A_j} - \frac{1}{(1-M)^2} \frac{W_j^2}{\rho g^2 A_f^2} \tag{8-7}$$

对于实际裂缝，其缝宽比喷嘴直径大数十倍，因此有 $A_f \gg A_j$，则上式可以转化成：

$$p_b = \frac{W_j^2}{\rho g^2 A_f A_j} - \frac{(1-M^2)}{(1-M)^2} \frac{W_j^2}{\rho g^2 A_f^2} = \frac{W_j^2}{\rho g^2 A_f A_j} - \frac{1+M}{1-M} \frac{W_j^2}{\rho g^2 A_f^2} \tag{8-8}$$

由上式分析可知，裂缝入口流压受到喷嘴和裂缝的几何形状、压裂液密度、射流流量和环空流率等因素的共同作用。射流继续在喷射通道中增压，与射流流量成正比。可以通过改变喷嘴截面积、调节射流流量和环空流率等方法来控制裂缝入口流压的大小。实施水力喷射压裂中，在条件允许的情况下，较高的喷嘴流量有利于喷射孔眼内压力的增加。实际中，裂缝的宽度与流量在不断变化，增压具有根据岩石的参数自动调节的特征。

8.1.1　水力喷射孔内压力分布及增压特性的数模与物模研究

通过数值模拟和室内实验相结合的方法，研究了环空围压、喷嘴压降、喷距、喷嘴直径、套管壁孔眼直径和射孔孔眼深度等参数对射流孔内增压的影响规律。

1）数值模拟几何建模

由水力喷砂射孔地面实验可知，射孔孔眼的几何形状为纺锤形。考虑到孔内流场关于孔眼轴线对称，因此模拟流场取二维流动区域轴对称的一半，如图 8-2 所示。孔眼深度 700 mm，入口直径 20 mm，孔深 440 mm 处有最大孔径，最大孔径为 60 mm。

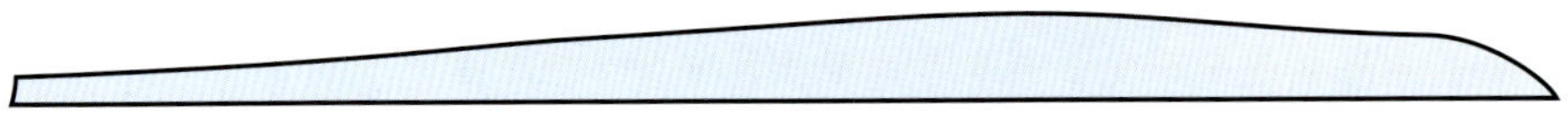

图 8-2　水力喷砂射孔孔眼几何形状

2）实验装置与方案

根据实验要求，设计加工了水力喷射孔内流场物模实验架，组装了一整套实验装置，如图 8-3 所示。

该实验研究孔眼深度为 500～700 mm 时的孔内压力分布及增压规律。实验中可以改变的参数有喷距、喷嘴入口压力、喷嘴围压、喷嘴直径、模拟套管壁孔眼直径、模拟射孔孔眼大小及深度,测量了 250 余组模拟射孔孔内压力分布数据。

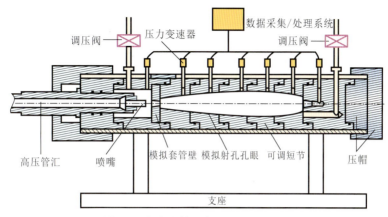

图 8-3 水力喷射孔内流场物模实验架示意图

3) 结果分析

（1）环空围压对孔内压力分布的影响规律。

如图 8-4 所示,实验数据表明,围压为 5 MPa 时,孔内增压 9 MPa 左右;围压为 10 MPa 时,孔内增压约为 9.3 MPa;围压为 15 MPa 时,孔内增压 9.6 MPa 左右。这说明对于相同的喷嘴压降,环空围压对射流增压值的影响很小[4]。

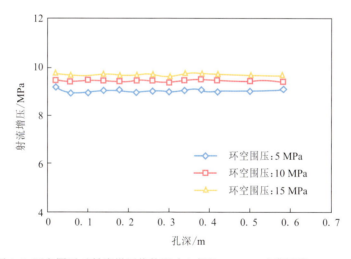

图 8-4 环空围压对射流增压值的影响（喷距:15 mm;喷嘴压降:15 MPa）

（2）喷嘴压降对孔内压力分布的影响规律。

分析数模结果和实验结果均可得出,随着喷嘴压降的升高,孔内压力和射流增压也随之增大。在实验条件下,当喷嘴压降为 15 MPa 时,孔内压力为 11.8 MPa,射流增压为 6.8 MPa 左右;当喷嘴压降为 20 MPa 时,孔内压力为 14.9 MPa,射流增压 9.9 MPa。

与环空围压的影响规律不同的是,喷嘴压降对射流增压影响很大（图 8-5）。射流增压实质上是喷嘴出口处高速流体的动能转换为射孔孔道内流体的静压能,喷嘴压降越大,其出口处流体的动能越大,转化的孔道内流体的静压能就越大,因此射流增压也就越大。

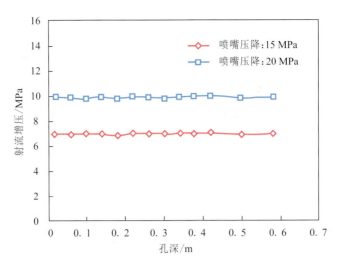

图 8-5　喷嘴压降对射流增压值的影响（喷距：20 mm；环空围压：5 MPa）

（3）入口比率对孔内压力分布的影响规律。

为了同时考虑喷嘴直径和套管开孔直径这两个因素的影响，可以构造一个无量纲数 d/D（即喷嘴直径与套管开孔直径之比）来综合表征这两个因素的影响。这个无量纲数的物理意义是入口的特征尺寸与孔眼特征尺寸的比值，可以反映入口截面与出口截面的相对大小，这里定义为"入口比率"。

实验得到了入口比率分别为 0.40，0.37，0.35 和 0.325 四种条件下的孔内壁面压力分布情况。

由分析结果可知，在喷嘴压降、围压和喷距相同的条件下，入口比率越大，孔眼壁面压力也越大，增压效果越明显（图 8-6）。实验条件下，入口比率为 0.40 时，孔内压力最大，达到 11.2 MPa。

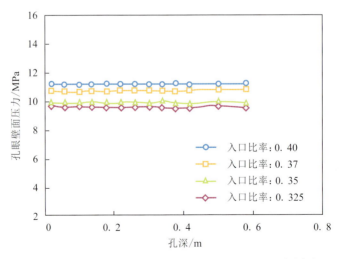

图 8-6　入口比率对壁面压力分布的影响（喷距：15 mm；环空围压：8 MPa）

（4）孔眼深度对孔内压力分布的影响规律。

如图 8-7 所示，孔眼深度对孔内压力分布及射流增压的影响很小[5]。

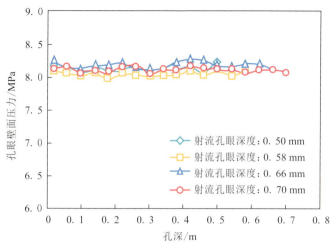

图 8-7　孔眼深度对壁面压力分布的影响（喷嘴压降：10 MPa；环空围压：5 MPa；喷距：15 mm）

8.1.2　水力喷射孔眼参数对裂缝起裂与扩展的影响

水力射孔参数的选择对近井地带裂缝的起裂与扩展有一定的影响。通过实验研究，得到了射孔直径、射孔深度、孔眼与最大水平应力夹角等因素对裂缝起裂压力与扩展的影响规律[6-9]。

1）实验设备与方法

本研究所采用的模拟压裂实验装置是中国石油大学（北京）岩石力学实验室设计组建的一套大尺寸真三轴模拟实验系统，如图 8-8 所示。

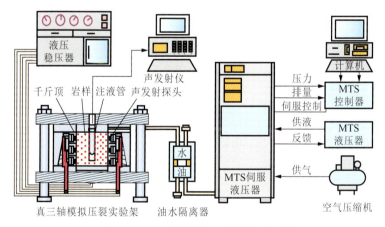

图 8-8　水力压裂模拟实验装置示意图

2）实验结果分析

（1）射孔直径对起裂压力的影响。

从图 8-9 可以看出，随着射孔孔眼直径的增加，岩石起裂压力开始下降较快，射孔直径超过 4 mm 后，这一趋势逐渐变缓，直径由 4 mm 增加到 8 mm，增加了一倍，起裂压力仅下降了 0.69 MPa（2.7%），可以推断，岩样的起裂压力对射孔直径变化并不敏感。

（2）射孔深度对起裂压力的影响。

从图 8-10 可以看出，随着射孔深度的增加，岩样的起裂压力与之近似呈线性降低，当射孔深度由 30 mm 变化到 50 mm 时，深度增加了 66.7%，起裂压力则由 29.21 MPa 降到了 25.77 MPa，下降了 11.8%，相应的起裂时间下降了 28.6%。

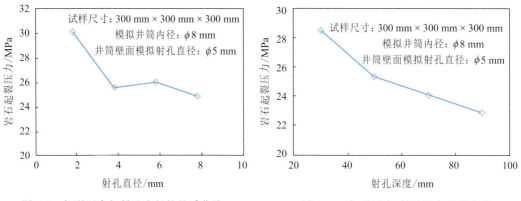

图 8-9　起裂压力与射孔直径的关系曲线　　　　图 8-10　起裂压力-射孔深度关系曲线

（3）孔眼与最大水平应力夹角对起裂压力的影响。

如图 8-11 所示，射孔孔眼轴线和最大水平主应力夹角 α 分别设定为 0°，30°，60° 和 90°，孔眼直径和深度分别为 4 mm 和 50 mm，最大水平应力和最小水平应力分别为 12 MPa 和 15 MPa，垂向应力仍为 21 MPa。从图 8-12 中可以明显地看出，沿着最大水平主应力射孔（$\alpha = 0°$）时起裂压力最小，随着射孔轴线与最大水平应力夹角 α 的增加，岩样起裂压力几乎呈线性上升。

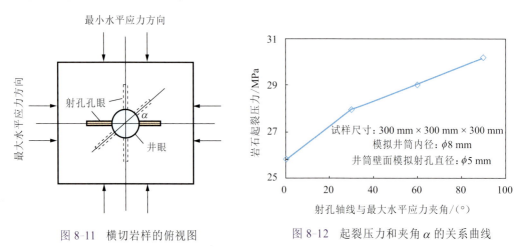

图 8-11　横切岩样的俯视图　　　　　　图 8-12　起裂压力和夹角 α 的关系曲线

8.2　井下工具的研制

压裂工具在井下工作环境复杂，工具内部压力较高，高流速的流体通过喷嘴时会对其造成强烈磨蚀，喷射到套管和底层岩石的返流也会对压裂工具造成损伤，这给井下压裂工具材料的选择造成很大困难。根据该技术的施工特点,在综合考虑多方面的因素之后,在理论和实验基础上设计完成了井下工具的外形及内部结构、喷枪本体强化材料选择、喷嘴材料选择及安装方法、井下工具和油管的连接方式等研究工作,并绘制出了喷枪图纸,加工了水力喷射压裂工具,同时对研制的水力喷射压裂工具进行了室内可靠性实验[10]。

8.2.1　喷嘴的结构设计

喷嘴是高压水力喷射射流发生装置的执行元件。喷嘴的作用是通过喷嘴内孔横截面的收缩,将高压水的压力能量聚集并转化为动能,以获得最大的射流冲击力,并作用于井底岩石上进行破碎或切割。

（1）喷嘴内部形状选择。

喷嘴几何参数主要有收缩角 α、入口和出口过渡形状及倒角的曲率半径、出口直径 D 和圆柱段长度 L。综合考虑,选择圆锥带圆柱出口段喷嘴作本研究的喷嘴,如图 8-13 所示。

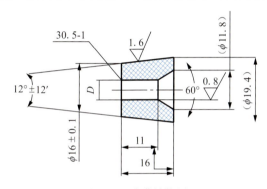

图 8-13　喷嘴结构图

（2）喷嘴材质选择。

在相同实验条件下,YG8、YT15、铸铁、45 淬火钢、聚氨酯塑料等六种喷嘴材料的抗冲蚀能力由强到弱的顺序依次是 $Al_2O_3/(W,Ti)C$（陶瓷）、YG8、YT15、铸铁、45 淬火钢、聚氨酯塑料。

综合考虑井下作业条件,选择陶瓷作为喷嘴材料。

8.2.2　井下工具结构设计

井下工具是水力喷射压裂的执行部件,共由四部分组成,即导向头（带孔油管短节）、多孔管、单向阀、喷枪、扶正器,其中喷枪本体上安装若干锥形喷嘴。

（1）喷枪本体结构设计。

依照前面的结构参数设计和喷嘴材料的耐冲蚀性结果分析,考虑现场条件和需要,设计出了适合 $4 \sim 9\frac{5}{8}$ in 套管、裸眼、筛管完井的水力喷射压裂井下工具。图 8-14 为 $5\frac{1}{2}$ in 套管用工具。

（2）单向阀结构设计。

单向阀由凡尔座、阀球和凡尔挡板组成。凡尔座本体兼有单向阀与短节功能,其最小内径为 $\phi 12$ mm,后端开有 60° 斜槽,与阀球配合组成单向阀,凡尔座末端装有凡尔挡片,使阀

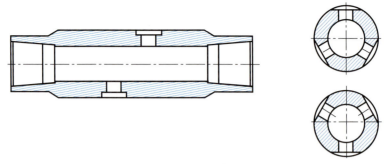

图 8-14 喷枪结构图

球始终位于工作区域,如图 8-15 所示。前后端的螺纹符合 API 标准,可以与工具其他部分或钻杆直接连接。

单向阀内的阀球直径为 $\phi36\ mm$。阀球直径大于凡尔座的最小内径和凡尔挡片(图 8-16)上的孔径。压裂液正方向流动时,阀球与凡尔座圆锥面配合实现座封。反洗时,压裂液冲开阀球,实现解封并反向流动。由于凡尔挡片的限制作用,阀球并不会偏离工作位置。另外,该设计在水平位置时仍然能实现座封。

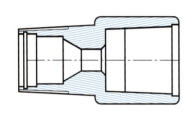

图 8-15 凡尔座

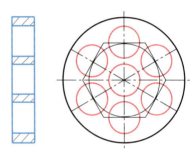

图 8-16 凡尔挡片

(3)扶正器及引鞋结构设计。

扶正器的作用是固定水力喷射分段压裂工具组合,使之不与套管接触且在作业时处于稳定状态。扶正器设计如图 8-17 所示,为六翼式,六个"翼"均布圆周。引鞋结构设计更加完善,如图 8-18 所示,利于下入工具。引鞋下端还做了一个通孔,可提高反洗井时的过流能力,保证密封面含砂时的处理能力,使工具运行更可靠。

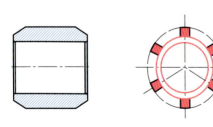

图 8-17 扶正器(滑动式)

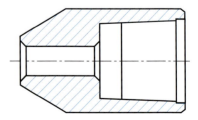

图 8-18 引鞋

带孔油管短节(图 8-19)上下端连接的螺纹为 API 标准螺纹,分别与凡尔座和引鞋连接。油管主体侧面开有 36 个 $\phi12\ mm$ 的小孔,分九层均布于油管圆周。小孔与引鞋通孔共同构成了反洗井时的流体通道。

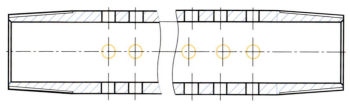

图 8-19 带孔油管短节

8.3 水力参数及施工工艺设计

水力喷射压裂施工水力参数设计,主要是从地层条件和实际装备出发,以最佳压裂效果为目的,确定喷嘴数量、喷嘴直径、喷嘴压降、喷砂射孔及压裂的地面泵压和排量以及环空排量和压力等[11],为实施水力喷射压裂工艺提供依据。

8.3.1 喷嘴压降与排量计算

（1）计算模型建立。

水力喷射压裂工具的喷嘴排量和压降参数是水力喷射压裂工艺参数的重要部分。只有确定了水力喷射压裂工具喷嘴的直径、排量、压降、数量等参数,才能够进行施工排量、施工压力等其他参数的计算和确定。通过实验和理论研究,水力喷射压裂工具的喷嘴压降可用下式表示:

$$p_{b} = \frac{513.559Q^{2}\rho}{A^{2}C^{2}} \tag{8-9}$$

工作排量可表示为:

$$Q = \left(\frac{p_{b}C^{2}A^{2}}{513.559\rho} \right)^{1/2} \tag{8-10}$$

式中 p_{b}——压降,MPa;

Q——排量,L/s;

ρ——流体密度,g/cm³;

A——喷嘴总面积,mm²;

C——喷嘴流量系数,一般取 0.9。

（2）喷射压力与排量计算及图版。

由图 8-20 喷嘴压降与工作排量的关系曲线可以看出,在同一喷嘴直径下,喷嘴压降与喷嘴的排量成正比,也就是说,同一直径的喷嘴要产生比较大的喷嘴压降,则需要较大的作业流量。相同作业排量下,选择喷嘴的数量越多,则产生的喷嘴压降越小。计算结果表明,喷嘴直径越大,产生同样喷嘴压降所需要的工组排量也越大。该计算结果可以为水力喷射压裂工具喷嘴直径、喷嘴个数及工作排量的确定提供参考。

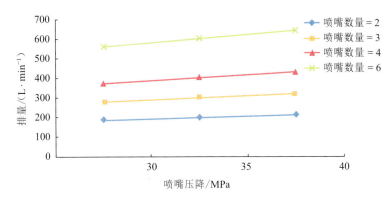

图 8-20 喷嘴直径 $d = 3$ mm 时喷嘴压降与工作排量关系曲线

从射流与喷嘴的压降曲线可以看出,射流速度和喷嘴的压降成正比关系,喷嘴的压降越大,所产生的射流速度越快,因而冲击井底岩石的力量越大,越容易破碎岩石。所以在水力喷射射孔阶段应该尽量产生较大的喷嘴压降,以更容易完成水力射孔。

8.3.2 油管内流体压降损失计算

(1)油管内流体压耗计算模型。

油管是流体从地面传递至井下的通道。在作业过程中,流体与管壁之间存在摩擦力,因此将会产生摩擦压力损失。按工程流体力学的分类,阻力分沿程阻力和局部阻力两大类。油管内流体压降损失计算可为地面排量和泵压的确定提供依据。

(2)油管内流体压降损失计算及图版。

根据不同油管直径及工作液密度(表 8-1 和表 8-2),计算出压降与排量、深度的关系曲线,如图 8-21、图 8-22 和图 8-23 所示。

表 8-1 不同油管内外径

油管类型 1		油管类型 2		油管类型 3	
外径/mm	内径/mm	外径/mm	内径/mm	外径/mm	内径/mm
60.3	51.8	73.0	62.0	88.9	73.0

表 8-2 不同石英砂质量浓度条件下工作液密度

石英砂质量浓度/(kg·m⁻³)	0	100	200	300	400	500	600
流体密度/(g·cm⁻³)	1.00	1.04	1.08	1.12	1.16	1.20	1.24

实验结果表明,同一油管直径条件下,油管内压降随着排量的增加而增加。若油管直径较小而排量较高时,管内压降将变得很大,从而增加对地面设备的要求。作业过程中,应综合考虑作业排量、管内压降和地面设备性能,保证作业安全高效进行。在不同密度工作液管内压降与深度关系曲线中,相同排量和油管直径条件下,管内压降随着工作液密度的增加略有增加,但工作液密度对管内压降影响较小。

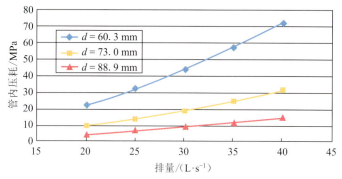

图 8-21　不同管径管内压降与工作排量关系曲线

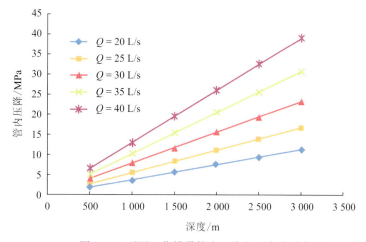

图 8-22　不同工作排量管内压降与深度关系曲线

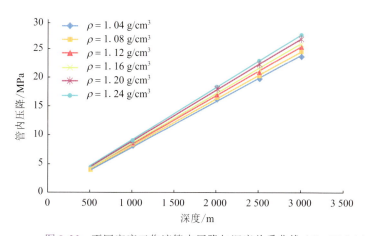

图 8-23　不同密度工作液管内压降与深度关系曲线（$Q = 20$ L/s）

8.3.3　环空内流体压降损失计算

（1）环空内流体摩阻压力损失。

根据范宁（Fanning）方程，流体在油套环空中流动的压力损失可由下式计算得到：

$$\Delta p = \frac{2f\rho v^2 L}{d_h - d_p} \tag{8-11}$$

（2）环空压降损失计算及图版。

根据公式(8-11)计算绘制了不同油套环空中环空压降与排量的关系图版，如图 8-24 所示。

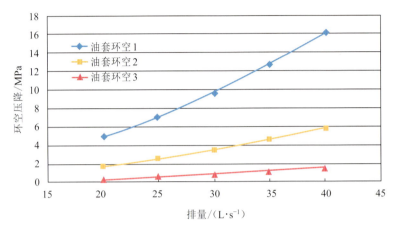

图 8-24　不同油套环空的环空压降与工作排量关系曲线

8.3.4　施工工艺设计

（1）洗井一周,保证井筒内无杂物;

（2）安装水力喷射压裂工具;

（3）同时配置施工所需化学药剂;

（4）工具入井,按照管柱结构图下压裂管柱;

（5）安装井口设备;

（6）管线试压;

（7）低泵速循环活性水入井;

（8）开放环空,进行低砂比水力射孔程序,切割套管和地层,形成射孔孔眼;

（9）关闭环空,油管泵注前置液,环空开始注基液,压开地层;

（10）油管泵注携砂液,进行阶梯式加砂,环空持续泵注基液;

（11）油管泵注顶替液;

（12）停泵并观察裂缝闭合;

（13）裂缝闭合后,确保井口压力在井口装置的安全压力限制以内;

（14）投球至下一层施工位置,打开滑套;

（15）重复步骤（7）～（14）;

（16）最后一层施工完毕后上提工具出井,施工结束。

若现场施工中遇到意外情况,按照以下压裂施工应急预案处理:

（1）若开始施工时开泵憋压或排量较低时即超过预期泵压，则停泵，反循环洗井一周，然后按正常程序继续施工。

（2）若泵注前置液时地层破裂压力较高，套管压力超过耐压极限，则停止施工，反循环洗井，把前置液替到井外。

（3）若压力上升过快（砂堵或沟通了高压油气层），则停止加砂，开始顶替，然后关井、记录套压变化。如果套压缓慢下降，可判断为砂堵，可放喷让裂缝强制闭合，继续下一个层位的施工；如套压持续上升，可判断为沟通了高压油气层，则撤离施工设备，地面接入生产流程。

（4）若压力急剧下降（如喷嘴脱落、井下油管刺漏或断裂），则停止加砂，顶替，关井记录压降，开始下一个层位的施工。

（5）若发生井口或地面管线泄漏，则立即停泵，关井口闸门和旋塞阀。整改后若施工处于注前置液阶段，则重新计算前置液量，然后按调整后的泵注程序继续施工；若施工处于加砂阶段，则开始顶替，如果已无法顶替，则开井放喷，然后反循环洗井。

（6）若施工最后一个层位时用于套管的补充液体消耗超过预期量，则减少支撑剂加入规模。

（7）施工过程中风浪超过警戒值时，停止施工，关井；继续施工时一档开启一台泵，如果发生憋泵现象，则反循环洗井一周。

（8）发生其他情况时，现场技术人员和甲方协商解决。

8.4 现场试验与应用

8.4.1 大港油田 ZH33 22 井压裂设计与应用研究

ZH101M2 井试油层位为 Es2s 油组，试油日期为 2007 年 6 月 15～19 日，射孔井段为 3 493.7～3 509.3 m，压力系数为 1.29。ZH2-1 井试油层位为 Es2s 油组，试油日期为 1994 年 2 月 23～4 月 23 日，射孔井段为 3 119.8～3 179.6 m，压力系数为 1.27。ZC1 井试油层位 Es2s 油组，试油日期为 1995 年 1 月 4～22 日，射孔井段为 2 706.6～2 711.0 m，压力系数为 1.35。张参 1-4 井试油层位是 Es2s 油组，试油日期为 1995 年 9 月 18～25 日，射孔井段为 3 077.4～3 080.0 m，压力系数为 1.26。因此大港油田 ZH33-22 井区块压力为异常高压，压力系数预测为 1.35 左右。

1）水力喷射压裂工具及压裂管柱

（1）本施工使用 $2\frac{7}{8}$ in 加厚压裂管柱。

（2）不动管柱水力喷射分段压裂工具如图 8-25 所示。工具下井时，自下而上按照如下顺序连接：引鞋＋多孔管＋单向阀＋一级喷枪＋$2\frac{7}{8}$ in 油管＋二级喷枪＋$2\frac{7}{8}$ in 油管＋三级喷枪＋$2\frac{7}{8}$ in 油管柱＋校深短节＋$2\frac{7}{8}$ in 油管柱（图 8-26）。

（a）施工前   （b）施工后

图 8-28　喷嘴施工前后对比图

　　该技术在我国大庆油田、四川气田、中原油田等多个油气田进行了 120 余井次现场应用，其中水平井 59 口，最深压裂（酸压）位置井深 6 890 m，单层最大加砂量达到 45 m^3（DP-5井），大部分井压后效果显著。

8.5　认识与建议

　　水力喷射压裂一体化技术作为一种新的增产改造技术，不必下入机械封隔器且不必移动管柱即可实现多个层段的压裂，从而提高了压裂效率，缩短了作业周期，节约了施工成本。该技术对于常规压裂技术难以实施分段压裂的裸眼水平井、筛管完井水平井、衬管完井以及复杂结构井具有良好的适用性，从而扩大了可压裂井的范围。

　　建议该技术不断深化理论研究，改进井下工具结构和性能，优化施工工艺，扩大适用范围，在常规油气井继续推广应用的基础上，进行超深井压裂、海上分段压裂、煤层气压裂等相关现场试验。

参考文献

［1］　Li Gensheng, Huang Zhongwei, Tian Shouceng, et al. Research and Application of Water Jet Technology in Well Completion and Simulation in China(Invited Lecture)[A]. 9th Pacific Rim International Conference on Water Jetting Technology, Koriyama, Japan, 2009:1-7.

［2］　Li G, Huang Z, Tian S, et al. Investigation and Application of Multistage Hydrajet-fracturing in Oil and Gas Well Stimulation in China[A]. CPS/SPE International Oil & Gas Conference and Exhibition in China, Beijing, China, 2010.

［3］　Tian S, Li G, Huang Z, et al. Investigation and Application for Multistage Hydrojet-fracturing with Coiled Tubing[J]. Petroleum Science and Technology, 2009, 27(13):1 494-1 502.

［4］　夏强，黄中伟，李根生，等．水力喷射孔内射流增压规律试验研究[J]．流体机械，2009,37(2):1-5.

［5］　曲海，李根生，黄中伟，田守嶒，等．水力喷射压裂孔道内部增压机制[J]．中国石油大学学报，2010,

34（05）：73-75.

[6] Huang Z，Li G，Niu J，et al. Application of Abrasive Water Jet Perforation Assisting Fracturing[J]. Petroleum Science and Technology，2008，26（6）：717-725.

[7] Huang Z，Niu J，Li G，et al. Surface Experiment of Abrasive Water Jet Perforation[J]. Petroleum Science and Technology，2008，26（6）：726-733.

[8] Li Gensheng，Huang Zhongwei，Zhang Debin，et al. Combined High Pressure Water Jetting and Acidizing Method for Perforation Cleaning and Formation Treatment: Mechanisms and Applications[J]. Petroleum Science and Technology，2006，24（6）：459-468.

[9] 牛继磊，李根生，宋剑，等. 水力喷砂射孔参数实验研究[J]. 石油钻探技术，2003，（2）：14-16.

[10] Li Gensheng，Huang Zhongwei，Niu Jilei，et al. Productivity-Enhancing Technique of Deep Penetrating Perforating with High Pressure Water Jet[J]. Petroleum Science and Technology，2007，25（3）：289-297.

[11] Li Gensheng，Song Jian，Niu Jile，et al. Enhancin g Oil Production by Helical Hydraulic Sand-Blasting[J]. Petroleum Science and Technology，2007，25（9）：1 105-1 114.

智能完井光纤传感与测控

赵昆 陈少华 陶果 等

摘　要

　　首先,在对光纤传感技术进行深入理论研究的基础上,开发了一套井下光纤温度压力流量传感器,设计制作了匹配的光纤解调系统,搭建了传感器测试平台,完成了传感器的标定校准实验。其次,系统地研究了传感器的封装工艺以及光纤光栅对温度压力增减敏的实现方法,完成了不同增减敏基底材料的对比实验研究。在此基础上,为使传感器能适用于井下高温高压的恶劣环境,对已设计封装的光纤传感器做了大量的高温高压测试实验,结果表明,传感器在温度 $0\sim300$ ℃、压力 $0\sim100$ MPa 的范围内,线性度及稳定性良好,测量温度、压力的精度分别达到 ±0.3 ℃和 ±0.02 psi(1 psi $=6.895$ kPa)。最后,完成了传感器的井下实验,结果表明该传感器性能稳定,完全可以用于井下参数实时监测,并依此制定了反馈控制系统的设计方案以及模拟系统的组装方案。

主题词

　　智能完井;光纤传感器;实时监控

引　言

　　智能完井也称智能井,是一项新兴的完井技术,它的出现使在地面控制、分析、管理多分支和多层段油气井成为现实,对提高油气采收率意义重大,因此受到了世界的采油界普遍关注。专家们指出,21 世纪的油气开采将逐步采用智能完井进行维护管理,若干年后,将可实现油田的室内经营管理。

智能井带有井下传感器,能实时采集有关油井参数。它从地面通过电子式、水力式或光纤-水力式滑套开关或操作阀对每个生产油层的温度、压力、流量进行控制调节,实现油气井生产经营的实时监测和优化。其目的是在将机械采油、层间隔离、永久监测、流量控制和出砂控制完美结合的基础上,实时监控多分支井中单分支井眼的油气生产或单井多层段油气生产。智能完井的出现,大幅度减少了油井生产期间所需的大量修井作业,使油层以最少的油井检修工作量,实现最高的采油水平,提高油气采收率。

智能井是由地面硬件控制设备和井下监测执行模块组成的。智能井井下部分由数个模块组成,这些模块具有监测油管压力、环空压力、温度和流量的功能,类似于一种控制着油气流入生产管柱的开关;地面控制系统将指令下达给井下装置,使其运转,从而改变、调整油井的流动特性;固定于油管外侧的光缆可完成地面和井下设备的信号传递,电缆为井下设备提供电源。

井下流动控制阀及其配套软件,使永久的油井监测与控制成为可能。这些硬件与软件的综合是油藏管理智能化的关键。智能完井装置包括三种不同的部件:① 永久井下监测器,包括光纤温度压力传感器和三相流及其密度监测仪器,可以实时监测井内指定油层的生产参数;② 油藏工程专家以及先进的模拟软件,可以随时修改产量和油藏模型;③ 井下流动控制设备,可以控制来自不同油层的液流,优化油藏管理,提高油气采收率。井下流动控制阀是现场已证明的有效技术,能够相当可观地提高油井的价值,它可以在砾石充填完井时下入注水泥的射孔衬管井段,也可以与分支井的连接装置一起下入井内。

贝克公司在使用 HCM-A 型井下液压调节节流阀的基础上,扩大和完善了其 InForce 智能井的性能。油气生产中使用这种节流阀可以调整各个产层的压差,防止层间窜流,平衡油气开采,使每个产层开采起来都很有利,不仅可以减少或消除复杂地层中的产水,而且在多层段注水井中,可以实现有针对性地向各产层中注水,或在各产层中同时进行流量配置[1]。

斯伦贝谢油田服务公司宣布已经在墨西哥湾的密西西比峡谷 522 区 10 000 ft 以下的井下安装了三个地面控制的井下安全阀。这种型号为 TRC-DH 的安全阀是一种降低了操作压力的阀门,可以安装在 10 000 ft 以下的井下。这种可用油管收回的阀通过两个活塞控制系统提供相同的操作。这两个活塞控制系统单独与控制管线相连,与常规阀门的设计相比,在液体压力低得多的环境下仍可使阀门操作充分完成。通过电脑程序预测阀在特殊应用下的工作压力,然后在工厂中进行适当的整体充气,以便使完井设备同井内环境相匹配。阀的工作压力高达 15 000 psi,而且可以保证不变的开关特性。它们还可以与智能完井控制管线的软件结合使用。阀门通常情况下是关闭的。通过从地面控制面板开始的、穿过井口到达安全阀的管线来施加液压,打开阀门。活塞杆向下运动产生液压,挤压动力弹簧,打开阀门。这种双控制线路不仅可以同时使用也可以单独使用,而不会影响阀门开启和关闭的压力。开启和关闭的压力是管线压力中的独立部分,必须并只用克服动力弹簧的力就可以操作阀门。当液压释放后,关闭阀的能量来自每个活塞系统的动力弹簧和单独的气动弹簧。因为上方有流管,所以阀瓣扭转弹簧可以使阀瓣移动到流动液体中,以实现在井中的关闭。

智能完井作为一项新型的完井技术,与常规完井技术相比,其突出技术优势表现如下:

（1）智能完井的出现,使测井优化所需要的井干涉次数大幅度减少甚至免除,使生产调整不再被地面控制所局限。

（2）智能完井的出现,使流体处理、废弃物、地面硬件成本、人力和支持性服务大幅度减少。

（3）智能完井可以实时监测油井参数,数据连续,克服了不稳定试井分析的模糊性和不确定性。

（4）智能完井可以在地面进行遥控操作,管理方便,适用于偏远地区的油气开采作业。智能完井通过在地面上识别流入控制阀的位置,有选择地开关某一油层,使不关井情况下的井身结构重配得以实现。智能完井的地面遥控功能,使其特别适用于难于管理的海上或沙漠油田。

（5）智能完井监测范围广,信息量大,智能完井实时监测所得数据资料比传统的短期测试资料更具时效性和长期参考价值,这些信息对于油藏建模是非常有意义的。智能完井不仅可以监测温度、压力、组分和黏度等单井数据,还可以对地震的、声波的、波动的等井间数据进行监测,从而在很大程度上使信息类型得到扩大,为油藏的管理经营提供准确的油藏描绘和流体前缘图解,推动油藏管理经营向连续管理模式方向发展。油气田开发使用智能完井进行管理经营,可以在最大程度上挖掘油田潜能,扩大油田的可控制范围。使用智能完井可更好地开发复杂结构油藏。

（6）智能完井可以实现对气、水锥进的控制,从而使生产得以加速,油田最终采收率和总产量随之而得到提高。智能完井通过使用流入控制阀对不同层位有选择地开关,使从特定油层段采油的目的得以实现。智能完井可以通过传感器对各油层油、气、水量进行监测,从而为修正油井工作制度提供参考。生产中,当出现水或气的锥进时,可通过层段流量调整(即关闭产水或产气层,控制注水或注气等)延缓水或气的锥进,从而使生产加速,最终提高油田采收率。因此,智能完井适用于油层性质差距较大,需进行多层合采或合注的井或需控制水、气锥进的井。

智能完井系统可以最大限度地减少油气井生产期间的修井次数,保持有效的开采速度,获得较高的油气采收率,降低油气生产成本。该系统可以通过控制油层的流动特性来恢复油层能量,延迟地层水侵入采油层段,增加油、气产量。对于调整井和修理费用高或复杂环境下的油井,比如深水油井、海上油井、水平延伸井、多分支井、直井、远距离操作的油井等,可采用智能完井技术。

9.1 智能完井

1) 智能完井的发展历程

20 世纪 80 年代,用于井下压力和温度测量的测量工具被开发出来,但仅仅近十年人们才实现了实时井下测量和流量控制,它使得智能井的出现成为可能。80 年代后期,Smedvig技术公司通过井下压力、温度仪器的完美结合,实现了井下压力和温度的实时监测,从而使部分油井获得了一定的智能。

十年后，人们最终研制出一种曾经被认为是幻想式的无日常生产维修费用的实时流量控制系统，油井的操作者可以使用这种系统开关油井的生产层流动。该系统的出现，使得在钻机服务或通过盘管（CT）传输射孔、挤水泥或移位滑套开关之前，许多功能都已经在完井时实现了，然而即使是到了如此先进的地步，依然需要鼓励油田服务的公司领导在边远地方早期开始应用或预想使用智能井[2]。20 世纪 90 年代后期，Baker Hughes、Schlumberger、ABB 和 Roxar 等几家公司开始了井下测量和控制相结合元件一体化集成的智能完井系统开发。

1997 年 Baker Oil Tools 和 Schlumberger 公司联合开发了一种被称为"InCharge"的全电子智能流量控制系统，Baker Oil Tools 还单独在自己的 CM 滑套的基础上研制了一个被称为"InForce"的水力操作系统，这两种系统在 1999 年和 2000 年得到了商业应用，被安装在巴西的 Roncador 油田和挪威的 Snorre 油田。

Schlumberger 公司独立开发了自己的远程智能操作系统，并将其与 IRDV 或 IRIS 双阀系统配合起来应用，同时使用自己开发的数据寄存器和井下记录仪，使流量控制阀的压力、环空压力和温度能够在地面实时地读出来。系统中的 TRFCE 油管可回收式流量控制系统具有一个级流量调节阀系统，是智能完井中的主要原件，它可通过一种被称为"Flowatcher"的井下整体流量观察器为井下永久性生产监测系统提供实时数据，并用电信号通过地面控制站来调节[3]。

为了实现实时地从地面读出井下压力、温度，Roxar 公司通过继承 Smedvig 技术公司的技术，重点开发井下压力温度完井仪器，在 Smedvig 技术公司永久式井下监测系统的研制基础上，研制出了一种被称为 PROMAC 的智能完井系统。

ABB 公司开发了一个综合的油藏可视智能井系统，它包括一个安装在油藏中的永久的地震传感器。该系统采用井下传感器与流量控制阀相结合的方式，具有先进的井下监测和油藏控制系统。

今天，智能完井技术的发展，已经能够使操作者与油藏特性和动态生产条件一起工作，制定更好的油藏管理方案，根据储层提出产量要求。2001 年底，英国 Shell 公司在北海 Brent 油田的一口水平井中通过安装带有无限可调油嘴的层间智能控制阀，实现了油层之间与产油管产液之间的在线远程控制。Schlumberger 公司在英国一口多分支海上油井 M-15 井中应用了智能完井，通过井下智能控制阀控制分支井的生产，实现了最优化采油和最少产水。该系统可以通过地面遥感系统和井下智能流量阀调整油层流量[4]。

2）国外研究现状

目前国外油田的三大智能完井设备生产商分别是油井动态公司、斯伦贝谢公司和贝克石油工具公司[5]。油井动态公司是壳牌和哈里伯顿下属两家分公司组成的合资公司，它们提供的产品与服务有：简单的水利控制阀、井下数据采集和流量管理系统、地面控制与数据连接、无级控制阀等。智能完井是根据井筒中的温度、压力和流量参数，不断地更新油藏模型，控制水、气锥进，指导多层合采，引导水、气进入指定地层以保持压力，该技术诞生仅有十年，但迅速向创新油藏管理和系统优化方向发展。目前该技术面临的主要问题一方面是数据通讯，即井下传感器与控制平台之间的联系，另一方面是用于数据处理和筛选的软件，目前正在开发[6]。不仅在复杂井和深水井中可以使用这种技术，在浅水区采油井，甚至在陆上油井也可以使用这种技术。贝克石油工具公司计划从 2002 年开始把实时监测和智能反馈控制应用于每一口深水油气井中，作为油气生产以及注水、注气的管理手段。油井动态公司预计以后 1/3 以上的油井将采用智能完井技术。虽然如此，目前来说，智能完井中的很多技术还未完全成熟。

采用智能完井技术可最大限度采油，美国 ABB 公司研制成功一种智能完井系统，可对地层性能进行长期监测和控制，使油井最大限度产油。这种新型完井系统包括井下监控器，具有数字通讯、资料管理和数据分析功能的油藏工程专家系统以及井下流量控制器等。井下监控器是一种可对地层压力分布、温度和三相流量与密度进行测量的纤维光学仪器，利用它可实时监测油藏指定地带的性能。将油藏工程专家系统同先进的模拟软件相结合，则可实时地不断改进采油和油藏模拟。而井下流量控制阀则用于封堵和控制不同地层的液流，优化油井目前的生产和提高油井长期采收率。油井生产实际表明，采用这种智能完井技术对地层性能进行长期监测、控制和对油井进行优化采油，可以大幅度提高油藏管理水平，提高油井产量，降低采油成本，提高油井生产经济效益。

目前，智能完井技术还只是处于起步阶段，很多技术尚不成熟，但总有一天，智能完井技术将逐渐完善，真正具备其智能性功能，实现对井下油藏特性动态变化、井下化学种类以及精准三相流的监测，实现油井和油田的测控和优化及智能井与专家系统和油藏模拟器的完美结合[7]。

到 2005 年，近 100 套智能完井系统已被各大石油工具公司（贝克石油工具公司、斯伦贝谢油田服务公司、哈里伯顿能源服务公司、Roxar 有限公司、Norsk Hydro ASA 公司等）安装在世界各大油田。目前的数量将远远超出这些，这些智能井系统相比常规的完井系统，拥有更好的生产动态，大大加快了油藏的开采速度，使最终油田的采收率得到了大幅提高[8]。

（1）贝克休斯（Baker Hughes）工具公司已有的或正在开发的系统有液压控制阀和电子永久性井下仪器、电驱动的电子控制阀和电子永久性井下仪器、光纤或电子传感器和液压或电子控制阀。贝克公司已安装了四套液压控制的智能完井系统，累计井下工作时间 25 000 h，循环超过 55 次。第一套智能完井系统于 1999 年由阿曼石油开发公司安装，用于管理一口偏远油井中电潜泵上的载荷，反转电潜泵将废水注入地层，省去了地面需要大排量泵进行回注的要求；第二套智能完井系统于 1999 年 12 月安装在印度尼西亚苏门答腊岛的 PT Caltex 井上，解决了油井的出水问题，使油井上下油层同时不间断地开采成为现实；第一套全电控的智能完井系统目前已在巴西石油公司测试，并计划在其近海海底油井中安装该系统。"InCharge"系统是目前世界上第一套高级智能完井系统，它是由贝克休斯工具公司研制开发出来的，它通过使用高精度温度压力传感器和可变阻流器开关控制，对油井进行实时的压力、温度和流量监测，从而优化油井的生产管理，作业者可以最多监测控制一口井中的 12 个产层，一套 InCharge 系统可最多监测控制 12 口油井，该系统还可以实现在个人电脑上完成作业控制：控制气窜和水窜、合理分配流量、进行选择性投产、对多目的层进行预完井[9]。

（2）斯伦贝谢油田服务公司已在 14 口井上安装了液压钢丝可回收流量控制器，其中八套在 Troll 油田、三套在 Seberg 油田、三套在 WytchFa 油田。第一套全电智能完井系统于 2000 年 8 月在 Wytch Farm 油田由 BP 公司安装，当油井老井眼出水时，BP 公司从该老井眼中钻开了两个分支井眼，选择对每个分支井眼进行井下流量控制，从而恢复了两个油束。带流量传感器的液压控制阀于 2001 年第二季度在英国安装。斯伦贝谢油田服务公司的液压控制阀是通过压力循环来改变控制阀到计量位置,而电流量控制阀允许在打开和关闭的位置之间进行无级调节。在 Troll 油田开发中,在液压流量控制器帮助下经营者开采了在气顶和含水层之间的 40 ft 厚的油层。

（3）哈里伯顿能源服务公司有全电控、平衡活塞液压、油藏平衡液压三种智能井控制系统。该公司已经安装了 14 套高端智能完井系统,其中八套在北海、两套在 Adriatic、两套在墨西哥湾、两套在西非。在其高端系统中,控制阀与压力温度传感器结合为一体,提供了一个无限变化的油层控制阀。该公司还有 38 套液压装置用于远东、中东及南美,这些装置系统提供了遥控的井下液压流量控制,但没有电子和压力温度传感器。

（4）Roxar 有限公司的全液压驱动智能完井系统可控制四个油井层段。该公司的第一套智能完井装置安装在委内瑞拉东部 Furrial 油田的 PDVSA 油井上,该装置包括放置在四个控制阀上的 12 个压力温度传感器对油藏进行广泛监控。

（5）Norsk Hydro ASA 公司于 2002 年 8 月完成业内第一口多光纤传感器智能井,安装在北海挪威海域 Oseberg Ost（东）E-11 井中,系统包括分布式温度传感（DTS）、井下多光纤压力计/温度计和光纤及地面操纵智能完井流量控制装置。E-11C 井的井下压力计/温度计可连续监测两个产层的参数,DTS 传感光纤监测整个井眼的温度数据,然后通过光缆把测量数据传输到地面。

3）国内研究现状

目前,智能完井在优化生产效率和油气采收率方面的巨大潜能已经普遍得到了业界的共识。但目前国内智能井研究还只是停留在研究阶段,尚未实施。中国海洋石油有限公司与斯伦贝谢油田服务公司成功地在印度尼西亚南爪哇海 NEInterA-24 井设计并实施了 TAML 第六级分支井的智能完井,该井是世界上第一次在第六级分支井中采用智能完井,斯伦贝谢公司使用最先进的 RapidSeal 分支井系统,成功地实施了这一项目,该系统可以实现井下温度和压力的实时监测,选择性地优化每个分支的油气生产,减少水侵。

辽河油田完成了分布于整个井筒中的井下温度、压力、流量、位移、时间等传感器组的研究,完成了智能完井技术方案、可遥控的井下液压滑套等井下工具方案、井下数据采集控制系统方案等设计工作。

目前大庆油田已逐渐进入高含水后期开采阶段,高含水导致关井的油井越来越多,已经成为油田增效开采的障碍之一。由于这些高含水井几乎都存在低含水部位或低含水层,为了更加经济有效地开采这部分高含水油井,大庆油田正在研究采用智能完井技术,利用水动力采油原理进行生产,利用智能完井实时监测油井的含水情况,从而及时关闭高含水层,控制油井在低含水部位或低含水层进行生产。

4）发展趋势

智能完井将向着高端和低端两个不同方向发展。

（1）高端智能完井（以哈里伯顿公司为代表）。

哈里伯顿公司紧紧追随高成本、高技术的智能完井系统。到目前为止,哈里伯顿已经安装了 30 多套聪明井系统（Smart Wells）,处于世界正在成长的智能完井市场的前列。哈里伯顿早期关注的是系统的可靠性,现在已经将注意力转移向高新技术。

珀罗腔结构如图 9-3（b）所示。压电陶瓷在信号发生器所加扫描电压的作用下产生伸缩，从而使法布里-珀罗腔长发生改变，透过法布里-珀罗腔的波长也会随之发生改变，当法布里-珀罗腔的透射波长与光纤光栅的反射波长重合时，探测器能探测到最大光强，这个时候，施加在压电陶瓷上的电压与光纤光栅的反射波长相对应，从而可以得出反射波长值，进而得到外界环境温度。

基于非本征型光纤法布里-珀罗干涉原理，设计了压力传感头。图 9-4 为其工作原理图。将两根光纤端面切平抛光，然后找一个与光纤外径匹配的毛细管，将光纤固定在其中，两根光纤的平行端面和空气隙构成法布里-珀罗腔。当外界压力发生变化时，法布里-珀罗空气腔长度会发生改变，从而使法布里-珀罗干涉返回光强发生变化，通过检测这个变化可达到传感的目的。这种传感头制作工艺相对简单，测压范围广，测量精度高。

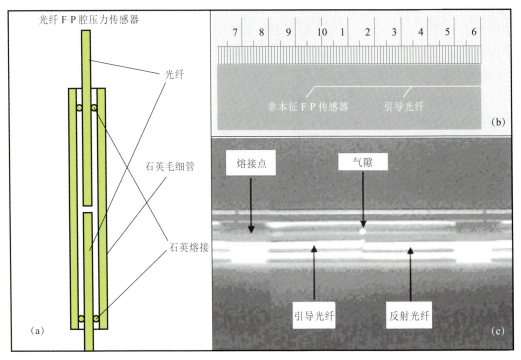

图 9-4　非本征型光纤法布里-珀罗干涉压力传感头
（a）非本征型光纤法布里-珀罗干涉传感头结构示意图；（b）非本征型光纤法布里-珀罗
干涉压力传感器实物尺寸；（c）非本征型光纤法布里-珀罗干涉传感头细节照片

采用波长解调制方法对压力传感器进行解调。如图 9-5 所示，光信号在传感器中进行波长调制后，被反射回光纤传感器的读出装置，然后被聚焦在一条直线上，穿过白光互相关器后被一个直线式电荷耦合器件（CCD）阵列所检测；白光互相关器可以看作一个空腔长度沿横向位置变化的空间分布的法布里-珀罗腔，CCD 阵列上的每一个像素都和一个预先确定的类似法布里-珀罗空腔的长度相对应，也就是说，传感头的法布里-珀罗腔长度被对应传送到空间分布的法布里-珀罗腔的横向位置上，因此这个装置的作用类似光学互相关器，由外界因素引起的法布里-珀罗腔长度的变化被转化为 CCD 阵列上像素的位移。波长解调制技术的优点在于解调器对光纤或连接器的损耗、光源功率波动不敏感，稳定性好，测量精度高。图 9-6 为铠装集成后的温度压力传感头外观。

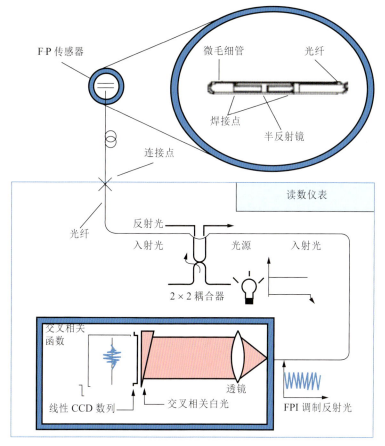

图 9-5　压力传感器解调示意图

图 9-6　铠装集成后的温度压力传感头外观

9.2.2　流量传感器

1) 光纤涡轮式流量检测原理

（1）根据高温油井的特点，采用涡轮来检测流量，当流体（油）流过传感器时，涡轮随之转动，其转动的速度随流体流量的变化而变化；

（2）采用光纤法布里-珀罗腔的原理设计探头，用以检测涡轮的转速，使得探头的使用温度较高；

（3）利用耐高温光缆将井下的光纤法布里-珀罗腔的信号传递到地面解调仪器上；

（4）地面解调仪器对光纤法布里-珀罗腔的腔长变化进行高速检测，并进行 FFT 分析，得到涡轮的转速。

2）探头设计

通过机械结构的设计，将流体流动引起涡轮转动的信号转换成光纤法布里-珀罗腔的腔长变化信号。采用耐高温磁铁作为转换元件，避免光纤与流体或涡轮接触，便于探头的密封。涡轮通过顶针轴承连接在传感器外壳上，其上固定一块高温磁铁。外壳内部所有零件均通过焊接的方式连接在一起。当流体带动涡轮转动时，固定在涡轮底部的高温磁铁也随之转动，在磁场作用下，下面的另一块高温磁铁将会受到垂直方向上的力，同时使磁铁固定架和连接杆在垂直方向上受力，上部的不锈钢膜片受力发生弯曲变形，其中心位置弯曲挠度最大，从而使得石英玻璃片与陶瓷插芯之间的法布里-珀罗腔腔长 d 发生变化，根据其变化频率就可以得到流体的流速和流量。

3）探头的结构特点

流量计探头的封装方式均为焊接，保证其结构坚固耐用，并使所有零件之间不产生相对位移，从而保证测量的精度；在不锈钢套筒的上下两端（高温磁铁固定端和陶瓷插芯固定端）采用对称式设计，两端的零件在形状和质量上基本相同，从而具有相同的固有振动频率，当有振动干扰时，二者的受迫振动频率一致，可避免法布里-珀罗腔的腔长 d 因振动干扰而产生的变化，保证测量的精度。

9.2.3　传感器的室内标定及现场测试

为测试温度压力传感器，搭建了传感器测试平台，如图9-7和图9-8所示。通过温控炉和手压泵改变传感器所处环境的温度和压力，通过对比传感器测得的数值和高精度温度计以及高精度压力表的读数，对传感器进行标定和校准实验。

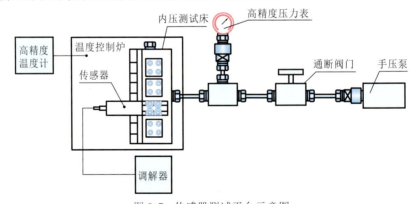

图 9-7　传感器测试平台示意图

为了验证传感器的实际性能及其在油井中的工作状况，先后在胜利油田、长庆油田、大庆油田进行了现场测试。考虑到井下环境的复杂多样以及下井过程中可能出现的各种问题，对下井过程进行了反复研究，精心制定了一系列的方案和保护措施，包括传感器托筒、铠装光缆、光缆保护器的设计和应用等。传感器托筒是由一节油管改装而成，下井过程中取代一节油管使用，可以起到固定和保护传感器的作用，可防止旋转对传感器和光缆造成的损坏。考虑到井下高温高压、腐蚀性强的复杂环境以及井深对光缆韧性的要求，本研究对光缆的结构进行了特殊设计，使其能下放到井下 1 000 m 以下，保证数据的传输。

为了防止光缆的晃动对传感系统带来的不利影响，本研究设计了专用的光缆保护器，光缆保护器与光缆之间有一层橡胶垫,可以防止光缆震荡以及油管对光缆外层的摩擦。

图 9-8 为智能完井示意图。通过现场测试表明,这种传感器能够适应油气井下高温高压、腐蚀性强的恶劣环境,达到了较高的技术水平。然而,就目前情况而言,考虑到现实应用的情况比较复杂,光纤高温高压传感技术作为一种新型传感技术,距离油气井下的实际普及应用还有很长一段路。本次现场测试结果也表明,这种光纤高温高压传感系统还有很多问题需要进一步研究解决,比如传感器在高温高压油气井下的耐久性问题、下井过程中的安全问题等都有待于进一步的研究完善。

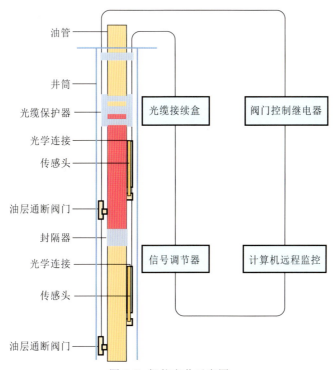

图 9-8　智能完井示意图

本研究完成了反馈控制系统的设计,如图 9-9 所示。阀门控制部分的计时与控制单元由单片机组成,配合油气井下现有的多级封隔器,一次下井作业。参考井下实时监测信息,

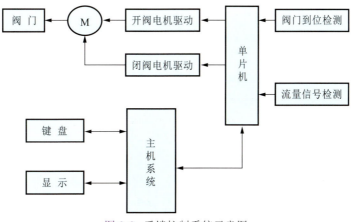

图 9-9　反馈控制系统示意图

按设定时间参数进行分层和轮番采油。系统采用双 CPU 控制,现场的数据录入、处理和显示由主机完成。选用 PIC 单片机和硅振荡器的从机,可使系统在 125 ℃的高温环境中长期工作。使用 283 g 的电池为井下控制系统供电,其平均工作电流小于 0.2 mA,可连续工作 1×10^4 h。

根据油井测层的需要,在下井前,首先要对准备下入井下不同深度油层的各智能阀门进行多个开关时间设定,然后连同防砂管和封隔器一次下井作业。根据外界条件,通过各智能阀使某次所设定的闭阀失效,达到自动切换产层的目的,同时配合井下实时监测系统,定量读取有关数据。由于本次实验要求是做一套地面模拟系统,故系统采用自动控制阀门代替滑套进行演示。

9.3 结 论

随着世界油田陆续进入中后期开采阶段,以及世界海洋石油的发展,构建一套能够用于井下参数实时监测及反馈调节控制的智能完井系统,已成当务之急。为此,本实验室在这方面做了大量的研究工作,取得了一定的研究成果:研发了一套光纤温度压力流量传感器,并完成了相关的标定测试,其性能指标可基本满足光纤智能完井实时监测的需要(光纤温度传感器:测量范围 −30～350 ℃,灵敏度 0.1 ℃,精确度 ±0.5 ℃;光纤压力传感器:测量范围 0～100 MPa,灵敏度 0.05% F. S.,精确度 ±0.1% F. S.,工作温度 220 ℃);完成了智能完井系统反馈控制部分的设计;完成了智能完井地面模拟系统的组装设计方案。

智能完井系统作为一项新兴技术,代表着未来油气田生产的发展方向,对优化油藏经营和油井生产管理,提高最终采收率,具有重大意义。目前智能完井技术还不成熟,仍然有许多难题亟待解决,这些难题影响了这项新兴技术在油气田的普及应用。目前本研究的工作为智能完井系统的全面普及应用奠定了基础,今后还需进一步改进光纤传感器的性能,延长其井下使用寿命,使其更加适用于井下参数的实时监测,进一步构建功能完善的智能完井系统,并完成井下实验。

致谢

感谢山东省科学院激光研究所、北京蔚蓝仕科技有限公司对本论文工作的支持。

参考文献

[1] 崔远众. 智能完井系统. 新技术导报,1998,(4).

[2] 窦宏恩. 当今世界最新石油技术. 石油矿场机械,2003,32(2):1-4.

[3] 张洪波,黄海,沈竹. 光纤 Bragg 光栅传感器的解调方法. 传感器世界,2004,(2):26-30.

[4] 赵勇. 光纤光栅及其传感技术[M]. 北京:国防工业出版社,2007.

[5] 饶云江,王义平,朱涛. 光纤光栅原理及应用[M]. 北京:科学出版社,2006,8:2-5.

[6] 贾宏志. 光纤光栅传感器的理论和技术研究[D]. 中国科学院西安精密机械研究所,2000.

[7] 涂亚庆,刘兴长. 光纤智能结构[M]. 重庆:重庆出版社,2000,11:89-107.

[8] 余有龙,谭华耀,锤永康. 基于干涉解调技术的光纤光栅传感系统[J]. 光学学报,2001,8:987-989.

[9] 贾宏志,李育林,忽满利. 用可调谐法布里-珀罗腔测量光纤光栅波长[J]. 激光杂志,2000,21:58-61.

10 随钻地层界面声波探测方法及其模拟实验

乔文孝 鞠晓东 赵宏林 车小花 卢俊强 等

摘　要

在钻井过程中,安装在钻铤上的地层界面声波测量仪的发射探头向一定方位角范围内的一侧井壁辐射声波脉冲,该声波脉冲透过井壁进入地层后被井旁地层界面或裂缝反射回井内并被接收探头所接收,通过分析反射声波信号可以评价井旁地层界面的距离和方位。该项技术既可应用于钻井过程中的地层评价,又可应用于定向钻井的地质导向。主要研究成果包括随钻地层界面声波测量仪方法样机的设计、制作及方法校验等,初步验证了随钻条件下方位反射声波测井的可行性,为现场下井样机的设计制作与试验奠定了良好的基础。

主题词

随钻测井;方位反射声波测井;模拟实验

引　言

目前,石油勘探、开采的难度越来越大,迫切需要了解低孔、低渗、非均质、各向异性等复杂地层中的油气藏分布规律和剩余油分布规律,尤为重要的是如何在钻井过程中使所钻井眼经过人们所希望的储层,这样才能从根本上提高石油开采的效益,降低钻井失败的风险。这就需要在钻井过程中实时了解井眼周围几十厘米到几米甚至十几米的范围内有无地层界面、井眼的哪一侧有地层界面以及井眼距离地层界面有多远。在获取地层界面信息的基础上就可以通过地质导向技术实施定向钻井。目前国内外尚没有在钻井过程中实时且准确地测量地层界面的有效方法。本专题提出了一种在钻井过程中用声学方法评价地层界面的距离和方位的方案。本专题研究的主要攻关内容包括专用声波传感器及其与钻铤的装配技术、井下声波测量所需的专用电子线路技术等。

本专题拟开发一种随钻地层界面声波扫描测量技术。本专题的技术路线为：将一个声波辐射器[15]和若干个声波接收器布置在钻铤的一侧，声波辐射器所辐射的声波主声束入射于该侧井壁界面。入射波的一部分声波能量沿着井壁介质传播并被接收探头所接收，利用多个接收探头接收到的声波信号就可以测量井壁地层的纵波波速；入射波的另一部分声波能量进入地层并被井旁地层界面反射回井内，根据反射波的到达时间和井壁地层的纵波波速就可以评价地层界面到井轴的距离。由于发收探头都布置在钻铤的同一侧面，因此上述声波测量都是针对某一侧井壁进行的，即这种测量有一定的方位探测能力。通过钻井过程中钻铤的旋转，所有的声波发收探头都随之旋转，这就可以实现对整个圆周范围内井壁的扫描测量，从而就可以评价地层界面的方位和距离分布。

10.1 随钻地层界面方位反射声波测量的模拟实验装置

采用三维有限差分数值计算技术模拟了井眼内的相控圆弧阵声波辐射换能器在井内外产生的声场[2]，尤其是研究了井旁地层界面的反射波的到时和幅度等信息与地层界面到井轴的距离和方位之间的关系，在此基础上提出了利用反射波进行随钻地层界面探测的声学测量方案。图 10-1 为安装声波探头的一个钻铤界面示意图，其中 T_1，T_2 和 T_3 为类似于点声源的三个压电振子声源，将它们沿一个圆周布置在钻铤的槽口上并进行适当的充油和密封及保护。假设钻铤的纵、横波声速分别为 5 900.0 和 3 200.0 m/s，密度为 7 800.0 kg/m³；水的纵波声速为 1 500.0 m/s，密度为 1 000.0 kg/m³。如图 10-1 所示，假设钻铤水眼的半径 $r_0 = 2.5$ cm，钻铤的外半径 $r_2 = 10$ cm，在钻铤上开挖周向角范围（$2\theta_0 + \theta_1$）、深度 $d = 3$ cm 的槽孔，用于摆放声波辐射器阵元 $T_1 \sim T_3$。使阵元 T_1 和 T_3 先激励，经过一定的时间延迟后 T_2 工作。图 10-2 为开挖周向角为 84°、开槽深度为 3 cm 并布置三个声波换能器阵元时，三阵元相控阵圆弧阵声波辐射器[15]的指向性图。只有使声波向一侧井壁辐射，才有可能准确评价该侧井旁有无地层界面及地层界面到井轴的距离，从根本上提高声波测量的方位分辨率和信噪比。由图 10-2 可见，本项目所设计的、安装在钻铤上的声波辐射器具有良好的水平辐射指向性，可以用来实现随钻地层界面的方位声波探测。

理论研究分析表明，相对于声波斜入射于井壁而言，脉冲声波垂直入射于井壁时进入地层的透射声波能量才是最大的，而此时井内接收到的井旁界面反射波声程的几何路径长度是最小的，对应的反射波信号的幅度才可能是最大的。因此，本项目重点研究在井内垂直入射于井壁且向某一个方位方向范围内的井旁地层中辐射声波能量的方法。采用在井内使声波垂直入射于井壁的方案还可以使发收探头系统（声系）的几何尺寸大大减小，有利于将其安装于近钻头位置，增强该项技术的实用性。

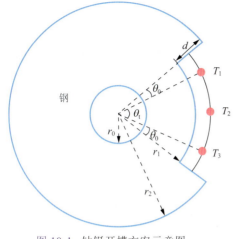

图 10-1 钻铤开槽方案示意图

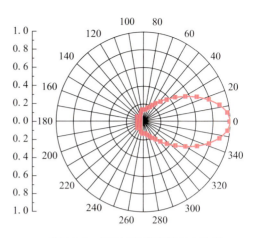

图 10-2 声波辐射器辐射指向性图

在方法理论研究的基础上,结合钻铤和声波换能器的结构,提出了方法验证样机(或者称之为原理性样机)的设计方案,并进行了制作、安装和调试。本项目的原理性样机主要用来验证本项目方法的正确性。本专题所设计的随钻地层界面探测原理性样机的几何结构与实际 7.5 in 钻铤的结构和尺寸基本一致,声波测量系统内嵌于模拟钻铤的一侧。图 10-3 为方法验证样机的实物照片。由于本设计方案充分考虑了钻铤和声波换能器的结构以及二者的有机结合方式,因此对应的实验结果对于未来的仪器研发有一定的参考价值。

图 10-3 随钻地层界面探测仪原理性样机的实物照片

10.2 初步模拟实验的测量结果及分析

在实验室测量了原理性样机的声波辐射指向性并进行了方位反射声波探测井旁地层界面的模拟实验。测量实验是在尺寸为 5 000 mm × 5 000 mm × 4 000 mm 的水池中进行的。测量时需将原理性样机置于水池中,并为相控圆弧阵声波辐射器提供多道高压激励信号,故必须在原理性样机中相控圆弧阵绝缘的同时保证弯曲振子与水之间具有良好的声耦合特性。具体实现方法是将相控圆弧阵安装在一个充满变压器油并封装好的橡胶皮囊中,变压器油具有良好的绝缘特性,同时能够在弯曲振子和水之间充当声耦合介质。

原理性样机的测量系统主要由高精度定位系统、旋转升降装置、多通道大功率相控声波信号激励源(自制)及采集、可控增益信号放大器(自制)[68]、B&K8103 水听器和

TekDPO3034 数字荧光示波器等组成,其示意图如图 10-4 所示。TekDPO3034 数字荧光示波器主要用于采集加载在发射换能器上的激励脉冲信号。实验中采用旋转升降装置使原理性样机得以旋转和升降,用以模拟实际钻铤的旋转;采用 B&K8103 水听器接收直达波声波信号,用以评价原理性样机的声波辐射指向性,接收反射波和散射波信号,从而评价原理性样机对井旁地层界面的探测能力。

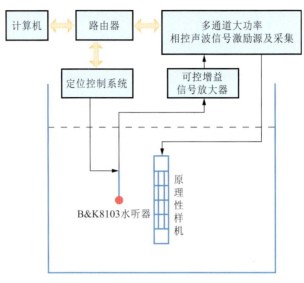

图 10-4　原理性样机的实验测量系统示意图

10.2.1 原理性样机的声波辐射水平指向性测量

测量原理性样机的声波辐射水平指向性时,原理性样机的相控圆弧阵 T 和 B&K8103 水听器 R 在水池中的位置示意图如图 10-5 所示。相控圆弧阵的几何中心 o 距 x 方向两侧池壁的距离分别为 1 780 mm 和 3 020 mm;相控圆弧阵的几何中心 o 距 y 方向两侧池壁的距离均为 2 410 mm;相控圆弧阵的几何中心 o 距池底的距离为 1 400 mm。B&K8103 水听器 R 相对于相控圆弧阵的几何中心 o 的距离为 1 000 mm,基本上满足自由远场条件。水池中水的深度为 3 200 mm,声速为 1 500 m/s。

在原理性样机的声波辐射水平指向性测量中,固定相控圆弧阵 T 的位置并使其发出脉冲声波,在 xoy 平面内以相控圆弧阵的几何中心 o 为圆心,B&K8103 水听器在半径 $r = 1 000$ mm 的圆周上均匀分布的 n 个位置上分别接收发射换能器发出的声波信号,相邻两个接收位置对几何中心 o 的张角为 α,如图 10-6 所示。通过对水听器接收到的时域波形进行分析,可得到相控圆弧阵辐射声场的水平(周向)指向特性。

固定相控圆弧阵的位置并使其发出脉冲声波,在 xoy 平面内以相控圆弧阵的几何中心为圆心,水听器在半径 $r = 1 000$ mm 的圆周上均匀分布的 $n = 72$ 个位置上分别接收发射换能器发出的声波信号,相邻两个接收位置对几何中心的张角 $\alpha = 5°$。通过对水听器接收到的时域波形进行分析,可得到单环 x 辐射声场的水平(周向)指向特性。图 10-7 为 xoy 平面内 72 个不同位置处水听器接收到的时域波形。

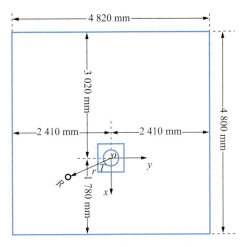

图 10-5 水平指向性测量时原理性样机相控圆弧阵 T 和 B&K8103 水听器 R 在水池中的位置示意图(俯视图)

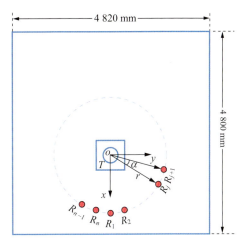

图 10-6 相控圆弧阵水平指向性测量时发射器和接收器的相对位置示意图

对图 10-7 所示波形开窗计算指向性,得到如图 10-8 中"★"所示的指向性曲线,即相控圆弧阵在 xoy 平面内辐射声束的水平指向特性曲线。从水平指向性图中可以看出,相控圆弧阵辐射声束主瓣方向基本上沿着 $\theta = 0°$ 附近,辐射声束基本上关于其主瓣方向对称,3 db 角宽均约为 40°,而在除主瓣以外的其他方向上的声波能量较弱。图 10-8 中的红线为数值计算出的相控圆弧阵的水平辐射指向性曲线,它和实验测量的辐射指向性曲线有良好的一致性。

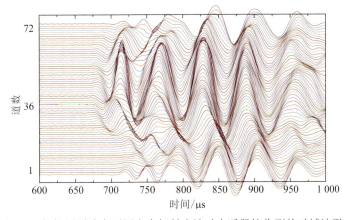

图 10-7 相控圆弧阵向不同方向辐射声波时水听器接收到的时域波形

10.2.2 利用反射声波探测井旁界面的模拟实验

如图 10-9 所示,将安装了方位反射声波探测系统的模拟钻铤置于旋转升降装置上,此旋转升降装置可以在计算机控制下进行精密的旋转运动和升降运动。如图 10-10 所示,将图 10-9 所示的测量系统置于水池中,则水池的四个内壁面就可以用来模拟井旁地层界面。这四个界面的信息为:界面 1(0°)到模拟钻铤表面的距离为 4.1 m,界面 2(90°)到模拟钻铤表面的距离为 3.5 m,界面 3(180°)到模拟钻铤表面的距离为 0.5 m,界面 4(270°)到模拟钻铤表面的距离为 1.2 m。使模拟钻铤以一定的步进角度旋转并不断辐射脉冲声波,就可

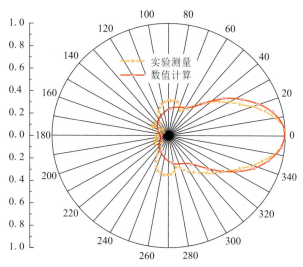

图 10-8　相控圆弧阵的辐射声波指向性的数值计算和实验测量曲线对比

以使方法验证样机向不同的周向方向扫描辐射声波,通过接收和处理来自水池的内界面的反射波或散射波就可以反演出水池内界面到"钻铤"的距离和方位。

图 10-9　置于旋转升降装置上、中安装了方位
反射声波探测系统的模拟钻铤

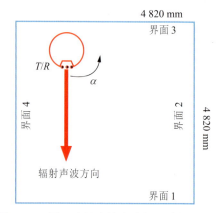

图 10-10　置于水池中的声波探测系统及其
旋转示意图

　　图 10-11 是步进角为 90° 时方法样机测得的五道反射波波形,其中红色曲线表示水池内界面反射波到时的理论计算结果。由图 10-11 可知,当声波垂直入射于图 10-10 所示的各个界面时,界面的反射波较大。

　　图 10-12 为已经进行了"时深转换"、步进角为 3° 时方法样机测得的反射波波形,其中红色曲线表示水池内界面反射波到时的计算结果。由图 10-12 可以看出,当声波垂直入射于界面时,该界面的反射波较大;而当声波斜入射于界面时,该界面的反射波较小。由图

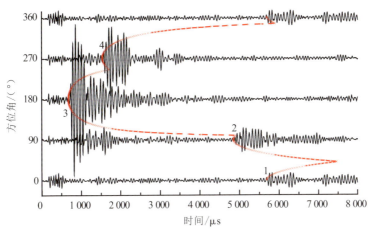

图 10-11 步进角为 90° 时的五道反射波波形
（红色曲线表示水池内界面反射波到时的计算结果）

10-12 还可看到，方法样机能够接收到界面的散射波，水池的"角落"波也非常明显。从图 10-12 中的反射波波形可以清楚地看出，四个界面的反射波（图中用数字标出）幅度较大并间隔 90°，到模拟钻铤的距离分别为 4.1、3.5、0.5 和 1.2 m，与实际值一致。另外，从图 10-12 还可以看出，水池四个角落都有明显的散射波，分别用字母 a, b, c 和 d 表示，其中距离钻铤最远的角落 a 到钻铤的距离约为 5.5 m。

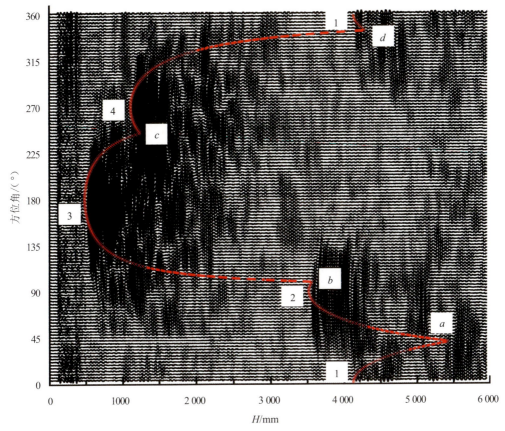

图 10-12 已经进行了"时深转换"、步进角为 3° 时的反射波波形
（红色曲线表示水池内界面反射波到时的计算结果）

10.3 结论

针对随钻地层界面声波探测的关键技术,展开了一系列的数值模拟、传感器制作、方法验证样机的制作和实验测量等工作,主要取得了以下几方面的研究成果:

(1)数值模拟结果表明,相对于声波斜入射于井壁而言,脉冲声波垂直入射于井壁时进入地层的透射声波能量才是最大的,而此时井内接收到的井旁界面反射波声程的几何路径长度是最小的,对应的反射波信号的幅度才可能是最大的。因此,本项目重点研究在井内垂直入射于井壁且向某一个方位方向范围内的井旁地层中辐射声波能量的方法并研制了方法验证样机。

(2)在理论研究的基础上,设计并制作了一系列不同尺寸、不同结构的压电振子,采用阻抗分析仪对空气中和硅油中的压电振子在不同钳定条件下的谐振频率、脉冲响应等进行了多种测量,实验测量结果与理论研究结果有良好的一致性。根据这些结果,最终制作出了工作频率范围为 6～20 kHz 的压电振子,可以满足随钻地层界面声波探测技术的要求。

(3)在自制的大型声波测量水槽系统中对方法验证样机辐射声波的指向性进行了实验测量,并进行了随钻方位反射声波探测井旁界面的模拟实验。实验测量结果表明,方法验证样机的确能够沿指定的方位方向辐射声波,通过改变对方法验证样机所施加激励信号的延迟时间,可以使方法验证样机辐射声束主瓣的 3 db 角宽明显变窄,最窄可达 40°,数值计算结果与实验测量结果吻合较好。

本章研制的方法验证样机的测试结果表明,本样机辐射的声波垂直入射于井旁界面时,接收到的反射波幅度较强;声波斜入射于界面时,也能够接收到界面的散射波。利用这些反射波和散射波可以准确地评价模拟地层界面。本样机能够对距离"钻铤"0.5～5.5 m 范围内的模拟界面的距离和方位进行准确的测量。实验研究工作表明,在随钻条件应用声波相控阵技术实现对井外介质的方位扫描辐射是可行的,其效果和优势是非常明显的。

此项研究成果对于我国开发随钻地层界面声波探测技术奠定了坚实的理论和实验基础。井下声波测量具有信息量大、声波信号测量随时间变化快等特点。随钻地层界面声波探测系统的开发是一项全新的、庞大的、具有很大挑战性的研究工作,其中涉及合用的声波换能器的研制及其在钻铤上的布置、井下相控圆弧阵的激励和控制、基于硬件的对接收信号的实时处理和存储、随钻方位反射声波测井的功能校验和刻度、井下电源的使用和管理、信号传输和遥测等技术,本专题仅仅是此项研究工作的一个开端。

参考文献

[1] 乔文孝,车小花,鞠晓东,等.声波测井相控圆弧阵及其辐射指向性.地球物理学报,2008,51(3):939-946.（SCI 收录:307CF）

[2] 车小花,乔文孝,鞠晓东.相控圆弧阵声波辐射器在井旁地层中产生的声场特征.石油学报,2010,31(2):343-346.（EI 收录:20101912922952）

［3］ Qiao Wenxiao, Che Xiaohua, Zhang Fei. Effects of Boundary Conditions on Vibrating Mode of Acoustic Logging Dipole Transducer. Science in China, Series D-Earth Science, 2008, 51(Supplement II): 195-200.（EI 收录: 090111821392, SCI 收录: 384GS）

［4］ 乔文孝, 鞠晓东, 陈雪莲, 等. 井下方位角方向指向性可控圆弧阵声波辐射器: 中国, ZL 03137596. 0［P］. 2006-08-02.

［5］ 乔文孝, 鞠晓东, 陈雪莲. 一种任意指向性可控井下声波辐射器: 中国, ZL 20031011 5236. 1［P］. 2006-02-01.

［6］ 成向阳, 鞠晓东, 卢俊强, 等. 基于串行总线的井下多通道高速高精度数据采集系统的设计. 中国石油大学学报, 2008, 32（2）: 47-52.（EI 收录: 082111273614）

［7］ 鞠晓东, 乔文孝. 传递相控阵声波换能器激励信号的装置: 中国, ZL 20051005 6763. 9［P］. 2007-11-14.

［8］ 鞠晓东, 乔文孝. 声波测井相控阵激励的幅度加权电路: 中国, ZL 20061009 8676. 4［P］. 2009-05-13.

图书在版编目（CIP）数据

复杂结构井优化设计与钻完井控制技术/高德利等著
. 一东营：中国石油大学出版社，2011. 11
ISBN 978-7-5636-3598-6

Ⅰ. ①复… Ⅱ. ①高… Ⅲ. ①钻井设计②完井 Ⅳ.
① TE22 ② TE257

中国版本图书馆 CIP 数据核字（2011）第 225633 号

书　　名：复杂结构井优化设计与钻完井控制技术
作　　者：高德利　等

责任编辑：穆丽娜（电话 0532 — 86981531）
封面设计：青岛友一广告传媒有限公司

出 版 者：中国石油大学出版社（山东 东营　邮编 257061）
网　　址：http://www.uppbook.com.cn
电子信箱：shiyoujiaoyu@163.com
印 刷 者：山东临沂新华印刷物流集团有限责任公司
发 行 者：中国石油大学出版社（电话 0532 — 86981532, 0546 — 8392563）
开　　本：185 mm × 260 mm　印张：17.25　字数：405 千字
版　　次：2011 年 11 月第 1 版第 1 次印刷
定　　价：198.00 元